KB272020

소설처럼 재미있게 읽는
생화학 강의

소설처럼 재미있게 읽는
생화학 강의

요시무라 시게히로 **지음**

정한뉘 **옮김**

시그마북스
Sigma Books

지은이 **요시무라 시게히로**

일본 규슈대학 대학원 이학연구원 생물과학부문 교수, 교토대학 대학원 생명과학연구과 특임 교수. 세포 내에서 작용하는 단백질의 형태와 기능을 통해 생명 활동의 근본 원리를 규명하는 연구를 하고 있다. 교토대학에서 생화학, 생물물리학, 세포생물학, 생명과학 등 일반교양 과목을 다년간 강의하며 학생들을 가르치고 있다. 취미는 로드바이크와 트레일 러닝으로, 식사와 운동의 관계를 자신의 몸을 통해 탐구하는 데 즐거움을 느낀다.

소설처럼 재미있게 읽는
생화학 강의

발행일 2026년 4월 17일 초판 1쇄 발행
지은이 요시무라 시게히로
옮긴이 정한뉘
발행인 강학경
발행처 시그마북스
마케팅 정제용
에디터 최윤정, 최연정, 양수진
디자인 강경희, 정민애, 김문배

등록번호 제10-965호
주소 서울특별시 영등포구 양평로 22길 21 선유도코오롱디지털타워 A402호
전자우편 sigmabooks@spress.co.kr
홈페이지 http://www.sigmabooks.co.kr
전화 (02) 2062-5288~9
팩시밀리 (02) 323-4197
ISBN 979-11-6862-478-8 (03430)

생화학이라는 학문은 이름만 들어도 왠지 어려워 보이고, 대학에서 전공과목으로 배운 분에게도 그리 좋은 인상으로 남아 있지는 않으리라고 생각합니다. 생화학을 한마디로 표현하면 생명 현상을 화학 구조식과 화학 반응식으로 설명하는 학문입니다. 그 바탕에 화학이 있는 만큼 구조식과 반응식에서 도망칠 수는 없지요. 그래서 화학을 싫어하는 사람에게 생화학은 가까이하고 싶지 않은 분야일 것입니다. 생화학에서는 '생명 활동'을 다루므로 어느 정도 친근하게 느껴질지라도 생명체의 최소 단위인 세포 안에서 일어나는 화학 반응은 눈에 보이지 않기에 좀처럼 실감하기 힘들다는 점도 분명한 사실입니다.

하지만 모든 생명 활동이 세포 안에서 일어나지는 않습니다. 우리가 매일 밥을 먹고, 건강에 신경 쓰고, 질병에 걸리는 것도 모두 생명 현상이자 생명 활동입니다. 다시 말해 생명 활동은 우리의 생활 그 자체라고 해도 무방합니다. 어려운 구조식과 반응식을 최대한 꺼내지 않으면서 우리가 일상에서 실감할 수 있는 생명 활동과 생명 현상 속에 숨어 있는 생화학을 설명하고자 이 책을 집필했습니다. 특히 여러분이 '소설처럼 재미있게 읽을 수 있도록' 신경 썼기에, 화학과 생화학을 어려워하는 분이라도 재미있게 읽을 수 있을 것입니다.

『소설처럼 재미있게 읽는 생화학 강의』를 읽고 나면 '당연하게 생각했던 일상에 이런 화학 반응과 화학 물질이 숨어 있었구나!'라는 새로운 발견을 하게 될 것입니다. 부디 이 책이 생화학을 생활 속의 화학으로 생각하는 계기가 되길 바랍니다. 그리고 생화학에 대한 부담 없이 새로운 시각으로 바라볼 수 있기를 바랍니다. 이 책을 읽고 여러분이 지금보다 더 알찬 기분으로 일상을 보낸다면 저자로서 기쁘겠습니다.

2025년 7월

요시무라 시게히로

차례

제 3 부 건강과 운동

제 1 부

생화학이란 무엇일까?

대사는 에너지의 형태를 바꾸는 반응

대사는 생화학에서 매우 큰 비중을 차지하는 주제입니다. 하지만 이해하기도 쉽지 않고, 생화학을 멀리하게 되는 원인일지도 모릅니다. 생화학 교과서에서는 대사를 "**동화**와 **이화**를 통틀어 부르는 총칭", "에너지의 흐름"으로 설명하지만, 이렇게만 들어서는 잘 와닿지 않을 것입니다. '동화는 뭐고, 이화는 뭐지?'라는 새로운 의문이 생길 뿐이지요. 1장에서는 대사의 본질인 **우리 몸의 에너지**에 관한 기본적인 내용을 짚어 보겠습니다.

에너지의 형태

일단 '대사'라는 어려운 용어 대신 **에너지의 형태 변화**로 표현을 바꾸어볼까요? 생명과학과 생화학을 조금이라도 배웠다면 "**ATP**는 우리 몸의 에너지 화폐"라는 내용을 기억할 것입니다. 하지만 우리 몸에서 사용하는 에너지는 ATP뿐만이 아닙니다. **열에너지, 빛 에너지, 화학 결**

합 에너지, 산화 환원 에너지, 농도 기울기 에너지, 전기 에너지 등 다양한 에너지를 사용합니다. 열, 빛, 전기 등은 자세히는 몰라도 에너지라는 느낌이 들지만, 화학 결합이나 산화 환원은 어떤 의미인지 잘 와닿지 않을 텐데요. 하지만 화학 결합 에너지는 생화학에서 굉장히 중요한 역할을 합니다. 앞에서 소개한 ATP 역시 화학 결합 에너지의 일종입니다. 에너지는 우리 몸속에서 단계별로 저마다 다른 형태로 이용되거나 축적됩니다.

화학 결합 에너지와 화학 반응

화학 결합도 에너지이므로 보통 화학 결합이 많은 분자일수록 축적하는 에너지도 많습니다. 세포의 주성분인 단백질, 당, 지질, 핵산은 **생체 고분자**로 불리며, 그 이름대로 분자량이 크고 분자를 이루는 화학 결합도 많습니다. 당의 일종인 전분은 글루코스(포도당)로 분해되고, 글루코스는 해당 과정에서 피루브산으로 변환됩니다(5장 참조). 피루브산보다 글루코스가, 그리고 글루코스보다 전분이 분자량도 크고 화학 결합도 많습니다. 분자당 에너지를 비교하면 전분이 글루코스보다 훨씬 많은 에너지를 가지고 있다는 뜻이지요.

화학 반응은 화학 결합을 자르거나 새로 만드는 과정입니다. 화학 결합이 잘리면 그 안에 축적되어 있던 에너지가 모종의 형태로 방출됩니다. 대부분 **열에너지**로 방출되는데, 이는 에너지의 형태가 화학 결합에서 열로 바뀐 예입니다. 반대로 새 화학 결합을 만들려면 에너지를 공급해야 합니다. 즉, **화학 결합을 만드는 반응에서는 에너지가 공급**되어야 하고, **화학 결합을 자르는 반응에서는 에너지가 방출**된다고 정리할 수 있습니다. 지나치게 단순하다고 느낄지도 모르지만, 이 한 줄이 대사의 핵심이랍니다.

큰 분자를 작게 분해하는 과정에서는 에너지가 방출되고, 반대로 작은 분자에서 큰 분자를 만드는 과정에는 에너지가 필요합니다. 전자는 **이화**, 후자는 **동화**라고 합니다. 지금 당장 용어를 외우는 것보다는 어떤 이미지인지 이해하는 게 중요합니다.

예를 들어, 광합성은 빛에서 유래한 에너지를 이산화탄소라는 작은 분자(화학 결합 2개)에 공급해서 글루코스라는 커다란 분자(화학 결합 20개 이상)를 만드는 반응입니다. 따라서 광합성은 동화 반응입니다(8장 참조).

3대 영양소의 에너지

당질, **지질**, **단백질**은 영양학의 **3대 영양소**입니다. 여기에 **비타민**과 **무기질**을 더해 **5대 영양소**로 부르기도 합니다. 이 영양소들을 구별하는 기준은 **에너지**입니다. 3대 영양소는 모두 대량의 에너지를 가진 고분자

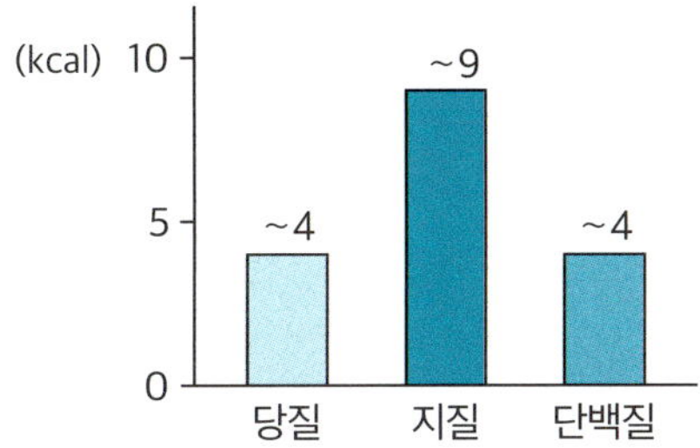

입니다. **그림 1-1**은 영양소별 1g당 평균 에너지를 정리한 그래프입니다. 독보적인 1위는 9kcal(킬로칼로리)를 만들어내는 지질이군요. 지질의 성분인 지방산과 콜레스테롤은 탄소를 27개 함유한 화합물로, 내재한 화학 결합 에너지도 큽니다.

한편, 크기가 작은 저분자인 무기질과 일부 비타민은 **몸 안에서 잘 분해되지 않으므로 에너지로 이용할 수 없습니다.** 하지만 5대 영양소에 들어가는 이유는 에너지를 끌어내는 작용 외에도 중요한 역할이 있기 때문인데요. 어떤 역할인지는 16장에서 알아보겠습니다.

음식의 열량과 에너지

인간을 비롯한 동물은 음식을 섭취해 영양을 얻습니다. 공복 상태가 계속되면 죽음에 이르기 때문입니다. 우리는 몸에 흡수한 3대 영양소를 에너지로 변환해서 생명을 유지합니다.

 생명을 유지하려면 에너지가 얼마나 필요할까?

마트나 편의점에서 식품을 살 때 포장지를 찬찬히 살펴보면 **그림 1-2** 같은 표를 확인할 수 있습니다. 이는 식품의약품안전처에서 제정한 《식품 등의 표시기준》에 따른 성분표로, 일부 식품을 제외하면 반드시 표시해야 합니다. 앞에서 소개한 3대 영양소(당질, 단백질, 지질) 외에도 5대 영양소인 비타민과 무기질의 양까지 기재되어 있습니다. 에너지(열량)는 반드시 위에 표시해야 하며, **에너지를 나타내는 단위**인 cal(칼

그림 1-2 영양 성분 표시

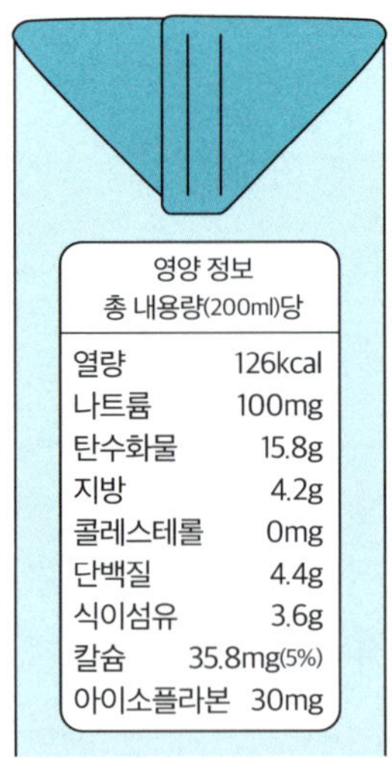

영양 정보
총 내용량(200ml)당

열량	126kcal
나트륨	100mg
탄수화물	15.8g
지방	4.2g
콜레스테롤	0mg
단백질	4.4g
식이섬유	3.6g
칼슘	35.8mg(5%)
아이소플라본	30mg

로리)로 나타냅니다. 삼각김밥 1개에 약 200kcal, 식빵 한 장에 약 200kcal 같은 식입니다.

 200kcal라는 에너지는 어느 정도의 양일까?

그리고 이 에너지는 우리 몸에 어떻게 흡수될까?

한번 생각해 볼까요? 1cal의 정의는 **물 1g의 온도를 1℃ 올리는 데 필요한 에너지**입니다. 즉, 200kcal는 물 1kg의 온도를 200℃ 올리는 양이자, 욕조에 들어 있는 물 200L를 1℃ 올리는 양입니다. 여러분, 어떻게 생각하세요? 삼각김밥 하나로 욕조의 물 온도를 약 1℃ 올릴 수 있다니, 스무 개를 넣으면 물을 따뜻하게 데울 수 있지 않을까요(20℃→40℃)? 하지만 여러분도 아시다시피 욕조에 삼각김밥을 넣어도 물은 따뜻해지지 않습니다. 그렇다면…….

 식품 포장지에 기재된 수백 킬로칼로리라는 에너지는 허위일까?

화학 결합을 잘라서 얻는 에너지

삼각김밥을 욕조에 넣었을 때와 우리가 먹었을 때 어떻게 다른지 생각해 봅시다. 욕조에 넣어도 삼각김밥은 여전히 삼각김밥일 뿐, 아무런 화학 반응도 일어나지 않습니다. 삼각김밥에 함유된 전분은 시간이 얼마나 지나든 그대로 전분이지요. 한편, 우리가 삼각김밥을 먹으면 침과 위액에 들어 있는 분해 효소가 전분을 글루코스로 분해합니다. 그리고 글루코스는 장벽을 통해 몸에 흡수된 다음 피루브산으로 분해되고, TCA 회로(시트르산 회로)를 거쳐 이산화탄소로 산화됩니다(5장 참조). **전분→글루코스→피루브산→이산화탄소에 이르는 과정에서 화학 결합이 차례로 잘리고, 그 에너지는 다른 형태로**(이 경우에는 주로 산화 환원 에너지로) **변합니다.**

이처럼 우리 몸은 **음식물(유기물)에 들어 있는 에너지의 형태를 화학 반응으로 바꾼 뒤에 비로소 이용합니다.** 화학 반응이 진행되지 않으면 그 안에 담긴 에너지를 끌어낼 수 없지요. 식품 포장지에 표시된 에너지는 어디까지나 **직접 먹은 음식이 몸 안에서 분해되었을 때 끌어낼 수 있는 최대 에너지**입니다. 물에 넣는다고 해서 에너지를 끌어낼 수 있는 것은 아니지만, 연소를 하면 열의 형태로 끌어낼 수 있습니다. 하지만 삼각 김밥을 스무 개씩 태워도 목욕물이 끓을 만큼 온도가 올라가지는 않지요. 이를 보면 연소열이 얼마나 비효율적인 에너지인지 알 수 있습니다.

2 장

당의 구조와 성질

3대 영양소인 당질이 몸을 움직이고 유지하는 데 필요한 에너지원임을 1장에서 배웠습니다. 그런데 '당'이라고 하면 제일 먼저 머릿속에 떠오르는 이미지는 달콤한 과자나 주스 아닐까요? 이때 과자의 단맛을 내는 것은 설탕의 주성분인 수크로스(자당)라는 당입니다. 열심히 일하거나 운동을 해서 몸이 피곤하면 단것이 먹고 싶어지지요. 이는 몸에 에너지가 필요하기 때문입니다. 하지만 설탕 외에도 우리 주변에는 다양한 당이 있습니다. 가령 쌀이나 밀가루 같은 곡물에는 전분을 비롯한 당이 대량으로 함유되어 있습니다. 전분은 글루코스가 여러 개 모여 만들어진 중합체입니다. 밥, 빵, 파스타, 우동 등 밀가루로 만든 음식은 설탕만큼 달지는 않지만, 우리 몸의 중요한 에너지원입니다. 이번 장에서는 중요한 에너지원인 당의 구조와 성질을 알아보겠습니다.

당질은 탄수화물의 일종입니다. 탄수화물은 **탄소에 물이 결합한 물질**인데, 탄소(C) 1개에 물(H_2O) 1개가 결합하므로 실험식으로는 $(CH_2O)_n$으로 나타냅니다. 우리 주변에서 쉽게 찾아볼 수 있는 당의 n은 3~7이며, 특히 탄소가 5개인 **오탄당**과 6개인 **육탄당**이 중요합니다. 당의 구조를 이해할 때 가장 중요한 물질은 탄소가 3개인 **글리세르알데하이드**입니다(그림 2-1). 글리세르알데하이드는 탄소 3개 중 하나가 알데하이드기를 이루고, 나머지 두 탄소에 하이드록시기가 하나씩 결합한 물질입니다. 가운데 탄소의 팔 4개에 모두 다른 작용기가 달려 있다는 점이 특징인데, 이러한 탄소를 **비대칭 탄소**라고 합니다. 따라서 글리세르알데하이드는 한 쌍(2개)의 광학 이성질체로 존재합니다. 그리고 자연계에 존재하는 당은 모두 D형입니다(서로 거울상인 두 화합물을 광학 이성질체 또는 거울상 이성질체라고 하며, 글리세르알데하이드의 이성질체는 D형/L형으로 구분한다 – 옮긴이).

탄소가 4개 이상인 당은 알데하이드기와 비대칭 탄소 원자 사이에 H-C-OH가 하나씩 들어가는 구조입니다(그림 2-1). 이때 들어간 탄소는 비대칭 탄소이므로, 추가될 때마다 광학 이성질체가 2개씩 증가합니다. 따라서 오탄당의 이성질체는 8개, 육탄당의 이성질체는 16개입니다. D-글루코스는 이 16개의 이성질체 중 하나입니다.

당 말단의 알데하이드기는 이성질화 반응에 의해 케톤기로 바뀌기도 합니다(그림 2-2). 두 번째 탄소가 케톤기인 당을 **케토스**, 알데하이드기인 당을 **알도스**로 구별합니다. 케토스와 알도스는 이성질체의 수가 서로 다른데, 오탄당의 이성질체는 4개, 육탄당의 이성질체는 8개입니다. 탄소 6개짜리 케토스인 프럭토스는 알도스인 글루코스와 이성질체 관계입니다.

그리고 당은 사슬형 구조와 고리형 구조로도 나뉩니다(그림 2-3). 같은 육탄당 중에서 알도스가 고리형이 되면 육각형[피라노스(pyranose)], 케토스가 고리형이 되면 오각형[푸라노스(furanose)]을 만듭니다. 고리 모양인 피라노스의 첫 번째 탄소(C1, 아노머 탄소)는 비대칭 탄소가 되며, 이 광학 이성질체는 D/L이 아닌 α/β로 구별합니다.

우리 주변의 단당류

자연에서 발견된 단당류는 200종류가 넘는데, 그중 우리 주변의 대표적인 단당류를 꼽자면 **글루코스**(포도당), **프럭토스**(과당), **갈락토스**가 있습니다(그림 2-4).

케이크 위에 뿌리는 하얀 가루의 정체이기도 한 글루코스는 수크로스만큼 달지 않고 적당히 단맛이 납니다. 그리고 **에너지원으로 쓰이는 당 중에서도 가장 중요한 당**입니다. 당을 에너지로 변환하는 대사 과

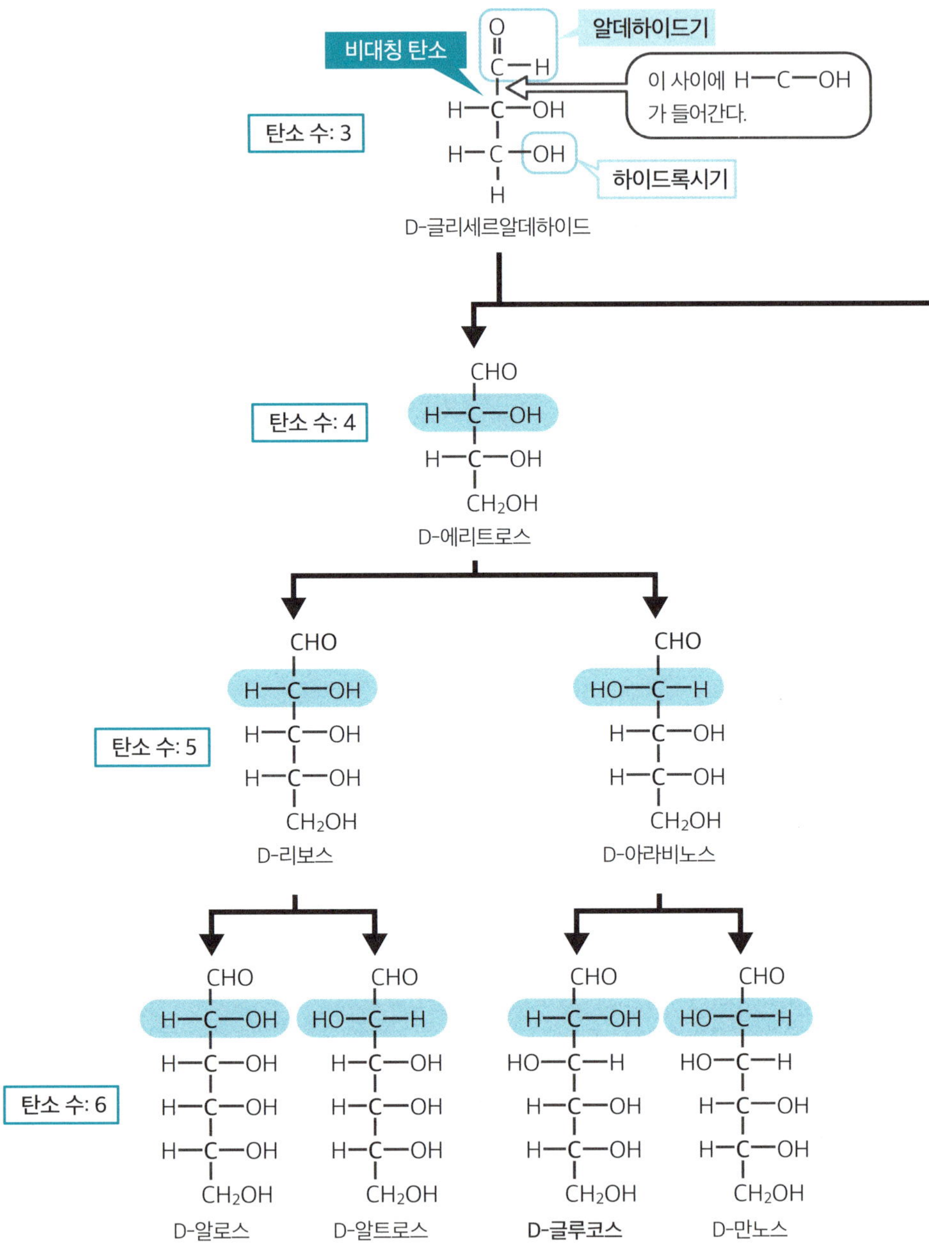
비대칭 탄소
알데하이드기
이 사이에 H—C—OH 가 들어간다.
하이드록시기
탄소 수: 3
D-글리세르알데하이드
탄소 수: 4
D-에리트로스
탄소 수: 5
D-리보스
D-아라비노스
탄소 수: 6
D-알로스
D-알트로스
D-글루코스
D-만노스

각각 D형과 L형이 존재하지만, 자연계에 존재하는 당은 모두 D형이다.

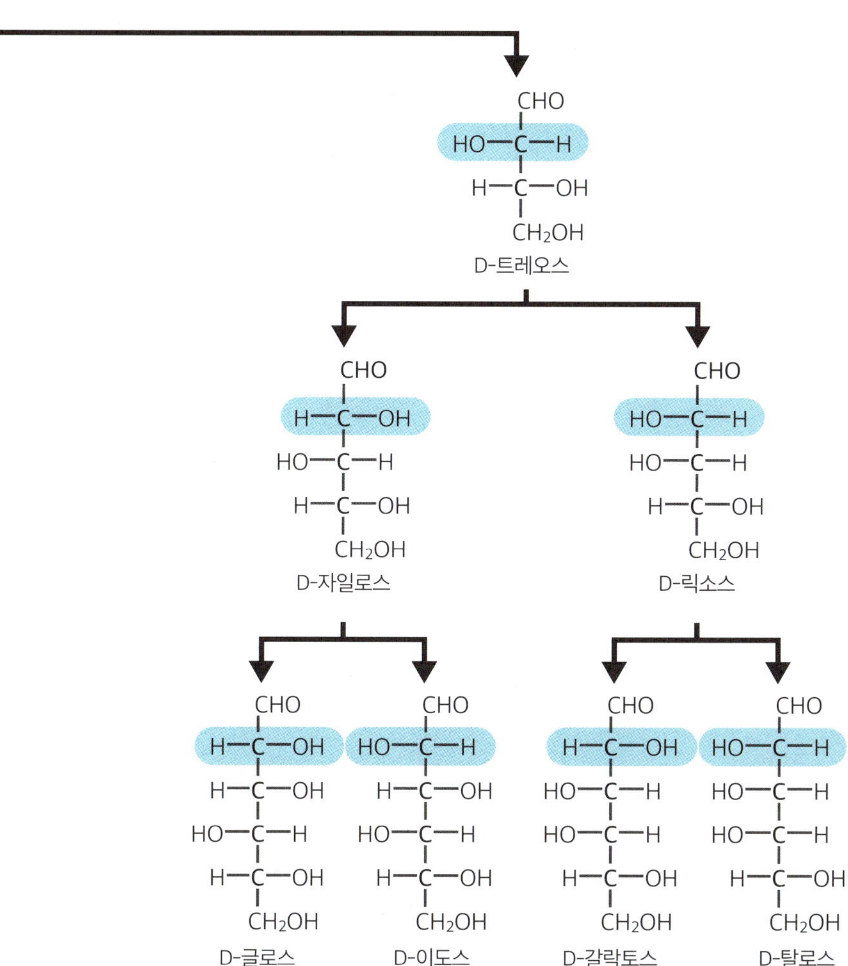

그림 2-2 자연계에 존재하는 케토스

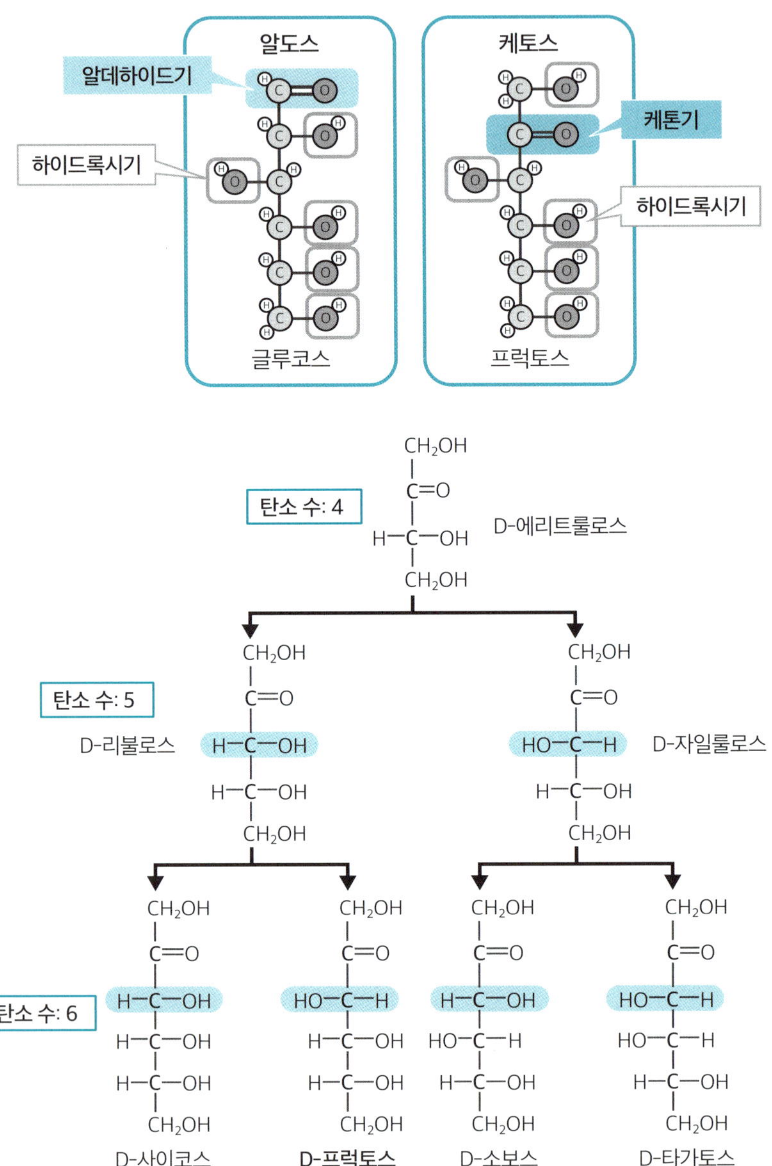
알도스
알데하이드기
하이드록시기
글루코스
케토스
케톤기
하이드록시기
프럭토스
탄소 수: 4
D-에리트룰로스
탄소 수: 5
D-리불로스
D-자일룰로스
탄소 수: 6
D-사이코스
D-프럭토스
D-소보스
D-타가토스

그림 2-3 사슬형 구조와 고리형 구조

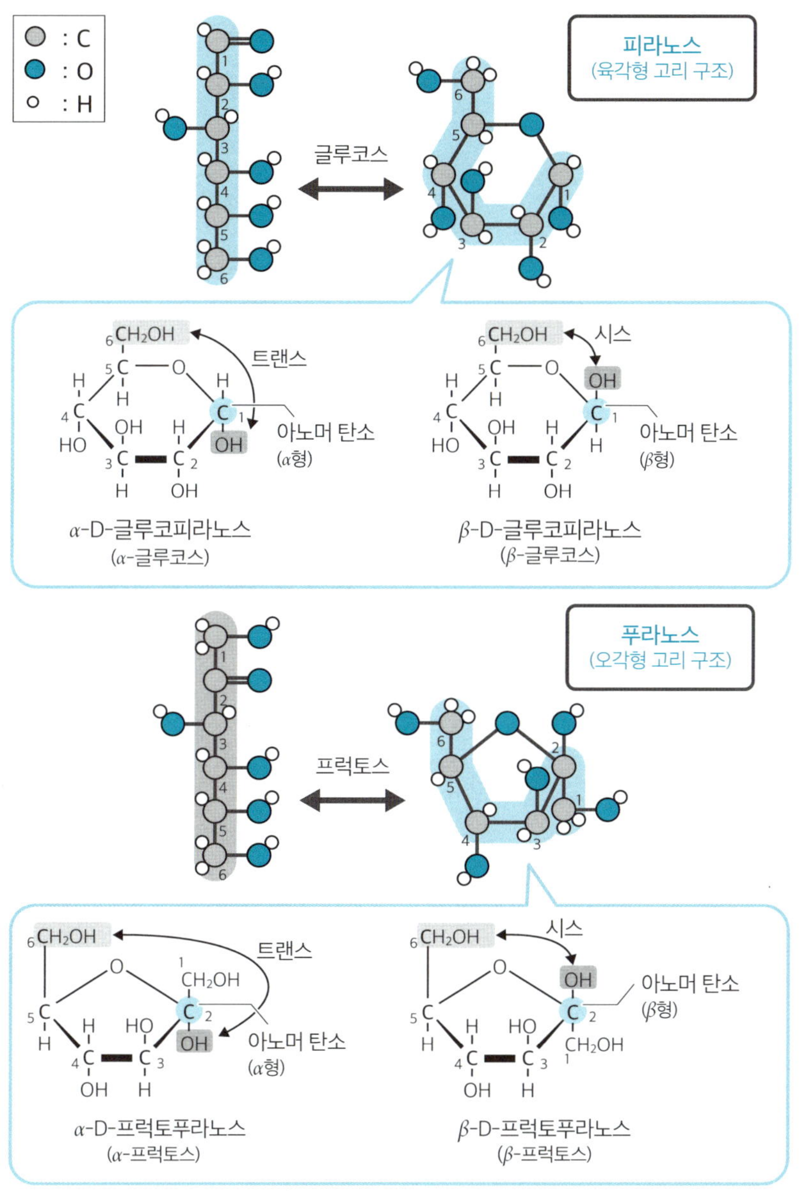
: C
: O
: H
글루코스
피라노스
(육각형 고리 구조)
트랜스
아노머 탄소
(α형)
시스
아노머 탄소
(β형)
α-D-글루코피라노스
(α-글루코스)
β-D-글루코피라노스
(β-글루코스)
프럭토스
푸라노스
(오각형 고리 구조)
트랜스
아노머 탄소
(α형)
시스
아노머 탄소
(β형)
α-D-프럭토푸라노스
(α-프럭토스)
β-D-프럭토푸라노스
(β-프럭토스)

정에서 가장 중요한 물질이라고 해도 과언이 아니지요. 그뿐만 아니라 우리가 건강의 척도로 측정하는 혈당 역시 글루코스입니다. 음식물로 섭취한 당은 소장 상피와 간에서 글루코스로 변환되어 운반되며, 마지막에는 대사되어 에너지로 쓰이거나 다른 형태로 저장됩니다. 몸속에서 에너지가 남아돌면 글루코스는 **글리코젠**의 형태로 바뀌어 간과 근육 등 각종 기관에 저장됩니다(12장 참조). 정리하면 글루코스는 몸에서 쓰이는 당의 공통 화폐 단위입니다.

과당이라고도 하는 프럭토스는 과일에 많이 함유되어 있습니다. 과일이 달콤한 이유는 프럭토스 덕분이고, 곶감 표면에 묻어 있는 하얀 가루 또한 프럭토스입니다. 뜻밖일지도 모르지만, 프럭토스는 같은 양의 당을 먹고 단맛을 비교했을 때 가장 단 천연당으로, 무려 설탕의 1.7배나 된다고 합니다. 프럭토스는 소장 상피와 간에서 글루코스로 변환된 다음 대사 경로로 보내집니다.

마지막으로 갈락토스는 모유와 우유 등 동물의 젖에 많이 들어 있는 물질입니다. 우유의 은은한 단맛도 이 갈락토스 덕분입니다. 단맛은 수크로스의 약 3분의 1입니다. 갈락토스도 프럭토스와 마찬가지로 간에서 글루코스로 변환되어 에너지로 사용되며, 인간의 장내 세균의 영양소인 다른 물질로 변환되기도 합니다.

이당류와 다당류는 고리형 단당류에 달린 하이드록시기 사이의 탈수 축합 반응(두 분자가 결합하며 물 한 분자가 빠지는 반응 – 옮긴이)으로 만들어집니다(그림 2-4). 우리가 음식으로 섭취하는 당은 대부분 이당류 또는 다당류입니다. 음식으로 섭취하는 당질의 양은 단당류보다 이당류와 다당류 쪽이 압도적으로 많지요. **수크로스**(글루코스+프럭토스) 외에 대표적인 이당류로 **말토스**(맥아당, 글루코스+글루코스)와 **락토스**(젖당, 갈락토스+글루코스)가 있습니다(그림 2-4). 말토스는 전분이 글루코스로 분해될 때 생성되는 이당류로, 물엿의 주원료이자 고구마의 단맛을 담당

그림 2-4 단당류와 이당류

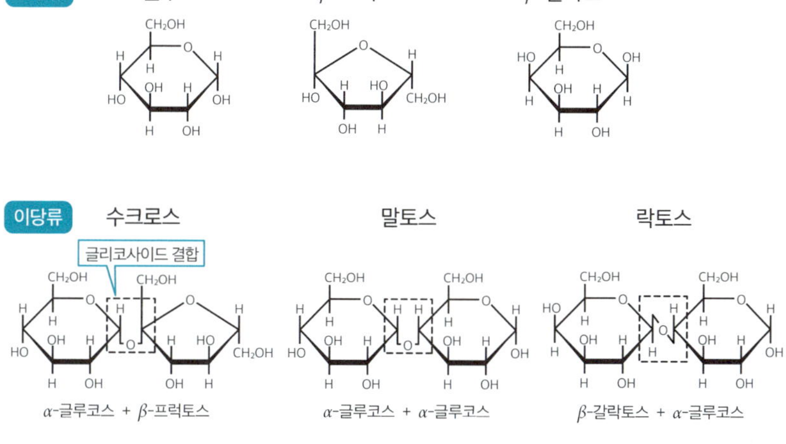

하는 만큼 친숙한 당입니다(6장 참조). 그리고 락토스는 우유와 모유에 들어 있습니다. 이러한 이당류는 그대로 대사되어 에너지를 만들지 못하므로 반드시 소장에서 2개의 단당류로 분해된 다음 흡수되어 대사됩니다.

이당류는 어떻게 분해되는지 자세히 알아볼까요? 이당류와 다당류는 단당류가 **글리코사이드 결합**이라는 공유 결합으로 연결된 물질입니다(그림 2-4). 그리고 당이 분해될 때는 이 글리코사이드 결합이 잘립니다(**가수 분해**). 인간의 소장에서는 수크로스를 분해하는 수크레이스, 말토스를 분해하는 말테이스, 락토스를 분해하는 락테이스 등의 효소가 작용해서 특정 이당류를 단당류로 분해합니다.

단당류가 더 많이 결합하면 다당류

다당류는 단당류 여러 개가 글리코사이드 결합으로 연결되어 만들어진다는 점에서는 이당류와 비슷합니다. 하지만 글리코사이드 결합의 종류와 연결 형태가 각양각색이므로 다당류는 이당류보다 구조적으로 훨씬 다양합니다. **전분**과 **셀룰로스**가 그 대표적인 사례입니다(그림 2-5). 둘 다 식물이 광합성으로 만든 다당류이며, 100~1000개의 글루코스가 글리코사이드 결합으로 연결되어 있습니다. 곡물과 감자, 고구마, 녹말, 옥수숫가루의 주성분인 전분은 다음과 같이 두 종류로 나

넙니다. *α*-글루코스가 *α*-1,4-글리코사이드 결합으로만 연결된 사슬 형태의 **아밀로스**, 여기에 *α*-1,6-글리코사이드 결합이라는 가지가 달린 **아밀로펙틴**(그림 2-5)으로요. 우리가 평소 먹는 멥쌀에는 아밀로스가, 찹쌀에는 아밀로펙틴이 많이 함유되어 있습니다. 가지가 많이 달릴수록 끈기가 강한 성질은 길게 설명하지 않아도 아시겠지요? 전분

그림 2-5 다당류의 구조와 글리코사이드 결합의 차이

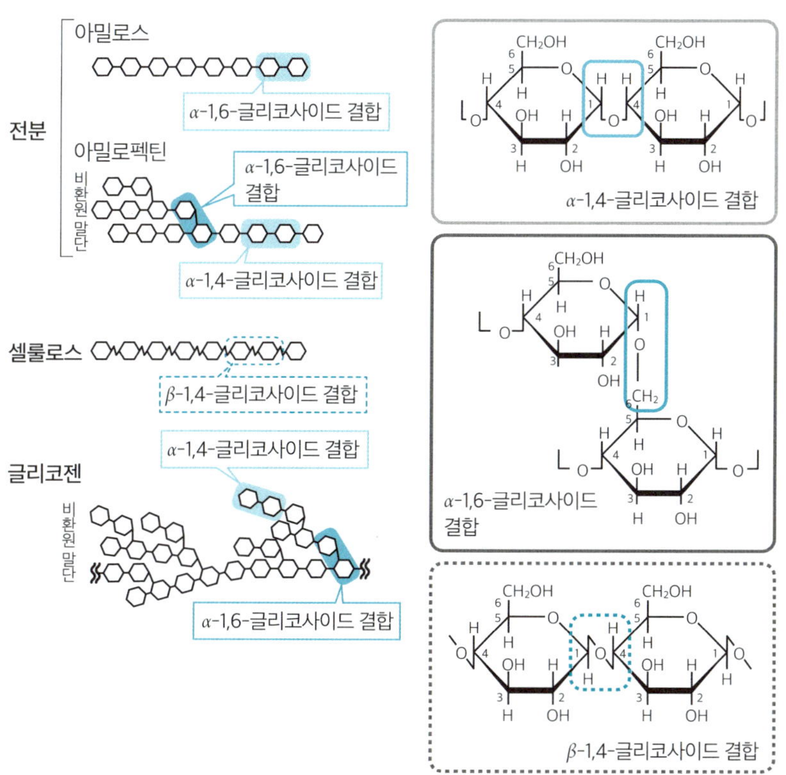

은 8장에서 자세히 소개하겠습니다.

전분과 구조가 유사한 다당류로 **글리코젠**이 있습니다. 구조를 보면 전분과 마찬가지로 α-1,4-글리코사이드 결합과 α-1,6-글리코사이드 결합이 섞여 있고, α-1,6-글리코사이드 결합의 수만 다릅니다(**그림 2-5**). 글리코젠에 가지가 훨씬 많이 달려 있지요. 인간을 비롯한 동물은 글루코스로 전분은 만들지는 못하지만 글리코젠은 만들 수 있습니다. 한편, 식물 중에는 글루코스로 전분을 만드는 종도 있습니다. 전분과 글리코젠은 가지 수가 다르므로 비환원 말단의 수 역시 다릅니다(다른 당과 글리코사이드 결합을 형성해 고리 구조가 열리지 않는 말단을 비환원 말단이라고 하며, 가지가 생길 때마다 비환원 말단이 하나씩 늘어난다-옮긴이). 전분과 글리코젠이 분해되어 글루코스가 만들어질 때는 이 비환원 말단부터 분해되므로, 글루코스로 변환되는 속도는 글리코젠 쪽이 빠릅니다.

식이섬유도 당, 하지만……

지금까지 우리는 당질에 관해 배웠는데, **당질**은 **식이섬유**와 함께 **탄수화물**을 구성하는 식품영양학적 범주입니다. 채소에 들어 있는 식이섬유는 우리 몸에서 소화되지 않기 때문에 에너지로 사용할 수 없습니다. 식이섬유의 정체는 식물 세포의 세포벽을 구성하는 주성분인 **셀룰**

그림 2-6 셀룰로스와 키틴

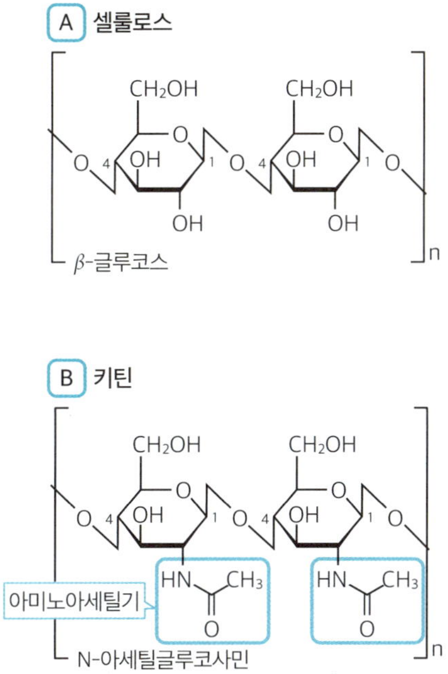

로스입니다(7장 참조). α-글루코스로 구성된 전분과 달리 셀룰로스는 β-글루코스가 β-1,4-글리코사이드 결합으로 연결된 다당류입니다(그림 2-5, 그림 2-6 A). 전분과 마찬가지로 글루코스로 이루어져 있지만, 우리 몸에는 분해 효소(셀룰레이스)가 없으므로 셀룰로스를 분해할 수 없습니다. 따라서 우리는 식물을 먹어도 그 안에 든 에너지를 끌어낼 수 없습니다(7장 참조). α와 β가 다를 뿐(광학 이성질체)인데 분해해서 에너지를 끌어낼 수 있고 없고가 갈린다니 흥미롭지 않나요?

그 밖에도 글루코스와 구조가 매우 유사한 당인 N-아세틸글루코사민이 중합되어 만들어진 **키틴**이라는 다당류도 있습니다(그림 2-6 B). 곤충과 갑각류의 외골격을 이루는 주성분인 키틴은 전분과 달리 매우 단단한 데다 소화해서 에너지를 끌어낼 수도 없습니다. 구조식을 보면 알 수 있듯이, 글루코스의 두 번째 탄소(C2)에 아미노아세틸기가 결합했다는 점을 제외하면 나머지 구조는 셀룰로스와 매우 유사합니다. 이처럼 구조의 미세한 차이로 물질의 성질이 크게 달라지는 점이 화학의 흥미로운 부분이지요.

3 장

지질의 구조와 성질

당질, 단백질과 함께 3대 영양소인 지질은 많은 열량을 내는 물질입니다. 1g당 열량을 살펴보면 당질과 단백질은 약 4kcal이지만, 지질은 약 9kcal입니다(1장 참조). 그러니까 같은 무게의 당질과 지질을 섭취했을 때 **지질이 끌어내는 에너지는 단백질의 2배가 넘는 셈입니다.** 상온에서 액체로 존재하는 물질을 기름, 고체로 존재하는 물질을 지방으로 구분하기도 하지만, 엄밀히 따지면 과학적으로 정확한 분류는 아닙니다.

지질의 구조

지질은 당이나 단백질과 달리 구조의 정의가 명확하지 않습니다. 세포에는 공통으로 물에 잘 녹지 않는 **지방산, 트라이아실글리세롤(트라이글리세라이드), 콜레스테롤, 인지질, 스핑고지질** 등이 존재합니다(**그림 3-1**). 지방산은 그중에서도 특히 중요한데, 지방산이 글리세롤과 결합하면 트라이아실글리세롤, 이른바 **중성 지방**이 되기 때문입니다(**그림 3-1**).

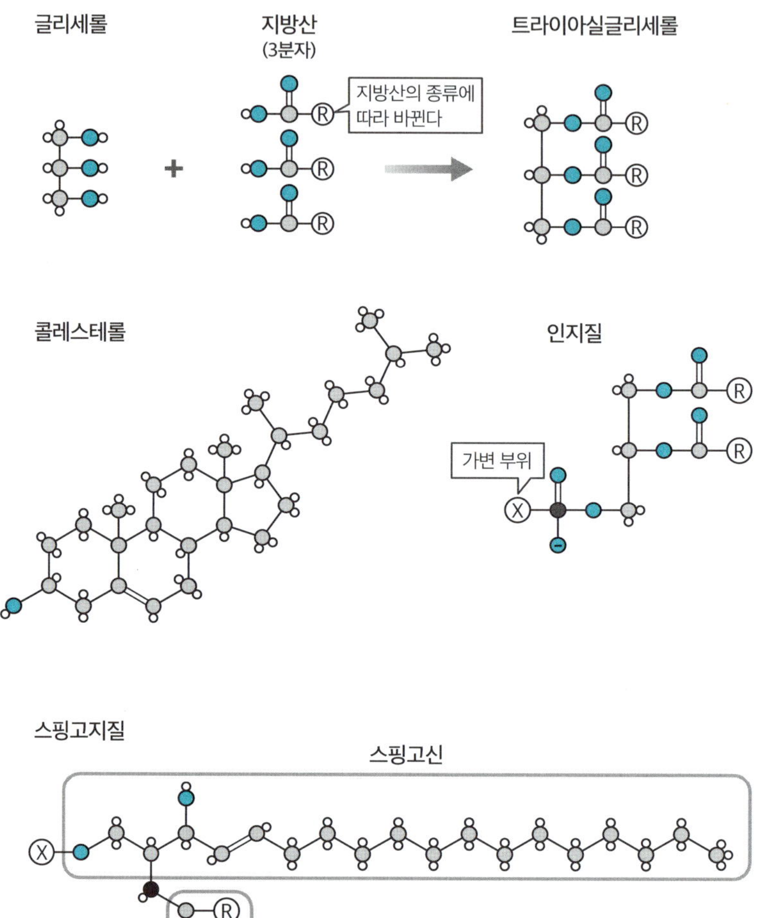

글리세롤
지방산
(3분자)
트라이아실글리세롤
지방산의 종류에
따라 바뀐다
R
콜레스테롤
인지질
가변 부위
X
R
X
스핑고지질
스핑고신
X
R
지방산
: C
: O
: O⁻
: P
: N
: H

그림 3-1 세포 내 지질

지방산은 긴 탄화수소 사슬이 달린 카복실산입니다. 카복실기는 친수성이지만, 긴 탄화수소 사슬 때문에 지방산은 물에 잘 녹지 않습니다. 탄화수소 사슬이 전부 포화 결합(단일 결합) 상태라면 **포화 지방산**, 불포화 결합(이중 결합)이 하나라도 있으면 불포화 지방산으로 구분합니다. 자연계에 존재하는 **불포화 지방산**은 거의 전부 시스(cis)형입니다만, 공업적으로 만든 지방산 중에는 트랜스(trans)형도 있습니다(9장 참조).

콜레스테롤은 구조는 지방산과 전혀 다릅니다(그림 3-1). 동맥 경화의 원인이 되기에 몸에 안 좋은 물질로 알고 있는 사람도 많지만, 콜레스테롤 또한 우리 몸에서 만들어집니다. 이는 **콜레스테롤이 우리 몸에 필요한 각종 스테로이드 호르몬의 주원료이기 때문입니다**(11장 참조). 우리 몸에서는 매일 1.2g의 콜레스테롤이 만들어지는데요. 음식으로 섭취하는 평균 콜레스테롤양이 0.4g임을 고려하면 몸에서 만들어지는 콜레스테롤이 압도적으로 많습니다. 하지만 기름진 음식을 지나치게 많이 섭취하면 혈중 콜레스테롤양이 증가해 혈관에 축적되다가 동맥 경화를 일으킬 수도 있습니다.

지방산의 성질

지방산은 말단에 카복실기가 달린 탄화수소로, 탄소 수가 수 개에서

20개 이상까지 다양합니다. 지방산의 성질을 결정하는 중요한 요소는 ① **탄화수소 사슬의 길이**, ② **이중 결합의 수**, ③ **이중 결합의 위치**입니다. 기본적으로 탄화수소 사슬이 길수록 분자의 유연성이 작습니다. 즉, 탄화수소 사슬이 길수록 녹는점이 높습니다. 예를 들어, 탄소 10개로 이루어진 카프르산의 녹는점은 약 32℃이지만, 탄소 18개로 이루어진 스테아르산의 녹는점은 약 70℃입니다. 따라서 사람 체온과 비슷한 37℃에서 카프르산은 액체이지만 스테아르산은 고체입니다. 탄소 수가 4~8개인 **짧은 사슬 지방산**은 유제품에, 9~12개인 **중간 사슬 지방산**은 코코넛 오일에 많이 들어 있습니다. 탄소 수가 13개 이상인 **긴 사슬 지방산**은 상온에서 고체로 존재하며, 동물성 지방의 주성분입니다(**표 3-1**).

　일반적으로 탄소 수가 같으면 이중 결합이 많을수록 지방산의 녹는점이 낮습니다. 이중 결합이 하나도 없는 스테아르산의 녹는점은 약 70℃, 이중 결합이 1개인 올레산의 녹는점은 약 13℃, 이중 결합이 2개인 리놀레산의 녹는점은 약 −5℃입니다(**표 3-1**). 스테아르산은 라드(돼지기름)와 버터, 올레산은 올리브유와 카놀라유에 많이 들어 있는데, 상온에서 각각 어떤 상태인지 생각해 보면 이중 결합과 녹는점의 관계를 이해하기 쉽습니다. 리놀레산은 홍화씨 기름, 콩기름, 참기름에 많이 들어 있습니다. 추운 겨울이 되면 올리브유는 약간 굳기도 하지만, 참기름이 굳는 경우는 거의 없습니다. 이는 기름에 함유된 지방산

표 3-1 주요 지방산

	축약 기호	관용명	녹는점(℃)	소재	계통명
포화 지방산	16:0	팔미트산	63.1	코코넛	헥사데칸산
	18:0	스테아르산	69.6	소고기, 버터, 라드	옥타데칸산
	20:0	아라키드산	75.3	참깨, 땅콩	에이코산산
불포화 지방산	16:1	팔미톨레산	-0.5	정어리	헥사데센산
	18:1	올레산	13.4	올리브, 유채	옥타데센산
	18:2	리놀레산	-5	옥수수, 대두, 참깨, 홍화	옥타데카다이엔산
	18:3	α-리놀렌산	-11	아마, 차조기	옥타데카트라이엔산
	18:3	γ-리놀렌산	-26	달맞이꽃	옥타데카트라이엔산
	20:4	아라키돈산	-49.5	간, 달걀	에이코사테트라엔산
	20:5	EPA	-54	고등어, 정어리, 꽁치	에이코사펜타엔산
	22:6	DHA	-44	가다랑어, 참치	도코사헥사엔산

의 성질이 달라서 생기는 현상입니다. 포화 지방산은 탄화수소 사슬이 똑바로 이어져 있어 지방산 분자가 촘촘하게 모이지만, 불포화 지방산은 탄화수소 사슬이 이중 결합 부분에서 꺾인 채 각도가 고정되므로 밀집할 수 없습니다(그림 3-2). 이 때문에 **포화 지방산은 불포화 지방산보다 잘 굳습니다.**

동맥 경화와 관상동맥 질환의 발병률을 높이는 요인으로 지목받는

그림 3-2 지방산의 녹는점

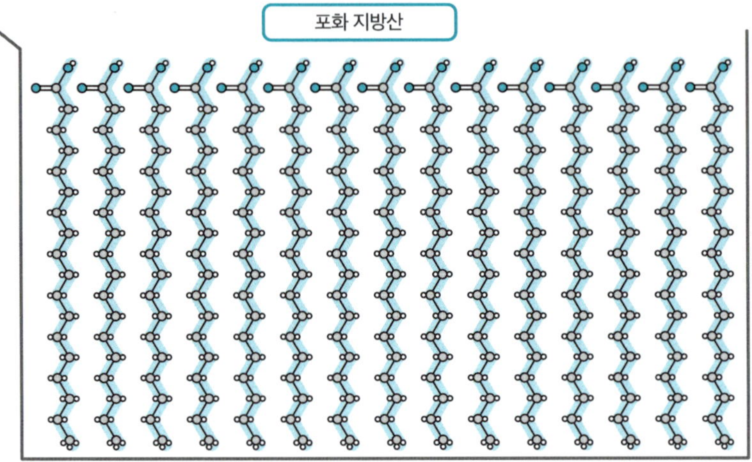
포화 지방산
촘촘하게 밀집할 수 있다 ⟶ 유동성이 작다
⟶ 녹는점이 높다

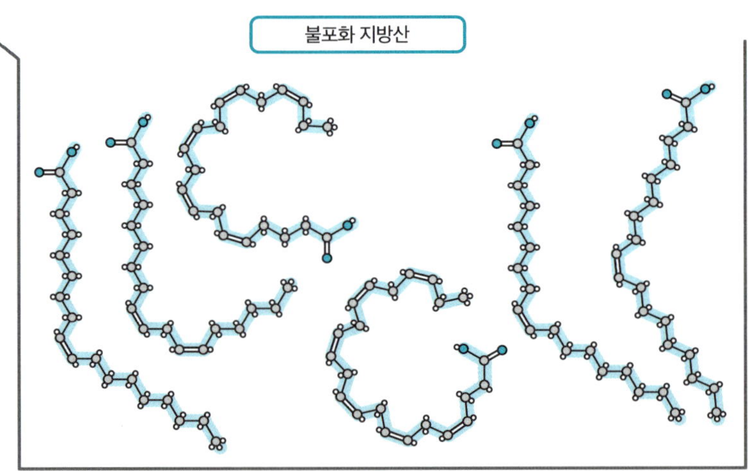
불포화 지방산
분자 사이에 공간이 많아 여유가 있다 ⟶ 유동성이 크다
⟶ 녹는점이 낮다
: C   : O   : H

포화 지방산과 트랜스 지방과 달리 불포화 지방산은 건강에 좋은 성분으로 소개됩니다. 최근 주목받는 **도코사헥사엔산(DHA)**과 **에이코사펜타엔산(EPA)**은 모두 탄소가 20개 이상인 ω-3(오메가-3) 지방산으로, 생선 기름에 특히 많이 들어 있습니다. 불포화 지방산을 충분히 섭취하면 심장 질환과 당뇨병의 발병률을 수십 퍼센트나 낮출 수 있다고 합니다. 같은 지방산인데도 왜 물고기에서 유래한 불포화 지방산은 몸에 좋고, 동물에서 유래한 스테아르산은 몸에 나쁜지는 10장에서 자세히 설명하겠습니다.

지방산의 명칭

지방산을 부르는 방법은 다양합니다. 팔미트산이나 스테아르산 같은 명칭은 관용명이라고 합니다. 스테아르산의 탄소 수는 18개인데, 18을 뜻하는 라틴어 옥타데카(octadeca)를 붙여 옥타데칸산이라는 계통명으로 부르기도 합니다. 한편, 불포화 지방산의 명명법은 조금 복잡합니다. **오메가 명명법**에서는 카복실기를 기준으로 가장 먼 탄소를 ω-1로 표현합니다. ω-1부터 카복실기에 가까워질수록 ω-2, ω-3……가 되며, 카복실기에서 가장 멀리 떨어진 이중 결합의 위치가 지방산의 이름이 됩니다. 이에 따라 올레산은 ω-9 지방산이 됩니다(그림). 또 다른 명명법도 있습니다. 카복실기의 탄소를 기준으로 번호를 매겨 탄소의 수, 불포화 결합의 수, 불포화 결합의 위치에 관한 정보를 나타내는 방법입니다. 예를 들어, 올레산은 18:1;9로 나타냅니다(그림).

그림 불포화 지방산의 명명법

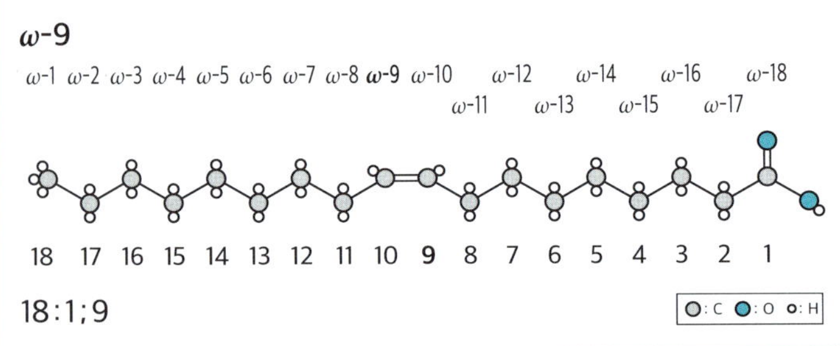

그 밖의 지질

인지질은 세포막의 주성분

장에서 흡수되어 세포로 들어간 지방산은 글리세롤과 결합해 만들어진 트라이아실글리세롤의 형태로 몸속을 순환합니다. 트라이아실글리세롤 합성 반응은 조효소 CoA에 의해 활성화된 지방산 두 분자의 카복실기가 글리세롤-3-인산의 두 하이드록시기와 각각 결합해 **포스파티딘산**이 만들어지면서 시작됩니다(그림 3-3). 지질 합성의 중요한 중간체인 포스파티딘산에 또 다른 지방산이 결합하면 트라이아실글리세롤이 되고, 인산기에 콜린이나 에탄올아민이 결합하면 복합 지질인 **인지질**이 됩니다.[*]

인지질은 세포막의 주성분인데, 포스파티딘산의 인산기에 세린이 결합한 포스파티딜세린, 콜린이 결합한 포스파티딜콜린 등이 대표적입니다. 인산기와 그 인산기에 결합한 하이드록시기 덕에 인지질의 머리 부분은 물에 잘 섞입니다(그림 3-4). 이 성질 덕에 인지질은 소수성인 꼬리 부분이 안쪽으로 모인 **마이셀**이라는 구체나 **이중 막**을 형성하기 쉽다는 특징이 있습니다(그림 3-4). 이처럼 인지질은 친수성과 소수성을 모두 가지고 있는데, 씻을 때나 설거지, 세탁할 때 사용하는 **세제**에서도 이러한 특징이 발견됩니다. 우리가 물에 잘 섞이지 않는 기름때를 물로 씻어낼 수 있는 이유도 인지질의 양면성 덕분이랍니다.

신경 세포에서 활약하는 지질

스핑고지질은 인지질만큼이나 중요한 복합 지질로, 글리세롤 대신 **스핑고신**이라는 분자가 기본 구조를 이룹니다(그림 3-1). 스핑고신의 아미노기에는 지방산이, 하이드록시기에는 각종 작용기가 결합해 다양한 지질을 만듭니다.

---

[*] 글리세롤과 지방산만으로 구성된 지질을 단순 지질, 지방산 이외의 작용기가 글리세롤에 결합한 지질을 복합 지질이라고 합니다.

그림 3-3 인지질의 구조와 합성

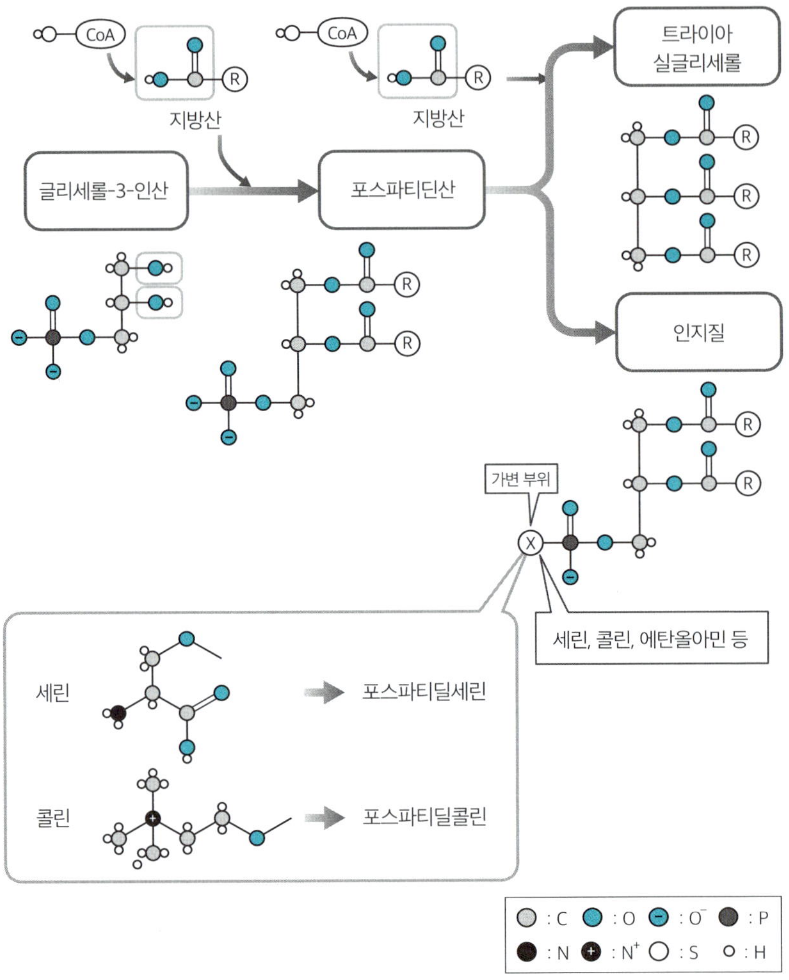
CoA
CoA
지방산
지방산
글리세롤-3-인산
포스파티딘산
트라이아
실글리세롤
인지질
가변 부위
X
세린, 콜린, 에탄올아민 등
세린
콜린
포스파티딜세린
포스파티딜콜린
: C
: O
: O⁻
: P
: N
: N⁺
: S
: H

그림 3-4 수용액 속 인지질의 구조

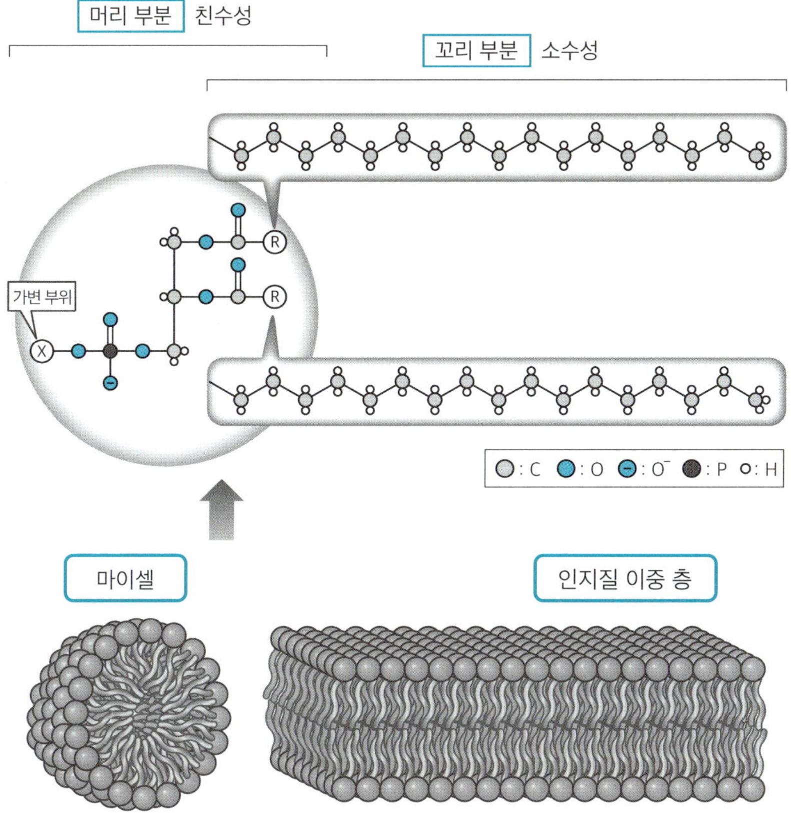
머리 부분 친수성
꼬리 부분 소수성
가변 부위
X
R
R
: C : O : O⁻ : P : H
마이셀
인지질 이중 층

스핑고신에 지방산이 결합한 **세라마이드**는 신경 세포에서 중요한 역할을 하는 지질의 기본 구조입니다. 인산기를 매개로 가변 부위에 콜린이 결합하면 신경 세포의 말이집을 구성하는 스핑고마이엘린이 되고, 가변 부위에 단당류나 올리고당*이 결합하면 신경 조직에 널리 분포하는 중요한 지질인 **당지질(당스핑고지질)**이 됩니다. 특히 시알산($C_{11}H_{19}NO_9$)이 1개 이상 결합한 당지질을 **갱글리오사이드**(ganglioside)라고 하는데, 이 지질은 세포막에 존재하며 세포 사이의 신호 전달에 관여하고 수용체로 기능하는 등 중요한 역할을 합니다.

---

* 단당류 여러 개가 글리코사이드 결합으로 연결된 물질로, 다당류보다 당이 수 개~10개 정도 적습니다.

 장

아미노산과 단백질

이제 마지막 3대 영양소인 단백질을 배울 차례입니다. 단백질은 열량과 에너지로 이용한다는 인상이 당질이나 지질보다는 옅을지도 모릅니다. 하지만 중량당 에너지를 비교하면 단백질에는 당질과 같은 양의 에너지가 있습니다(1장 참조). 이번 장에서는 단백질을 구성하는 아미노산의 성질과 아미노산의 중합체인 단백질의 성질에 관해 기본적인 내용을 살펴보겠습니다.

단백질을 구성하는 20종류의 아미노산

아미노산의 중합으로 형성된 생체 고분자인 단백질은 세포의 항상성을 유지하는 데 가장 중요한 물질입니다. 이름에서도 짐작할 수 있다시피 아미노산은 아미노기가 있는 산(카복실산)입니다. 단백질을 구성하는 아미노산은 카복실기 바로 옆(α 자리)의 탄소(α **탄소**)에 아미노기가 결합하기에 α-아미노산이라고 합니다(**그림 4-1**). α 탄소의 남은 두

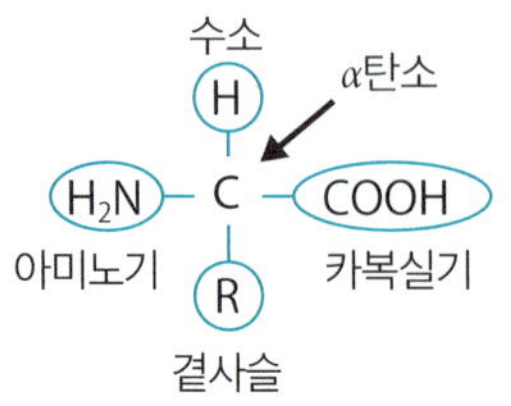

팔 중 한쪽에는 수소가, 다른 한쪽에는 다양한 작용기가 결합합니다. 이 작용기(곁사슬)의 종류는 20종이므로 **단백질을 구성하는 아미노산 역시 20종입니다**(그림 4-2, 단백질을 구성하지 않는 아미노산까지 세면 훨씬 많습니다). 20종 중 글라이신을 제외한 19종의 아미노산에서 α 탄소는 비대칭 탄소이므로 광학 이성질체가 존재하며, 이 이성질체는 모두 L형입니다.

아미노산 20종의 곁사슬을 자세히 들여다봅시다. 우선 아미노산은 곁사슬의 성질에 따라 크게 네 종류로 나뉩니다. 첫 번째는 곁사슬이 탄소와 수소(탄화수소)로 이루어져 있어 소수성이 강한 그룹으로, 알라닌, 발린, 류신 등이 있습니다(그림 4-2). 필수 아미노산 중 총 8개, 즉 반절 가까이가 이 그룹에 속합니다. 27장에서 자세히 설명하겠지만, 이 소수성 아미노산들은 폴리펩타이드 사슬이 접혀 있어 입체 구조를 만들 때 주요 구동력으로 작용합니다. 그리고 지질 막에 묻혀 있는 **막단백질**에서는 지질 막을 관통하는 부위에 존재합니다.

다음으로 많은 그룹은 산소, 황, 질소 등의 원자 때문에 **극성**을 띠는 작용기를 가지고 있습니다. 세린, 트레오닌, 아스파라진, 글루타민, 시스테인 등이 이에 해당합니다(그림 4-2). 이 아미노산들은 곁사슬로 극성 작용기가 달려 있으므로 친수성입니다. 작용기가 단백질 내부에

그림 4-2 20종의 아미노산

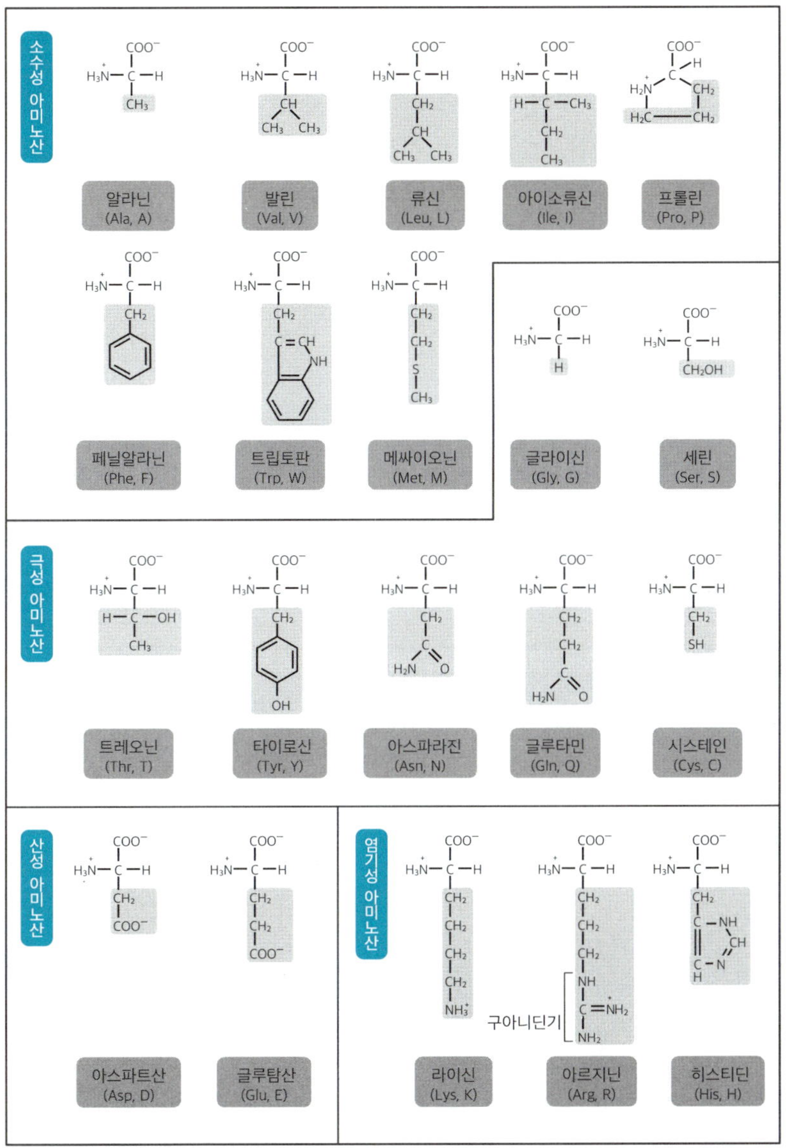

접혀 있을 때도 하지만, 대체로 표면에 드러나 물과 접하는 쪽을 선호하는 그룹입니다. 그리고 하이드록시기는 인산화 등 **번역 후 변형**의 표적이 되어 다양한 화학 변형을 받습니다(23장 참조).

마지막 두 그룹은 전하를 띤 작용기가 달린 아미노산입니다. 아스파트산과 글루탐산은 곁사슬로 카복실기가 달려 있어 산성이며, 중성에 가까운 pH에서는 이온화되어 음전하를 띱니다. 한편, 아미노기 또는 구아니딘기가 달려 있는 라이신과 아르지닌은 중성에 가까운 pH에서 이온화되어 양전하를 띱니다(히스티딘은 중성에 가까운 pH에서 이온화되지 않습니다). 이러한 곁사슬은 극성 곁사슬보다도 전기적 성질이 강해서 무조건이라고 해도 될 정도로 단백질 표면에 존재합니다.

아미노산이 여러 개 합쳐진 중합체

단백질은 아미노산의 카복실기와 아미노기가 탈수 축합 중합 반응으로 합쳐져 만들어진 중합체입니다(그림 4-3). 이 결합을 일반적으로 **아마이드 결합**이라고 하는데, 특히 단백질의 아마이드 결합은 **펩타이드 결합**으로 부릅니다. 그리고 수 개~수십 개의 아미노산으로 이루어진 짧은 중합체는 **펩타이드**라고 합니다. 단백질은 중합체를 이루는 단량체가 20종이므로 만들어질 수 있는 중합체의 종류는 훨씬 방대합니다. 가령 아미노산이 5개라도 이를 조합해서 만들 수 있는 펩타이드

그림 4-3 펩타이드 결합

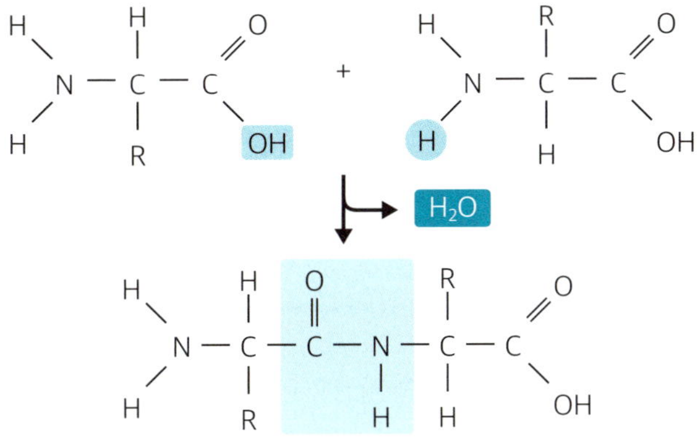

는 300만 종이 넘습니다($20^5 = 3.2 \times 10^6$). 세포를 구성하는 단백질의 평균 아미노산 길이는 수백 개이므로 가능한 조합은 천문학적인 숫자가 됩니다. 카복실기와 아미노기 사이의 탈수 축합 반응은 에너지 면에서 불리하기에 자발적으로 진행되지는 않고, 에너지가 공급되어야 합니다. 세포 안에서 이 화학 반응이 일어날 때는 **리보솜**이 촉매로 작용합니다(26장 참조). 그리고 리보솜이 합성하는 단백질의 아미노산 서열은 mRNA의 염기 서열을 바탕으로 결정됩니다.

세포에는 펩타이드 결합을 자르는 효소(**펩티데이스**, **프로테이스**, **프로티네이스** 등의 총칭으로 불립니다)도 존재합니다. 펩타이드 결합을 전부 분해하는 효소, 특정 아미노산 서열을 인식해서 자르는 효소, N 말단 또는 C 말단부터 하나씩 분해하는 효소 등 다양한 효소가 있습니다. 이러한 효소는 세포 안에서 쓸모를 다한 단백질을 분해해서 아미노산을 재이용하거나 세포의 항상성을 유지하기 위해 적극적으로 단백질을 분해합니다.

단백질은 왜 접혀 있을까?

20종의 아미노산 곁사슬 중 절반 가까이가 소수성 탄화수소입니다. 그래서 폴리펩타이드 사슬은 소수성이 크고 물에 잘 녹지 않습니다. 3장에서 배운 세제(계면활성제)가 기름때뿐만 아니라 단백질 얼룩도 잘 지우는 이유도 그 때문입니다. 그렇다면 세포처럼 친수성인 환경(극성 용매)에서는 **어떤 형태가 가장 적합할까요?**

폴리펩타이드 사슬이 길게 이어져 있으면 소수성 곁사슬이 물과 접촉합니다. 그런데 그 상태가 에너지 면에서는 그리 바람직하지 않습니다. 펩타이드 결합의 양 끝은 어느 정도 회전할 수 있으므로 폴리펩타이드 결합은 자유롭게 형태를 바꿀 수 있습니다. 그렇다면 폴리펩타이드 사슬의 가장 적합한 형태는 무엇일까요? 답은 간단합니다. 소수성 사슬은 최대한 물과 접촉하지 않도록 안으로 접히고, 극성이거나 전하를 띤 곁사슬이 표면에 드러나면 됩니다. 단백질은 의도적으로 그런 구조를 만든 게 아니라 **에너지 면에서 유리하기 때문에, 즉 안정적이기 때문에 자발적으로 접혔을 뿐입니다.** 따라서 최적의 형태를 이루는 접힘 방식은 아미노산 서열에 따라 거의 정형화되어 있습니다. 소수성 곁사슬뿐만 아니라 전하를 띤 곁사슬 사이의 **정전기적 상호작용**과 극성 곁사슬 사이의 **수소 결합**도 접힘 방식에 관여합니다(27장 참조).

단백질의 고차원 구조는 아미노산 서열에 따라 정형화됩니다. 달리 말하면 단백질의 아미노산 서열이 고차원 구조의 형태를 내포한다고 볼 수 있습니다. 그래서 과학자들은 단백질을 연구할 때 아미노산 서열을 바탕으로 고차원 구조를 예측하게 되었습니다. 긴 시간에 걸쳐 다양한 계산 방식이 개발되었지만, 여전히 예측의 정밀도는 높지 않았습니다. 분자동역학적으로 접근해서 계산하더라도 아미노산 수 개 길이의 짧은 펩타이드는 예측할 수 있었지만, 일반적인 단백질의 고차원 구조는 예측하기 어려웠습니다. 그런데 기계 학습을 활용한 **구조 예측**이 등장하면서 상황은 한순간에 뒤집혔습니다. 기존에 X선 결정 구조 해석을 비롯한 실험적 방법으로 알아낸 단백질의 고차원 구조 정보를 인공 지능에 학습시켰고, 아미노산 서열을 바탕으로 단백질의 고차원 구조를 상당히 정확하게 예측할 수 있게 되었습니다.

화학 반응이 쉽게 일어날 수 있게 돕는 촉매

화학 반응의 **촉매**는 단백질의 작용에서 가장 중요한 역할을 합니다. 그래서 단백질을 **효소**라고 합니다. 단백질 중에는 화학 반응을 촉매하지 않는 단백질도 있기에 엄밀히 따지면 '단백질=효소'는 아닙니다. 일반적으로 화학 반응에서 에너지가 높은 물질(반응물)이 열을 방출하면 에너지가 낮은 물질(생성물)로 바뀝니다. 그 역반응은 단독으로 일어나지 못하고, ATP 같은 에너지를 사용하는 반응이나 발열 반응과 함께 일어납니다. 그러나 발열 반응이 저절로 일어나지는 않습니다. 반응물의 에너지는 화학 반응을 일으키기에 부족하기 때문입니다.

예를 들어, 글루코스가 산화되어 물과 이산화탄소로 바뀌는 반응은 발열 반응인데, 글루코스를 가만히 둔다고 물과 이산화탄소로 바뀌지는 않습니다. 반응이 일어나는 데 필요한 에너지를 **활성화 에너지**라고 합니다. 연소처럼 반응물에 큰 열을 가해서 반응 온도를 올리면 활성화 에너지를 충족할 수는 있지만, 안타깝게도 우리 몸에 그만큼 큰 열을 가할 수는 없지요. 이를 해결하기 위해 **활성화 에너지를 낮추는 효소가 존재합니다.** 많은 화학 반응이 매우 불안정한 중간 산물인 반응 중간체를 거치는 방식으로 진행됩니다. 활성화 에너지는 이 반응 중간체의 불안정성에 기인하는 경우가 많은데, 효소는 반응 중간체를 안정시켜 활성화 에너지를 낮춥니다.

활성화 에너지가 낮아지는 현상은 정반응뿐만 아니라 **역반응에서도 똑같이 일어납니다.** 사실 많은 효소가 정반응뿐만 아니라 역반응의 활성화 에너지 또한 낮춥니다. 가령 탈수소 효소는 산화 반응과 그 역반응인 환원 반응에서 모두 촉매로 작용합니다. 탈수소 효소라는 이름

그대로 기질에서 수소를 빼앗는 산화 반응을 촉매하는 효소이지만, 반대 반응 역시 촉매할 수 있습니다. 책에 등장하는 다양한 대사 반응을 배우면서 수많은 효소를 만나게 될 텐데요. 그중에는 환원 반응을 촉매하는 탈수소 효소도 많습니다. 그때를 위해 지금 배운 내용을 꼭 기억해 주세요.

열쇠와 열쇠 구멍 같은 효소와 기질

효소와 반응물(기질)의 상호작용은 특이적으로 일어납니다. 효소는 특정 기질이 아니면 반응하지 않는다는 뜻인데요. 이를 효소의 **기질 특이성**이라고 합니다. 이 때문에 효소가 촉매하는 반응 역시 특이적으로 일어납니다. **효소와 기질이 특이성을 보이는 이유는 효소의 입체 구조와 기질의 구조 때문입니다.** 폴리펩타이드 사슬의 접힘 상태에 조금이라도 문제가 생기면 기질에 결합하지 못하게 되면서 효소로 기능하지 못하기도 합니다.

5장에서 자세하게 소개할 해당 과정에서는 글루코스가 10단계를 거쳐 피루브산으로 바뀌는데(**그림 5-2** 참조), 단계마다 서로 다른 효소가 작용합니다. 가령 글루코스를 글루코스-6-인산으로 변환하는 효소는 **육탄당 인산화 효소**입니다. 글루코스와 ATP를 같이 둔다고 글루코스-6-인산으로 바뀌지는 않습니다. 인산기를 붙이는 반응의 활성화 에너지가 너무나 커서 사람의 체온인 36.5℃에서는 반응이 거의 일어나지 않기 때문입니다. 설령 반응이 일어나더라도 글루코스에는 하이드록시기가 여러 개 달려 있고, 인산화될 하이드록시기가 정해져 있지 않습니다. 하지만 육탄당 인산화 효소는 글루코스의 여섯 번째 하이드록시기에 인산기를 붙이는, 매우 특이적인 반응을 촉매합니다. 그리고 이 특이성을 결정하는 요소는 육탄당 인산화 효소의 입체 구조입니다.

효소의 이름

효소는 촉매하는 화학 반응의 종류에 따라 이름의 어미가 정해집니다. 예를 들어, **분해 효소**는 어미에 에이스(-ase)가 붙습니다. 펩타이드 결합을 가수 분해로 자르는 효소는 **펩티데이스**(peptidase), 뉴클레오타이드 사이의 인산 다이에스터 결합을 가수 분해로 자르는 효소는 **뉴클레이스**(nuclease)입니다.

그 밖에도 산화 환원 반응을 촉매하는 **탈수소 효소**(dehydrogenase), 구조 이성질체를 만드는 **이성질화 효소**(isomerase), ATP의 γ 자리 인산기를 기질로 옮기는 **인산화 효소**(kinase) 등은 책에서 여러 차례 등장할 예정입니다.

5 장

음식이 에너지로 바뀌는 과정

드디어 섭취한 음식에서 **에너지를 끌어내는 과정**을 배울 차례입니다. 당질, 지질, 단백질은 구조는 전혀 다르지만, 마지막에는 모두 같은 대사 경로로 모입니다(그림 5-1). 지금은 대략적인 흐름만 따라가 봅시다. 대사 과정에 등장하는 구체적인 반응식을 외우다 좌절하고 생화학을 멀리하게 되었다면, 이번에는 '전체적인 그림'에 초점을 맞추어 보면 어떨까요? 이번 장의 목표는 모든 과정의 바탕인 당의 대사에 관해 개요를 정리하고, 대사의 전체적인 흐름을 이해하는 것입니다.

당에서 에너지를 생산하는 과정

대사의 전체적인 흐름을 이해할 때 핵심은 **에너지의 형태**입니다. 1장에서 설명했다시피 생체 고분자에서 에너지를 끌어내려면 **결합을 자르고,** 고분자에 담긴 에너지를 다른 형태로 변환해서 축적해야 합니다. 결론부터 말하자면, 생체 고분자의 화학 결합에 축적된 에너지는 산

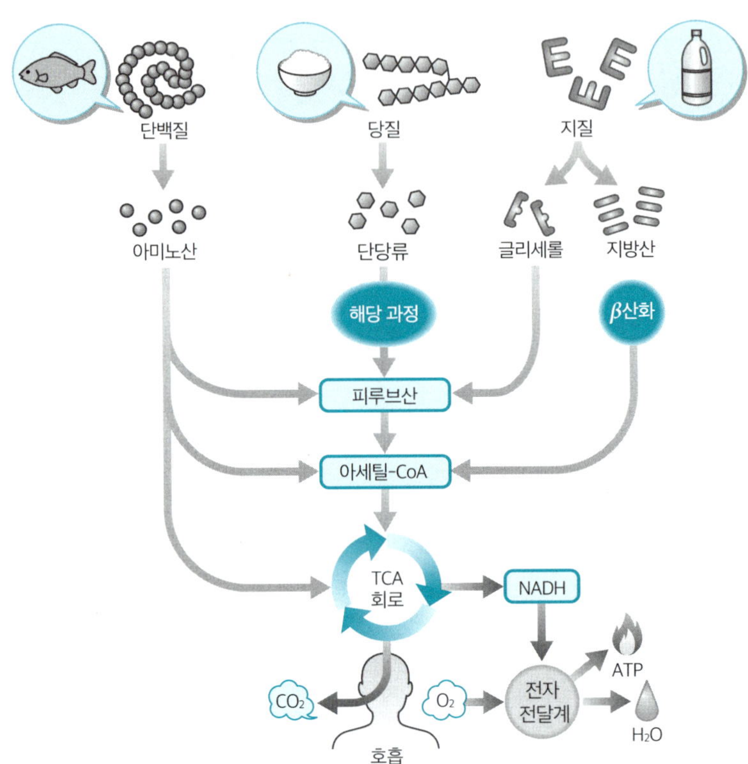

화 환원 에너지로 변환되었다가 수소 이온의 **화학 농도 기울기**로 변환

된 다음 다시 화학 결합 에너지가 됩니다. **해당 과정**과 **TCA 회로**에서

화학 결합이 산화 환원 에너지로, 미토콘드리아의 **전자 전달계**에서 산

화 환원 에너지가 수소 이온의 농도 기울기로, 그리고 마지막에는 미

토콘드리아 내막의 **ATP 합성 효소**에 의해 농도 기울기 에너지가 ATP

의 화학 결합 에너지로 변환됩니다. 대사의 전체적인 흐름을 파악할 수 있다는 점에서 에너지의 형태 변화를 파악하는 것은 매우 중요합니다. 그럼 이제 세부적인 과정을 살펴볼까요?

탄소 골격의 화학 결합 에너지

대사 과정에서 만들어지는 화학 결합 에너지를 이해하는 핵심은 탄소 골격입니다. 글루코스의 대사 과정에서는 C6 화합물인 글루코스 한 분자가 해당 과정과 TCA 회로를 거친 결과, **최종적으로 이산화탄소**(C1 화합물) **6개**가 만들어집니다(그림 5-1). 일단 큰 분자가 작게 분해되는 반응이 일어났다는 점을 알 수 있지요. 조금 더 자세히 들여다볼까요? 글루코스(C6)는 해당 과정이라는 10단계의 화학 반응으로 이루어진 경로에서 **피루브산**(C3) 2개로 분해됩니다(그림 5-2). 2개의 피루브산은 이산화탄소가 떨어져 나가는 탈카복실화 반응으로 **아세틸-CoA**(C2) 2개가 되고, 아세틸-CoA가 TCA 회로를 두 번 거쳐 산화되면 총 4개의 이산화탄소(C1)가 만들어집니다(그림 5-3). 이 모든 화학 반응을 외우지 않아도 됩니다. 지금은 탄소 골격을 중심으로 반응이 어떻게 진행되는지만 따라가도 충분합니다.

지방산 역시 대사 과정에서 긴 탄화수소 사슬이 차례차례 분해되면서 짧아집니다. 팔미트산(C16)은 β **산화**라는 과정을 일곱 번 거쳐 아

그림 5-2 해당 과정

육탄당 인산화 효소
ATP
ADP
인산화
Step 1
글루코스
(1분자)
글루코스-6-인산
이성질화
글루코스-6-인산 이성질화 효소
프럭토스로 변환
Step 2
프럭토스-6-인산
ATP
Step 3
인산화
인산 과당 인산화 효소
ADP
프럭토스-1,6-이인산
Step 4
2분자로 분해
알돌레이스
글리세르알데하이드-3-인산
Step 6
Step 5
인산
NAD+
×2
이성질화
인산화
글리세르알데하이드-3-인산 탈수소 효소
NADH ×2
다이하이드록시아세톤 인산
포스포글리세르산 인산화 효소
ADP ×2
ATP ×2
1,3-비스포스포 글리세르산
(2분자)
탈인산화
Step 7
3-포스포 글리세르산
(2분자)
포스포글리세르산 변위 효소
이성질화
Step 8
2-포스포 글리세르산
(2분자)
Step 9
탈수
포스포피루브산 수화 효소
H2O ×2
Step 10
탈인산화
피루브산
(2분자)
포스포에놀피루브산
(2분자)
ATP ×2
ADP ×2
피루브산 인산화 효소

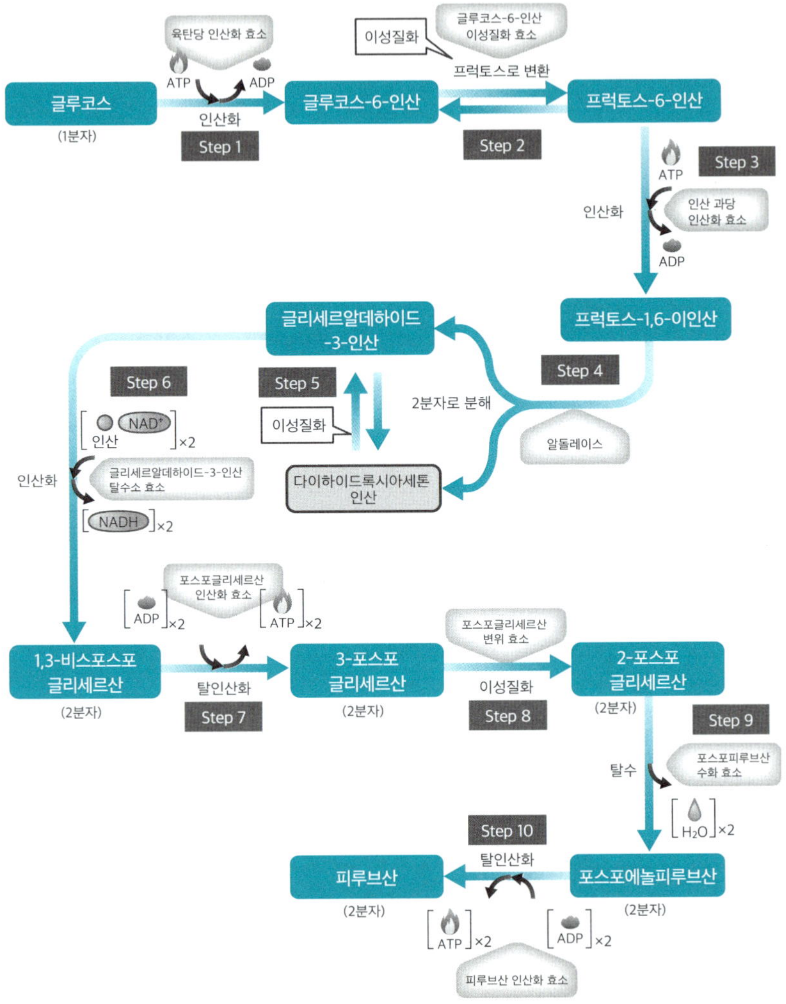

그림 5-3 TCA 회로

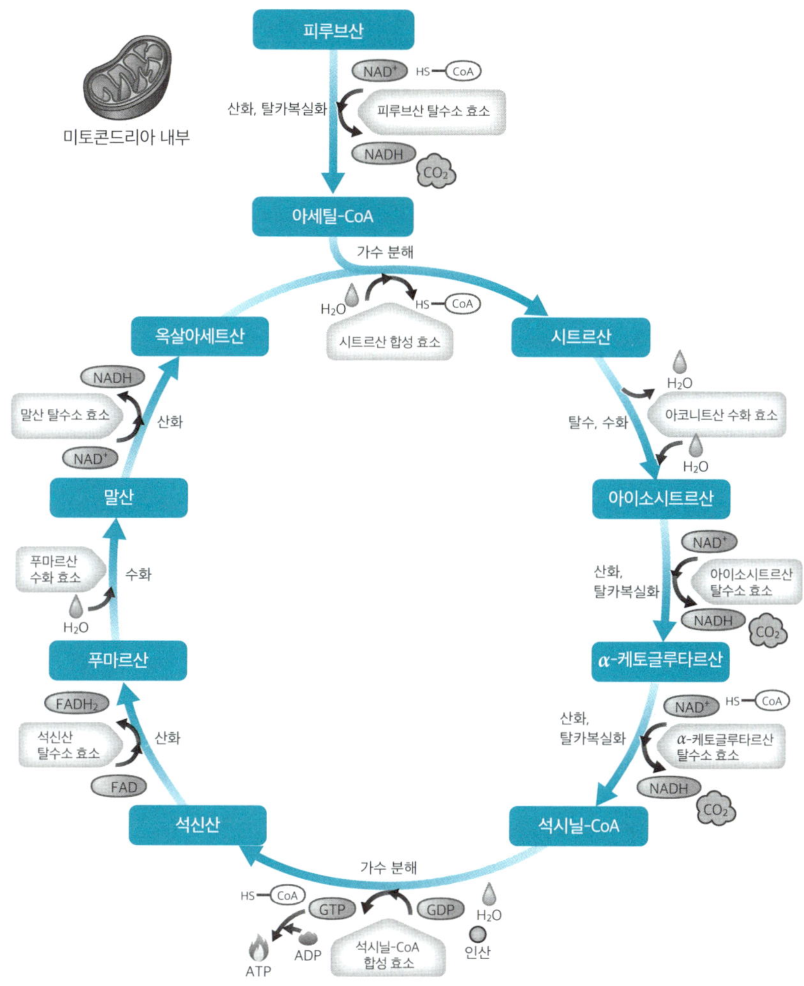
미토콘드리아 내부
피루브산
NAD+
HS—CoA
산화, 탈카복실화
피루브산 탈수소 효소
NADH
CO2
아세틸-CoA
가수 분해
H2O
HS—CoA
시트르산 합성 효소
옥살아세트산
시트르산
NADH
H2O
말산 탈수소 효소
산화
아코니트산 수화 효소
NAD+
탈수, 수화
H2O
말산
아이소시트르산
푸마르산 수화 효소
수화
NAD+
H2O
산화, 탈카복실화
아이소시트르산 탈수소 효소
NADH
CO2
푸마르산
α-케토글루타르산
FADH2
석신산 탈수소 효소
산화
NAD+
HS—CoA
산화, 탈카복실화
α-케토글루타르산 탈수소 효소
FAD
NADH
CO2
석신산
석시닐-CoA
가수 분해
HS—CoA
GTP
GDP
H2O
ADP
석시닐-CoA 합성 효소
인산
ATP

세틸-CoA(C2) 8개로 분해되고, TCA 회로에서 산화된 끝에 총 16개의 이산화탄소(C1)로 바뀝니다(9장 참조). 이처럼 탄소 골격의 변화를 따라가다 보면 대사 과정의 전반적인 흐름을 파악할 수 있습니다. TCA 회로는 당, 지방, 단백질의 모든 대사 경로가 합류하는 중요한 반응이며, 발견한 과학자의 이름을 따 **크렙스 회로**(Krebs cycle) 또는 회로의 최종(최초) 산물의 이름을 따 **시트르산 회로**라고도 합니다.

탄소 골격의 화학 결합 에너지는 어떻게 될까?

글루코스와 지방산을 구성하는 탄소 골격은 TCA 회로에서 이산화탄소까지 분해되고, 이 이산화탄소는 날숨과 함께 몸 밖으로 배출됩니다. 즉, 우리가 먹은 음식에 들어 있는 탄소의 최종 생성물은 날숨으로 배출되는 이산화탄소였던 겁니다. 그렇다면…….

문제 **탄소 골격의 결합 에너지는 어디로 갔을까?**

글루코스가 이산화탄소로 변하는 화학 반응(그림 5-2, 그림 5-3)을 다시 한번 볼까요? 이산화탄소 외에도 **NADH**(니코틴아마이드 아데닌 다이뉴클레오타이드)와 **FADH₂**(플래빈 아데닌 다이뉴클레오타이드)가 생성된다는 사실을 알 수 있는데요. NADH와 FADH2는 생체 내 **산화 환원 반응**에 관여하는 매우 중요한 분자입니다. 산화 환원 반응은 전자를 주고받는 반응인데, 산화는 상대로부터 전자를 받는 반응이고 환원은 상대에게 전자를 주는 반응입니다. NADH와 FADH2는 모두 강력한 환원제로, 전자를 축적했다가 상대에게 전달(환원)하는 힘이 있습니다. 반대로 생각하면, 당과 지질이 분해되는 반응에는 산화 환원 반응이 포함되어 있으므로, 탄소 골격이 산화되는 동시에 NAD^+와 FAD^+는 환원되어 각각 NADH와 FADH2가 됩니다. 이처럼 탄소 골격의 결합 에너지가 형태를 바꿀 때는 NADH와 FADH2의 환원력이 관여합니다.

산화 환원 에너지는 농도 기울기 에너지로

TCA 회로는 미토콘드리아에서 진행되므로 NADH와 FADH2 같은 환원제가 미토콘드리아 기질에 쌓이게 됩니다. 이 환원력은 미토콘드리아 내막의 전자 전달계로 향하는데요. NADH는 환원력이 강해서 반드시 다른 분자에 전자를 줄 수밖에 없습니다. 그리고 전자 전달계에는 그 전자를 받을 물질이 존재하므로 양쪽 모두 win-win인 관계가 성립합니다. 하지만 이대로는 전자 전달계 내에 전자가 계속 쌓이므로 마지막에는 전자를 방출해야 하는데요. 그 역할을 담당하는 요소가 바로 산소입니다. 전자 전달계의 마지막 단계에 전자를 받고 환원된 산소는 물로 바뀝니다.

일반적으로 산화 환원 반응이 어느 방향으로 진행될지, 즉 전자가 어느 쪽으로 이동할지 결정하는 요소는 반응물과 생성물의 기전력입니다. 화학 반응의 자유 에너지와 마찬가지이지요. NADH가 전자를 방출하는 에너지는 +0.32eV나 되는 기전력입니다[1eV(전자볼트)는 전자 1개가 1V의 전위를 거슬러 이동할 때 필요한 일의 양-옮긴이]. 그리고 산소가 전자를 받아 물이 되는 반응의 기전력은 약 +0.82eV로, 이 역시 대단히 큰 값입니다. 그러므로 NADH와 산소가 반응하면 전자가 NADH에서 산소로 이동하면서 각각 NAD^+와 물이 됩니다. 실제로 전자 전달계에서는 전자가 한순간에 NADH에서 산소로 이동하는 게 아니라 수많은 전자 운반체를 거친 끝에 최종적으로 산소가 전자를 받습니다(그림 5-4).

하지만 잘 생각해 보면 최종적으로 생성된 물에는 큰 에너지가 들어 있지 않지요.

문제 NADH에 축적된 산화 환원 에너지는 어디로 갔을까?

사실 산화 환원 에너지는 농도 기울기 에너지로 변합니다. 여기가 전자 전달계에서 어려운 부분인데요. 조금만 자세히 들여다볼까요?

전자 전달계를 구성하는 단백질 복합체(I~IV)는 미토콘드리아 내막에 박혀 있고 일부가 막 표면에 노출된 형태입니다(그림 5-4). NADH(또는 $FADH_2$)부터 시작된 전자의 이동은 이 복합체 안에서 일어나는데, 이 과정에서 기질에 있던 수소 이온이 세포막을 넘어 막 사이 공간

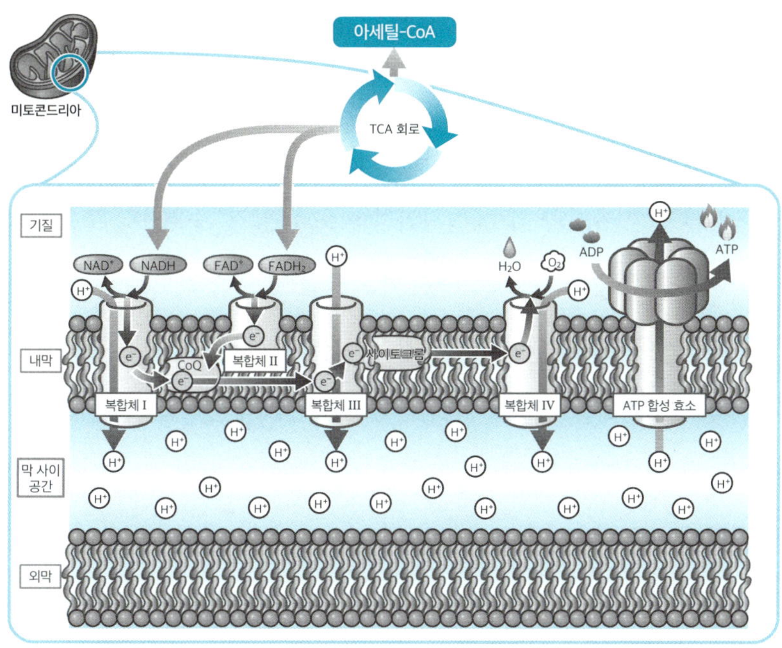

으로 방출됩니다. 그 결과, 내막 부근에서는 막 사이 공간 쪽이 농도
가 높고 기질 쪽이 농도가 낮은 **수소 이온의 농도 기울기**가 만들어집니
다. 여기서 중요한 점은 일련의 산화 환원 반응으로 NADH의 환원력
(에너지)이 **수소 이온의 농도 기울기라는 화학 에너지로 변환된다**는 부분입
니다.

미토콘드리아 내막에 형성된 수소 이온의 농도 기울기는 **ATP를 합성**하는 데 이용되는데, 여기에는 내막의 **ATP 합성 효소**가 관여합니다(그림 5-4). 농도 기울기가 왜 에너지인지 바로 와닿지 않을지도 모르겠네요. 예를 들어, 농도가 서로 다른 소금물을 섞으면 농도가 균일한 소금물이 될 뿐, 절대 액체에 농도 차이가 생기지는 않습니다. 이처럼 물질은 균일해지려는 성질을 가지고 있습니다. 계에 존재하는 분자의 무질서도를 **엔트로피**라고 하며, 분자는 엔트로피가 커지는 방향으로 움직입니다. 보통 농도가 불균일할수록 엔트로피가 작고(에너지가 크고), 균일할수록 엔트로피가 큽니다(에너지가 작습니다).

내막을 사이에 두고 수소 이온의 농도가 불균일한 상태는 에너지가 큰 상태입니다. 따라서 수소 이온은 농도 기울기가 큰 쪽에서 작은 쪽으로, 즉 막 사이 공간에서 기질로 이동하려 합니다. ATP 합성 효소 중 막에 박힌 부분에는 수소 이온을 선택적으로 통과시키는 통로가 있는데, **ADP에서 ATP를 합성할 때는 수소 이온이 농도 기울기를 따라 통로를 통과하는 힘을 이용합니다.**

ATP는 우리 몸의 에너지 화폐로 잘 알려져 있는데, 이때 ATP에 축적된 에너지는 화학 결합 에너지입니다. 인산기가 3개 결합한 삼인산은 음전하끼리 반발하는 힘이 커 불안정합니다. 이 때문에 **ATP는 인산**

NADH가 전자 전달계에서 전자를 전부 산소로 전달하면 수소 이온의 농도 기울기가 약 10분자만큼 형성됩니다. ATP 합성 효소는 이 농도 기울기를 이용해서 ATP 분자를 약 3개 합성합니다. '약'이라고 한 이유는 이 값이 세포 내 상황에 따라 변하기 때문인데, 일반적으로는 어림잡아 2.5개 정도입니다. 한편, $FADH_2$는 약 6분자만큼의 수소 이온 농도 기울기를 만들고, 최종적으로 ATP 분자 2개로 변합니다. 이러한 수치를 바탕으로 다음 문제를 풀어볼까요?

문제 **글루코스 한 분자가 해당 과정, TCA 회로, 전자 전달계를 거쳐 완전히 산화되었을 때, ATP 분자는 모두 몇 개 만들어질까?**

해당 과정: 2ATP＋2NADH(**그림 5-2**)

피루브산~TCA 회로: 2GTP＋8NADH＋$2FADH_2$(**그림 5-3**)

10NADH와 $2FADH_2$가 전자 전달계에서 모두 ATP로 변환되면 ATP는 총 34개 만들어집니다($3 \times 10 + 2 \times 2 = 34$). GTP와 ATP의 에너지는 같으므로 ATP와 일 대 일로 치환하면 총 38개의 ATP 분자가 만들어집니다($34 + 2 + 2 = 38$).

대사 과정에서 일어나는 에너지의 형태 변화

지금까지 배웠다시피 대사 과정에서 당과 지방산과 아미노산의 화학 결합이 잘리면 최종적으로 탄소 골격은 이산화탄소가 됩니다. 이 과정에서 화학 결합에 축적된 에너지는 산화 환원 반응으로 NADH라는 환원력이 됩니다. NADH의 에너지는 미토콘드리아 내막의 전자 전달계에서 수소 이온의 농도 기울기 에너지로 변환되고, 최종적으로 ATP 합성 효소에 의해 다시 ATP의 화학 결합 에너지로 돌아갑니다 (화학 결합➞환원력➞농도 기울기➞화학 결합).

"당과 지질은 대사 과정을 거쳐 ATP가 된다"라고 설명했는데, 이는 과정에 대한 설명 없이 반응물과 생성물만 기술했을 뿐입니다. 두 구조식을 비교해도 비슷한 부분이 전혀 없기에 어떻게 구조가 변하는지까지는 알 수 없습니다. 하지만 대사 과정을 단계별로 따라가면 에너지의 형태가 차례차례 변하는 흐름을 파악할 수 있습니다.

제1부에서는 이렇게 생체 고분자의 구조와 성질을 배웠습니다. 3대 영양소인 당질, 지질, 단백질은 각각 고유한 구조와 성질을 가지고 있습니다. 그리고 이 물질들은 전부 대사를 통해 에너지로 변환된다는 공통점도 있습니다. 우리가 음식을 섭취해서 보충한 영양소에 함유된 탄소는 날숨에 섞여 배출되는 이산화탄소가 되며, 이때 만들어진 '전

자'라는 에너지는 최종적으로 우리가 들이마신 산소로 전달되어 물을 만듭니다. 이 과정에서 ATP가 만들어진다니 마치 마법 같지 않나요? 제2부에서는 이 마법과도 같은 과정을 더 깊이 살펴보겠습니다.

제 2 부

음식과 영양

6 장

고구마의 단맛에 숨은 비밀
: 당의 구조와 단맛

군고구마는 예로부터 사람들의 사랑을 받아온 '국민 간식'입니다. 누가 뭐라 해도 그 단맛이 일품이지요. 우리나라뿐만 아니라 일본에서도 군고구마는 인기였는데요. 에도 시대 풍속화에도 묘사되었듯이 당시 일본 사람들은 군고구마를 '주산리(一三里)'라고 불렀다고 합니다. 이는 구리(九里), 즉 밤보다 군고구마가 달다는 데서 유래한 말로, 설탕이 매우 귀해서 서민들은 맛볼 기회가 거의 없었던 당시에 군고구마가 얼마나 달콤했을지 엿볼 수 있습니다. 익히지 않은 고구마에 들어 있는 당은 대부분 **전분**입니다. 하지만 전분 자체는 단맛이 없는 거나 다름없습니다. 그렇다면 이런 의문이 드는데요.

문제 **고구마를 익혔더니 단맛이 나는 이유는 무엇일까?**

이번 장에서는 당의 기본 구조를 배우는 동시에 군고구마의 단맛에 숨은 수수께끼도 풀어볼 예정입니다.

당은 무조건 달까?

‘당’이라는 말에서 우리는 ‘달다’라는 미각(단맛)을 연상하지만, 모든 당이 달지는 않습니다. 설탕의 주성분인 수크로스(자당, 글루코스+프럭토스)의 단맛이 100이라면 프럭토스(과당)는 120~150, 글루코스(포도당)는 65 정도입니다. 그리고 말토스(맥아당, 글루코스+글루코스)는 35, 락토스(젖당, 갈락토스+글루코스)는 15~40입니다. 2장에서 소개한 당은 대체로 달지 않은 편이지요.

전분이 함유된 음식(쌀, 고구마 등)을 익히면 단맛이 증가합니다. 생쌀은 전혀 달지 않지만, 가열하면(밥을 지으면) 단맛이 증가합니다. 쌀이나 고구마 속의 전분은 아무런 반응이 없으면 효소에 의한 분해 작용 없이 저장되는데, 물을 넣고 가열하면 호화 현상이 일어나 효소가 작용하기 쉬워집니다(8장 참조). 그뿐만 아니라 열에 의해 글리코사이드 결합이 잘려 말토스나 글루코스가 떨어져 나오면서 단맛이 증가하는 효과도 있습니다.

군고구마의 단맛에 숨은 원리

가열하면 쌀의 단맛이 증가한다고 했지만, 밥이 군고구마만큼 달지는 않지요. 고구마에는 β-아밀레이스*라는 효소가 다량으로 함유되어 있

▶ 片山健二:『化学と教育』(가타야마 겐지, 『화학과 교육』). 2019;67(7):318-319를 바탕으로 작성

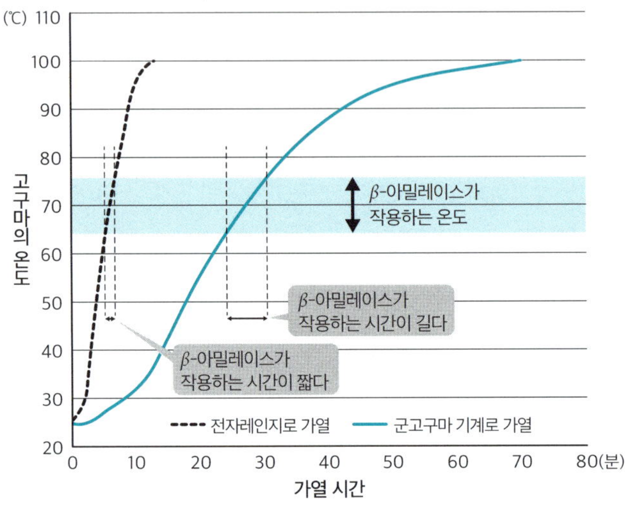

는데, 이 효소는 전분을 **말토스**로 가수 분해합니다. 이 효소의 최적 온도는 65~75℃이므로 열을 가하면 말토스 역시 빠르게 만들어집니다. 전분이 물과 열에 의해 호화되어 효소가 작용하기 쉬운 상태가 되면 β-아밀레이스가 활성화되면서 말토스 생성 속도가 단숨에 빨라집니다. 따라서 고구마를 구울 때는 온도를 65~75℃로 유지해 주어야 합니다. 전자레인지나 찜기에 고구마를 넣고 급하게 익히면 고구마가 별로 달지 않은 이유는 고구마의 온도가 급격하게 올라가는 바람에 호화와 β-아밀레이스에 의한 전분의 분해가 제대로 이루어지지 않았기 때문입니다(**그림 6-1**). 한편, 감자에도 고구마와 마찬가지로 전분이 대

량으로 함유되어 있지만, 가열해도 고구마만큼 달지 않습니다. 이는 감자에 함유된 β-아밀레이스의 양이 고구마보다 적기 때문입니다.

공업적으로 이용되는 액상 과당

전분을 분해해서 단 글루코스(포도당)를 만드는 반응은 공업적으로도 활용됩니다. 사람들이 마시는 주스와 탄산음료의 영양 성분 표시를 보면 액상 과당이라는 성분을 발견할 수 있는데요. 이는 옥수수나 감자에서 추출한 전분을 α-아밀레이스*와 글루코아밀레이스로 분해해서 글루코스로 만들고, 당이성질화 효소로 그 일부를 프럭토스로 바꾼 물질입니다. 액상 과당이 공업적으로 폭넓게 쓰이는 이유는 저렴한 비용에 제조할 수 있고, 원료인 프럭토스가 글루코스보다 달고 수크로스보다 단맛이 깔끔하기 때문입니다.

당 이외의 단 물질

당의 구조와 인간의 미각 사이에는 사실 매우 복잡한 관계가 숨어 있습니다. 우리가 매일 먹는 '단 것'은 당 또는 **액상 과당**(칼럼 참조) 외에도

---

* α-아밀레이스는 전분과 글리코젠 유사 다당류 등 α-글루칸(α-글루코스의 중합체)을 임의로 분해해서 올리고당을 만드는 내인성 가수 분해 효소입니다. 그리고 β-아밀레이스는 α-글루칸의 비환원 말단부터 분해해서 말토스(환원 말단의 아노머가 β형 글루코스 이량체)를 만드는 외인성 가수 분해 효소입니다.

당알코올(자일리톨, 소비톨, 에리스리톨 등), 화학적 변형이 일어난 당, 그리고 당과 전혀 관계없는 합성물까지 매우 다양합니다. 몇몇 물질의 화학 구조식만 봐도 규칙성은 찾을 수 없습니다(그림 6-2). 이러한 감미료는 단맛의 정도, 단맛의 지속 시간, 그 외 미각 등의 조건이 저마다 다르므로 용도에 맞게 쓰입니다. 아무 편의점이나 슈퍼에 들어가도 찾아볼 수 있는 청량음료, 건강 음료, '제로 칼로리' 식품에는 거의 반드시 **인공 감미료**가 들어갑니다. 아세설팜 포타슘의 단맛은 수크로스의 200배, 수크랄로스의 단맛은 수크로스의 600배나 됩니다(그림 6-2). 그런데도 열량은 0이지요. 이 인공 감미료들은 단맛을 내지만 당이 아니기에 우리 몸속에서 분해되지 않을뿐더러 에너지로 쓰이지도 않습니다.

인공 감미료는 공업용은 물론 의료 분야에서도 가치를 인정받은 물질입니다. 에너지 섭취를 억제할 뿐만 아니라 혈당이 급격하게 올라가지 않도록 억제하는 효과가 있어 당뇨병 예방과 치료에 활용할 수 있기 때문입니다(1). 그리고 구내 세균이 영양으로 사용할 수 없어 충치가 잘 생기지 않는다는 장점을 활용한 식품도 많이 출시되었습니다. 하지만 한편으로는 인공 감미료의 과잉 섭취가 인체에 미칠 영향을 우려하는 목소리도 나오고 있습니다. 생쥐를 이용한 실험에서는 인공 감미료를 과잉으로 섭취하자 학습 능력과 기억력이 떨어지고 정신적인 불안이 커졌을 뿐만 아니라, 자식 세대와 손자 세대까지 부작용이

그림 6-2 에너지로 쓸 수 없는 감미료

숫자는 수크로스를 1로 두었을 때의 상대적인 단맛.

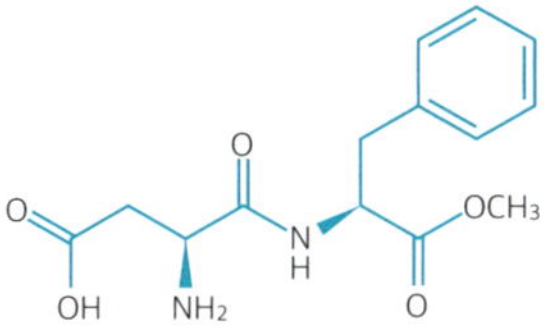

아스파탐
(100~200)

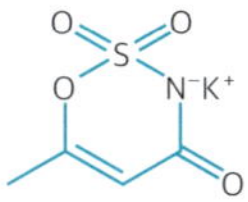

아세설팜 포타슘
(200)

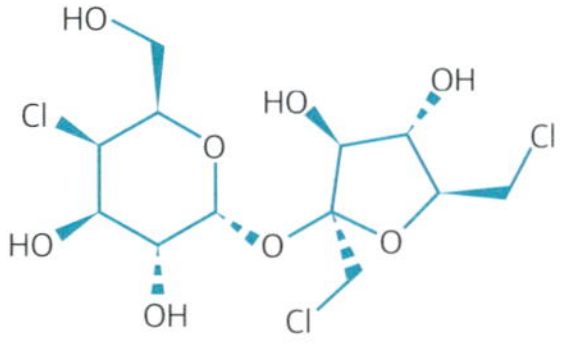

수크랄로스
(600)

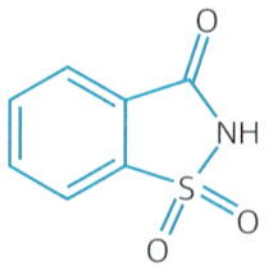

사카린
(200~700)

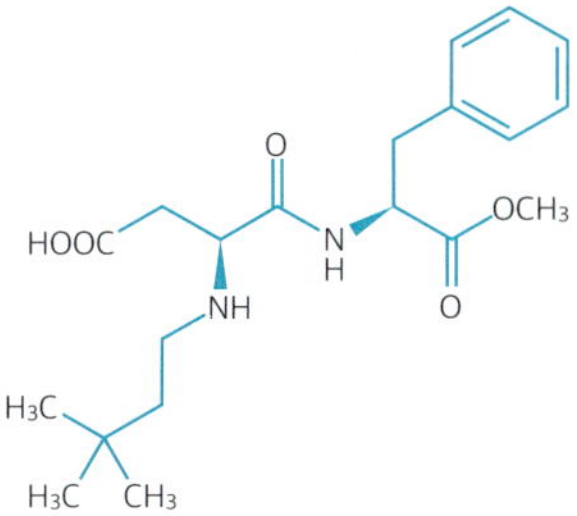

네오탐
(7,000~13,000)

이어지는 결과가 나왔습니다(2). 그리고 국제 암 연구 기관은 아스파탐을 "인간에게 발암 가능성이 있는 물질"로 분류했습니다(3). 하지만 이러한 효과는 결국 섭취량에 달려 있습니다. 약도 지나치면 독이 되듯이 적정 섭취량을 지키는 것이 중요하답니다.

7 장

식이섬유는 먹어도 살이 안 찐다고?
: 다당류의 구조와 에너지

현대병의 일종인 비만은 선진국에서 크나큰 사회 문제로 떠올랐습니다. 열량을 과잉 섭취하면 지방이 축적된다고 3장에서 배웠는데요. 이로 인해 채식 위주의 식사가 최근 주목받고 있습니다. 채소는 열량이 적어 에너지를 과잉으로 섭취해 생기는 비만을 방지할 수 있어 다이어트에 효과적입니다. 게다가 동물성 지방을 섭취할 때 혈관이 받는 스트레스도 줄일 수 있습니다. 채식 위주로 식사를 하게 된 사람이 급증한 배경에는 건강에 대한 사람들의 관심이 늘어난 점을 빼놓을 수 없습니다. 이번 장에서는 채소에 들어 있는 당인 식이섬유에 초점을 맞추어 **식이섬유를 에너지로 사용할 수 없는 이유**를 그 화학 구조와 함께 배워보겠습니다.

같은 탄수화물이지만 제로 칼로리

채소가 저칼로리 식단임은 성분만 봐도 알 수 있습니다. 양배추는

90~95%가 수분이지만, 탄수화물도 3~5%가량 함유되어 있습니다. 이 탄수화물의 정체는 바로 **식이섬유**입니다. 탄수화물은 소화·대사되어 에너지로 쓰이는 **당질**과 인간은 소화할 수 없는 **식이섬유**로 나뉩니다. 지금까지 여러 번 등장한 글루코스와 전분을 비롯한 당은 당질입니다. 한편, 식이섬유도 당으로 이루어져 있지만, 우리 몸에서 소화되지 않기에 에너지로 사용할 수 없습니다. 대표적인 다이어트 식품인 곤약은 구약나물(구약감자)의 뿌리로 만듭니다. 곤약의 탄수화물 함유량은 100g당 2.3g인데, 그중 당질은 0.1g밖에 되지 않습니다. 하지만 우리가 평소 먹는 감자의 덩이줄기에는 탄수화물 17.3g 중 당질이 15.5g, 식이섬유가 1.8g 함유되어 있습니다(4).

문제 **에너지로 사용할 수 있는 탄수화물과 사용할 수 없는 탄수화물의 차이는 무엇일까?**

잠시 동물 이야기를 해볼까요? 초식동물들은 묵묵히 풀을 뜯지요. 제로 칼로리인 풀을 아무리 먹어봐야 에너지를 못 얻는 게 아닐까 하는 의문이 들지도 모르지만, 사실 녀석들은 풀에서 에너지를 얻을 수 있답니다(후술).

셀룰로스와 아밀로스

식이섬유는 대부분 식물 세포의 세포벽으로 이루어져 있는데, 그 주성분은 셀룰로스, 헤미셀룰로스, 펙틴이라는 당입니다. **셀룰로스**는 β-글루코스가 β-1,4-글리코사이드 결합으로 이어진 선형 사슬 형태의 중합체입니다(그림 7-1 A, 그림 2-5 참조). **헤미셀룰로스**는 셀룰로스 섬유가 분기해서 자일로스나 갈락토스 등의 당이 β-1,6-글리코사이드 결합으로 이어진 물질입니다(그림 7-1 B). **펙틴**은 갈락투론산이라는 당의 중합체로, 아라비노스와 갈락토스가 분기한 물질입니다(그림 7-1 C). 특히 감귤류의 귤백과 사과의 과육에 많이 들어 있고, 가열하면 겔화하는 성질이 있습니다. 과일을 끓이면 찐득한 잼이 만들어지는 이유는 이 펙틴 때문입니다.

우리 몸에 존재하는 효소 **아밀레이스**는 아밀로스(α-글루코스의 중합체)의 글리코사이드 결합은 자를 수 있지만, 셀룰로스(β-글루코스의 중합체)는 자를 수 없습니다. 갈락토스나 자일로스가 포함된 헤미셀룰로스와 펙틴도 물론 분해할 수 없지요. 이처럼 우리가 먹는 음식에 들어 있는 당의 미세한 구조 차이(α/β)로 아밀레이스가 분해할 수 있는지가 정해집니다.

곤약의 탄수화물은 **글루코만난**이라는 당으로, β-글루코스와 β-만노스가 중합한 구조입니다(그림 7-2). 셀룰로스와 마찬가지로 아밀레이

그림 7-1 세포벽을 구성하는 다당류의 구조

▶ 岩井宏暁 : 『季刊 生命誌』(이와이 히로아키, 『계간 생명지』), 89, 2016을 인용.

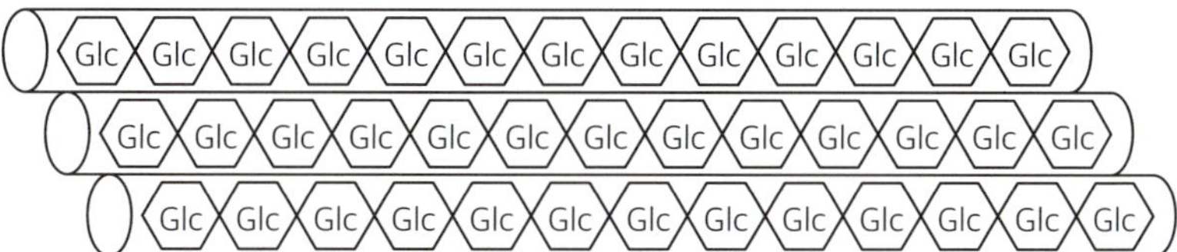

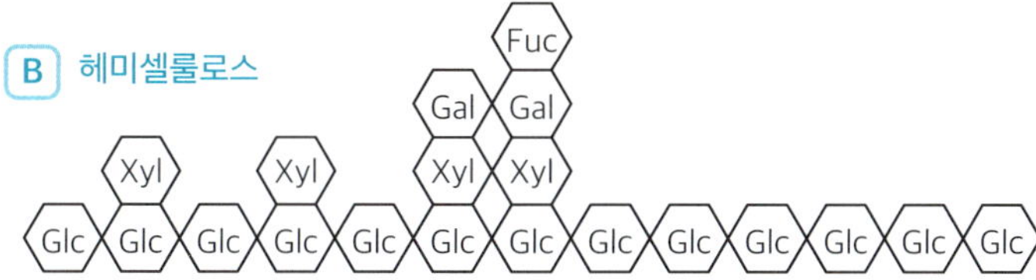

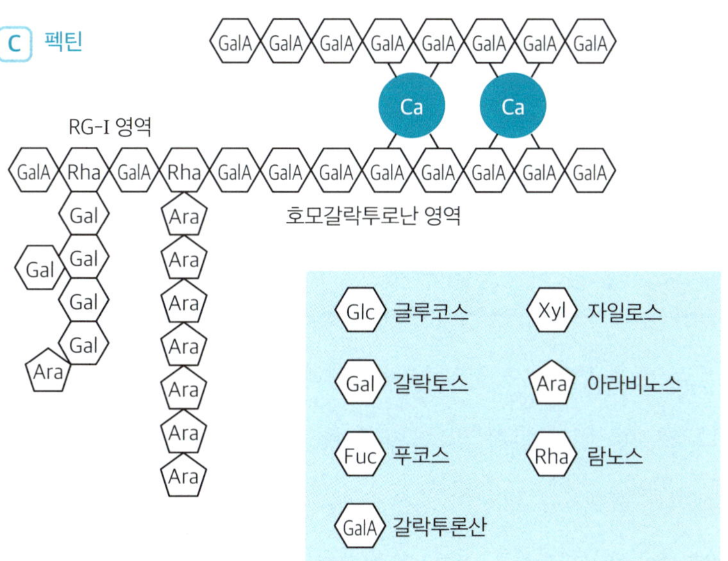

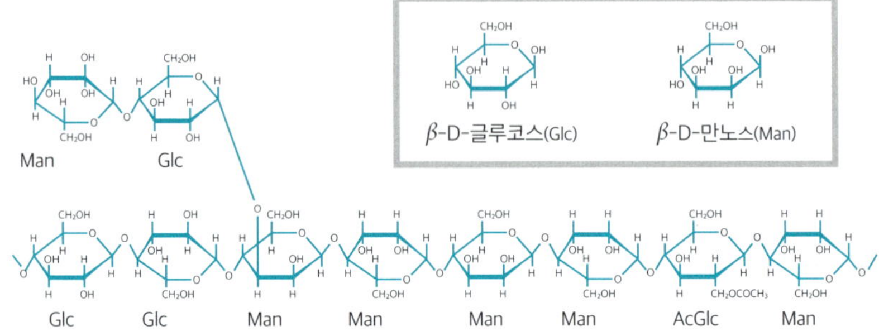

스는 글루코만난을 분해할 수 없습니다. 사람의 몸속에는 글루코만난을 분해하는 효소가 없기에 우리는 곤약을 먹어도 에너지를 얻을 수 없습니다. 이처럼 곤약은 탄수화물이지만 열량이 없어 다이어트 식품으로 다양한 형태(쌀, 면류, 과자 등)로 가공됩니다.

동물과 장내 세균은 공생 관계

초식동물의 몸속에는 셀룰로스를 분해하는 효소인 **셀룰레이스**가 있습니다. 하지만 이는 초식동물의 몸속에 셀룰레이스 유전자가 있어서 셀룰레이스 단백질을 만들기 때문이 아니랍니다. 초식동물의 장에 셀룰레이스를 만드는 장내 세균이 **공생** 관계를 맺고 살고 있기 때문이지요. 초식동물 몸속의 장내 세균은 식이섬유에 함유된 셀룰로스를 분해해서 글루코스로 만들어 자신의 영양분으로 삼는데, 이 글루코스를 초식동물도 이용합니다.

셀룰레이스나 그와 기능이 유사한 효소를 부호화(coding)하는 유전자가 있는 동물은 많지 않지만, 일부 곤충에는 셀룰레이스 유전자가 있습니다. 왜 동물 대부분에 셀룰레이스 유전자가 없는지에 대한 명확한 답은 아직 밝혀지지 않았습니다. 일부 동물은 셀룰레이스 유전자가 있는 것으로 보아, 과거에 형질을 획득했다가 필요 없어지면서 사라졌을지도 모릅니다. 하지만 이는 초식동물과 셀룰레이스 생산균의 공생 관계를 설명할 수 없으니 궁금증은 늘어갈 뿐입니다.

사실 인간도 수많은 장내 세균과 공생하고 있답니다. 인간의 장에는 1000여 종의 장내 세균이 살며 우리 몸의 소화 효소가 분해할 수 없는 물질을 소화하는 중요한 역할을 맡고 있습니다. 곡물과 감자, 고구마 등에 함유된 전분의 절반 가까이가 잘 소화되지 않으므로 아밀레이스가 작용해도 분해되지 않습니다. 이러한 **난용성 전분**은 대장에서 장내 세균의 발효 작용을 받아야 비로소 말토스나 글루코스로 분해됩니다. 초식동물과 잡식 동물은 이렇게 세균이 만들어내는 영양소를 장 상피 세포로 흡수해서 살아갑니다. 장내 세균은 당 분해뿐만 아니라 비타민 B군과 소화 호르몬을 비롯한 생리 활성 물질의 합성에도 관여합니다.

초식동물은 미생물의 힘을 빌려 식이섬유를 분해할 수는 있지만,

세포벽의 셀룰로스 섬유는 난용성이므로 분해하는 데 오래 걸립니다. 이 때문에 초식동물의 소화관은 몸길이의 10배가 넘을 정도로 매우 깁니다. 소화관이 몸길이의 3~5배인 육식동물과 대조적이지요. 육식동물은 미생물의 힘을 빌리지 않고 몸속의 소화 효소만으로 소화할 수 있는 것만 먹기에 장에 미생물을 많이 둘 필요가 없습니다. 잡식성인 인간의 소화관은 몸길이의 약 7배로, 초식동물과 육식동물의 중간 정도입니다.

초식동물이 소화 시간을 늘리기 위해 진화한 부위는 소화관뿐만이 아닙니다. 미생물이 발효 탱크 역할을 할 수 있도록 소화관 일부가 비대해지기도 합니다. 우제목인 소와 기린에서는 위로 들어가기 전에 방 3개로 나뉜 **전위**라는 소화 기관이 이 역할을 하는데, 전위에서 몇 번씩 입으로 돌려보내 다시 씹으면서 잘게 분해하는 반추 작용으로 먹이를 소화합니다. 한편, 기제목인 말과 코뿔소에는 소장 뒤에 약 1m 이상의 긴 맹장이 달려 있어 발효 탱크 역할을 합니다.

셀룰레이스를 만드는 장내 세균과 공생할 수 있다면……

에너지 공급을 곡물에 의존하는 인류는 지구의 한정된 장소에서 생활할 수밖에 없습니다. 만약 초식동물의 장내 세균이 우리의 몸속에서도 살면 인류는 채소에서도 에너지를 얻게 될 텐데요. 식물에서 에너지를 얻는다는 말은 곧 맛은 둘째 치더라도 식량난을 해결할 방법이 생기는 셈입니다.

하지만 안타깝게도 초식동물의 장내 세균을 채취해서 인간의 장에 이식해도 세균은 정착하지 못합니다. 장내 세균총은 매우 복잡해서 동물 개체 그 자체의 성질과 식생활에 크게 의존하므로 장내 세균을 다른 동물의 장으로 옮겨도 그대로 뿌리내리지 못합니다. 만약 정말로 초식동물의 장내 세균이 인간의 장에 정착한다면 전 세계적인 식량 문제가 해결될지도 모르지만, 야생 식물을 지나치게 먹어 치운 탓에 지구상의 식물이 급격하게 줄어들 우려도 있습니다. 게다가 채식을 해도 열량이 공급되니 다이어트할 때는 주의해야겠군요.

8 장

참마를 갈면 왜 손이 가려울까?
: 전분의 합성과 저장

우리가 음식으로 섭취하는 당질은 대부분 식물이 저장해 둔 **전분**에서 유래합니다. 쌀과 밀 같은 곡물은 물론이고 감자, 고구마, 토란 같은 덩이줄기 식물과 덩이뿌리 식물, 그리고 옥수수가 대표적입니다. 그뿐만 아니라 이를 원료로 하는 녹말가루와 옥수수 전분 등의 식재료까지 포함하면 전분이 함유된 식품은 셀 수조차 없습니다. 모두 전분이라는 공통점이 있지만 제조법과 이용법과 조리법은 저마다 다릅니다. 전분의 이용과, 식생활과 생존을 향한 인류의 욕망은 떼려야 뗄 수 없는 관계입니다. 농경이 발전하지 않았거나 가뭄 또는 냉해로 식량 위기가 닥쳐오면 인류는 온갖 식물로부터 전분을 추출하려 했습니다. 하지만 그리 쉬운 작업은 아니었지요. 자기 몸을 지키기 위해 **독**을 품은 식물이 많기 때문입니다. 이번 장에서는 우리가 매일 섭취하는 전분을 생화학적으로 접근해 보겠습니다.

우리가 섭취하는 전분은 **식물이 체내에서 영양을 저장하기에 적합한 형태로 바꾼 물질**입니다. 전분은 **글루코스**로 만드는데요. 식물은 **빛 에너지**와 **물**과 **이산화탄소**로 글루코스를 비롯한 당질을 합성합니다. 화학 반응만 정리하면 **그림 8-1**과 같이 매우 간단한 화학 반응식이 됩니다. 숲이 이산화탄소(온실가스)를 흡수해서 산소를 방출한다는 사실은 이 반응식만 봐도 확실히 알 수 있지요. 작은 이산화탄소(C1) 분자로 큰 글루코스 분자(C6)를 만들므로 이 화학 반응은 **동화 반응**(1장 참조)입니다. 따라서 화학 결합을 만드는 에너지가 필요한데, 이 에너지를 공급하는 원천은 빛입니다. 동화 반응은 크게 두 단계로 나뉘는데, 각각 **명반응**과 **암반응**입니다. 명반응은 빛과 물로 산소와 ATP와 NADPH를 만드는 반응입니다. 그리고 암반응은 명반응에서 만들어진 ATP와 NADPH를 사용해서 이산화탄소로 글루코스를 합성하는 반응입니다.

명반응은 식물 세포의 엽록체 안에 존재하는 **틸라코이드 막**에서 진행됩니다. 틸라코이드 막에는 **광계**라는 일련의 효소 복합체가 박혀 있어 빛 에너지로 ATP와 NADPH를 합성합니다(그림 8-1). 명반응의 첫 번째 단계는 빛 에너지를 이용해 물을 산소로 산화시키는 반응입니다. 이때 방출된 전자를 광계의 효소군이 일련의 산화 환원 반응을 거쳐 최종적으로 NADP⁺에 전달해서 NADPH를 합성합니다. 이 일련의 반응이 일어나는 동안 수소 이온(H⁺)이 틸라코이드 막을 넘나들고, 결과적으로 틸라코이드 내부의 H⁺ 농도가 높아집니다. ATP 합성 효소는 이 H⁺ 농도의 차이를 이용해 **ATP**를 합성합니다. 미토콘드리아 내막의 전자 전달계에서 진행되는 반응(그림 5-4 참조)과 비슷한 부분이 많은데요. 특히 막에 존재하는 효소군에 의한 일련의 산화 환원 반응으로 형성된 H⁺ 농도 기울기를 이용해서 ATP를 합성한다는 부분이 그렇지요. 실제로 미토콘드리아의 전자 전달계와 엽록체 틸라코이드 막의 광계는 사이토크롬을 비롯해 같은 전자 운반체를 사용하며, 기원 또한 같은 것으로 추정됩니다.

반면에 암반응은 엽록체의 **스트로마**에서 진행됩니다. 기공으로 빨아들인 이산화탄소를 **캘빈 회로**라는 일련의 반응에 집어넣어 최종적으로 글루코스를 만듭니다(그림 8-1). 이때 명반응에서 합성된 ATP와 NADPH가 사용됩니다. 이 역시 미토콘드리아 기질에서 진행되는 TCA 회로(그림 5-3 참조)와 비슷한 부분이 많습니다. 한편, 식물 세포는 **호흡**도 합니다. 이는 이미 5장에서 설명했다시피 글루코스를 해당 과정에서 분해하고, TCA 회로와 전자 전달계를 거쳐 ATP를 합성하는 반응이며, 동물 세포와 거의 같은 경로를 따릅니다. 이처럼 식물 세포에서는 빛이 있을 때는 광합성과 호흡이 진행되고, 빛이 없을 때는 호흡만 진행되면서 동화와 이화가 균형을 이룹니다.

그림 8-1 광합성의 전체 반응

▶ 『改訂版 生物』 数研出版(『개정판 생물』, 스켄슛판, 2022)을 바탕으로 작성

빛 에너지

$$6CO_2 + 12H_2O \longrightarrow \underset{\text{유기물}}{(C_6H_{12}O_6)} + 6H_2O + 6O_2$$

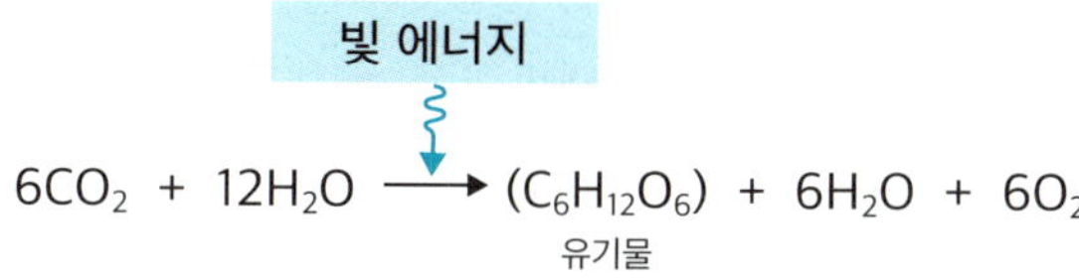

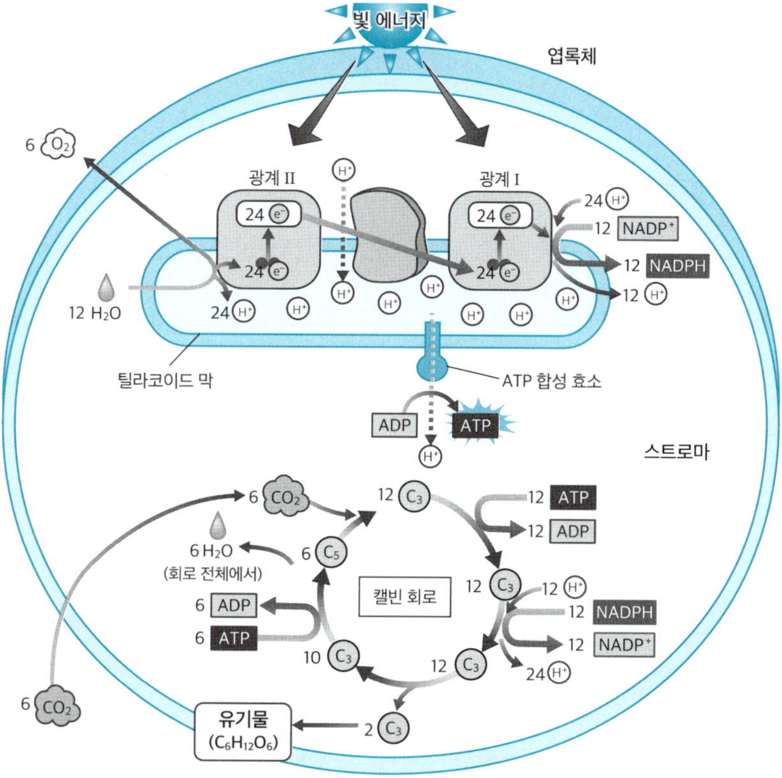

광합성은 주로 식물의 잎에서 진행됩니다. 따라서 잎에서는 글루코스가 늘어나지만, 이 글루코스는 곧장 전분으로 형태가 바뀝니다. 정확히는 글루코스-1-인산, ADP-글루코스를 거친 다음, 전분 합성 효소의 작용으로 아밀로스의 비환원 말단 중 글루코스 잔기(네 번째 자리 하이드록시기)와 탈수 축합해 새로운 α-1,4-글리코사이드 결합을 형성합니다(그림 8-2). 이 전분 합성 효소의 작용으로 글루코스는 가지가 없는 **아밀로스**를 만듭니다. 이처럼 길게 연결된 아밀로스는 분지 효소(branching enzyme)에 의해 일부가 잘리는데, 이때 만들어진 환원 말단의 글루코스 잔기 중 첫 번째 자리 하이드록시기와 선형 사슬의 글루코스 잔기 중 여섯 번째 하이드록시기 사이에 α-1,6-글리코사이드 결합이 만들어지면서 가지가 달립니다. 이처럼 선형 사슬이 길어지고 가지가 달리는 반응이 계속 일어난 끝에 **아밀로펙틴**이 만들어집니다(그림 2-5 참조). 아밀로펙틴 합성에 관여하는 효소와 합성 과정은 식물 종이나 반응이 일어나는 위치에 따라 저마다 다릅니다.

글루코스로 전분을 합성하는 반응은 잎 이외에서도 일어납니다. 합성 반응이 일어나는 위치와 전분이 저장되는 위치는 식물마다 다릅니다. 글루코스는 잎에서 체관을 통해 땅속줄기, 뿌리, 과실, 씨젖 등으로 이동한 다음 전분으로 형태가 바뀝니다. 감자는 땅속줄기(덩이줄기),

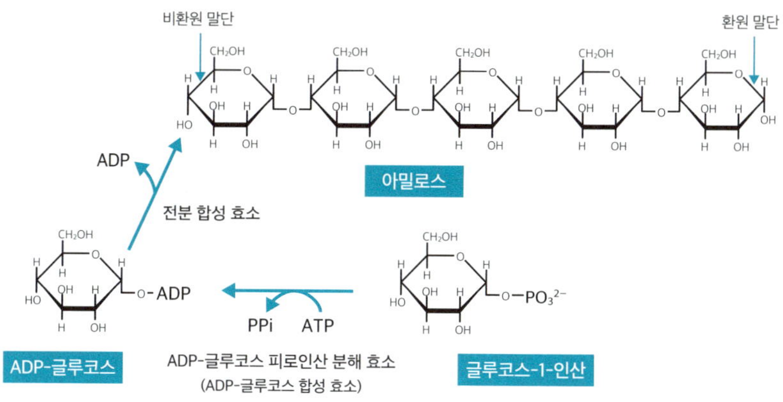

고구마는 뿌리가 변형된 덩이뿌리, 벼는 벼 알갱이에서 일어납니다. 이렇게 합성된 전분의 구조는 대부분 불용성 결정입니다. **전분 입자**의 구조는 현미경으로도 확인할 수 있고, 크기는 수 μm(마이크로미터)~수십 μm입니다. 이 상태의 글루코스 사슬은 수소 결합을 통해 잔기 6개마다 한 번씩 회전하는 나선 구조를 형성하며, 나선끼리는 수소 결합으로 평행하게 연결된 결정 구조를 이룹니다.

물과 열을 만나 맛있어지는 전분

6장에서도 설명했듯이 고구마나 쌀은 물과 함께 가열해야 단맛이 강해지면서 맛있어집니다. 이는 전분 입자가 물과 열을 흡수해서 팽창하고, 최종적으로 수소 결합이 끊어져 붕괴하기 때문입니다. 그 결과, 아밀로스 사슬이 물 분자를 두른 형태로 길게 연결되면서 끈기가 많아집니다. 이 현상을 <u>호화</u>라고 합니다. 호화한 전분은 풀처럼 끈적한 질감이 생깁니다. 쌀이나 고구마를 생으로 먹으면 퍼석퍼석한데 가열하면 찰진 식감으로 바뀌는 이유는 이 호화 때문입니다. 호화해서 물을 두른 아밀로스 분자는 아밀레이스를 비롯한 분해 효소의 기질이므로, 말토스로 분해되면서 단맛이 강해집니다.

호화한 전분이 차게 식으면 투명도가 감소하고 찰기가 사라져 딱딱해집니다. 이 상태를 <u>노화</u>라고 합니다. 이는 식을 때 표면에서 물 분자가 증발하면서 아밀로펙틴을 덮고 있던 수분이 감소하고, 다시 결정처럼 단단한 구조로 돌아가기 때문입니다. 물 분자가 완전히 사라지지는 않으므로 윤기가 약간 남은 채 겔 같은 상태가 됩니다. 하지만 한번 노화한 전분에 수분과 열을 가하면 다시 호화합니다. 비상식으로 쓰이는 알파화미는 이렇게 한번 호화한 쌀입니다(칼럼 참조).

호화할 때 아밀로스와 아밀로펙틴의 함유량에 따라 밥의 끈기가 달라집니다. 가지가 많이 달린 아밀로펙틴이 많을수록 끈기도 많습니다. 즉, 둘의 함유량은 찰기를 조절하는 요소입니다. 멥쌀(자포니카 쌀)은 아밀로펙틴 함유량이 약 80%이지만, 떡이나 약식을 만들 때 넣는 찹쌀은 아밀로펙틴이 거의 100%입니다. 한편, 동남아시아와 중앙아시아에서 주로 먹는 인디카 쌀은 아밀로펙틴 함유량이 20% 이하입니다. 같은 쌀이라도 품종에 따라 아밀로스와 아밀로펙틴의 함량비가 다르고, 이것이 식감을 결정한다니 흥미롭지 않나요?

알파화미

결정 구조인 전분을 β 전분, 호화로 전분이 물을 두른 채 자유롭게 연결된 상태를 α 전분이라고 합니다. 이는 고리형 글루코스의 광학 이성질체인 α 와 β (2장 참조)와는 전혀 상관없고, 고차원 구조의 차이입니다. 호화를 알파화라고 하는 것도, 현재 비상식으로 쓰이는 알파화미도 여기서 유래했습니다. 앞에서 설명했다시피 전분이 호화하려면 열과 물이 필요한데, 알파화미는 특수 처리로 미리 전분의 결정 구조를 파괴한 쌀입니다. 그래서 알파화미는 물만 넣어도, 즉 열을 가하지 않아도 찰기 있는 전분을 얻을 수 있답니다.

식물의 독과 친해지기

오늘날 우리는 다양한 식물에서 전분을 추출해서 여러 용도로 이용합니다. 하지만 여기에 이르기까지 오랜 세월과 수많은 이들의 희생이 있었다는 사실을 잊어서는 안 됩니다. 사실 식물이 열심히 모아둔 전분을 가져오려면 위험을 무릅써야 하기 때문이지요.

식물이 영양을 전분의 형태로 저장하는 이유는 광합성할 수 없을 때를 대비하기 위해서입니다. 광합성이 불가능한 상황도 다양한데, **씨앗이 발아**할 때나 **땅속줄기를 뻗어 번식**할 때가 가장 중요합니다. 식물은 자손을 남기기 위해 중요한 영양원을 씨앗의 씨젖이나 땅속줄기에 축적합니다. 관점을 바꾸어 생각해 보면 식물은 동물이 번식의 핵심 부위를 먹지 못하도록 대비해야겠지요. 그래서 일부 식물은 동물로부터 자신을 보호하는 수단을 가지게 되었습니다. 바로 **알칼로이드**를 비롯한 각종 **독**입니다.

알칼로이드는 식물, 미생물, 균류, 그리고 일부 양서류가 만들어내는 질소 화합물의 총칭으로, 다른 생물에게는 독으로 작용할 때가 많습니다. 지금까지 밝혀진 알칼로이드는 수만 종에 달하는데, 대부분 식물에서 유래했습니다. 씨앗, 땅속줄기, 알뿌리 등 번식에 중요한 부위뿐만 아니라 어떤 부위에든 유독 물질이 존재합니다. 독성이 약하면 강한 쓴맛을 느끼고 기피 행동을 하도록 유도하며, 독성이 강하면 먹은 생물을 죽음에 이르게 하기도 합니다. 반대로 이를 항균제나 마약, 마취제로 활용하기도 합니다. 우리 주변의 친숙한 예로는 담배의 **니코틴**과 커피의 **카페인**이 있습니다. 둘 다 쓴맛이 나지요. 마약이나 마취제로 쓰이는 **모르핀**과 **코카인**도 알칼로이드로 분류되는 물질입니다.

봄은 쓴맛을 즐기는 계절

봄을 알리는 두릅이나 머위 같은 산나물에서 쓴맛을 내는 물질의 정체는 대부분 알칼로이드입니다. 식물의 부드러운 새싹은 동물들이 좋아하는 먹이입니다. 하지만 식물 입장에서는 그리 탐탁지 않은 사실이지요. 기껏 긴 겨울을 보내고 싹을 틔웠는데 바로 아삭아삭 씹혀 먹히면 허탈하지 않겠어요? 그래서 식물은 알칼로이드 같은 쓴 물질을 합성해서 새싹이 동물에게 먹히지 않도록 보호합니다. 그런데 인간들은 그걸 '봄의 별미'라며 즐기다니 같은 인간으로서 미안한 마음도 듭니다. 이러한 알칼로이드는 인체의 독소를 제거하는 한편 신진대사를 활성화하므로 봄의 산나물은 겨우내 떨어진 신진대사를 끌어올리는 데 중요한 역할을 합니다.

전분은 양날의 칼

다시 전분 이야기로 돌아와 볼까요? 곤약은 구약나물에 함유된 전분과 다당류를 정제해서 굳힌 음식입니다. 탱탱한 식감이 매력적인 곤약에는 전분이 적은 대신 글루코만난이라는 다당류가 많이 함유되어 있습니다. 우리 몸에는 이를 분해하는 효소가 없기에 곤약은 당이지만 저열량 식품이라고 7장에서 설명했습니다. 사실 조리하기 전의 구약나물에는 옥살산칼슘이라는 맹독이 많습니다. 구약나물을 생으로 한 입 먹으면 엄청난 고통과 함께 호흡 곤란에 빠져 죽음에 이를 수도 있습니다. 이는 옥살산칼슘을 입에 넣은 순간 뾰족하고 날카로운 결정이 입속과 목의 세포에 꽂혀 격통을 일으키기 때문입니다. 옥살산칼슘은 마와 참마에도 소량 들어 있으며, 그 밖에도 여러 덩이줄기 식물과 덩이뿌리 식물에 함유되어 있습니다. 손에 비볐을 때 피부가 빨갛게 부풀어 오르고 가려운 이유는 옥살산칼슘 결정이 피부에 꽂히기 때문입니다. 하지만 소량이라면 그리 큰 문제는 없으니 걱정하지 않아도 됩니다. 곤약을 만들 때는 구약나물을 삶아 수용성인 옥살산칼슘을 뜨거운 물에 녹이는 제독 과정을 거치므로 우리는 안전하게 곤약을 먹을 수 있습니다.

기나긴 역사 속에서 인류는 수많은 식물의 식용 여부를 검증해 왔습니다. 날것으로는 먹을 수 없더라도 조리법을 연구해서 독을 제거하는 방법을 익히고, 그 기술을 후대에 전했습니다. 가을철 둑에 피는 석산은 독이 있는 것으로 유명한데, 기근일 때는 알뿌리에서 전분을 추출해서 먹었다는 기록이 남아 있습니다. 석산의 알뿌리에는 수선화의 독이기도 한 라이코린이라는 알칼로이드가 들어 있으므로 먹기 전에 이 라이코린을 제거해야 합니다. 그런데도 시행착오를 거치며 독을 제거하고자 했던 조상님들의 노력에는 절로 박수가 나올 따름입니다.

배불리 먹을 수 있는 오늘날, 기근을 떠올리며 곤약을 먹는 사람은 없겠지만 벼농사 기술과 농경 기술이 발전해 온 아시아의 여러 나라에 저마다 비슷하게 시행착오를 겪으며 연구한 역사가 있다는 점은 매우 흥미롭습니다.

해독하지 않으면 위험한 음식

식물이 방어 수단으로 이용하는 물질은 알칼로이드뿐만이 아닙니다. **사이안 배당체**(cyanogenic glycoside)는 사이안(cyan)과 당으로 구성된 물질로, 섭취한 생물의 몸속과 식물에 존재하는 분해 효소에 의해 분해되면 사이안화수소(HCN, 청산)가 만들어집니다. 사이안 이온은 미토콘드리아 전자 전달계(5장 참조)에 존재하는 효소의 작용을 방해하므로 동물이 이를 섭취하면 호흡 곤란과 의식 저하를 일으키며, 최악의 경우 죽음에 이르기도 합니다. 사이안 배당체는 덜 익은 매실과 복숭아와 죽순, 그리고 식용은 아니지만 수국에도 들어 있습니다. 여러분도 알다시피 모두 날로 먹으면 복통을 일으키는 식물이지요. 그리고 사이안 배당체는 유칼립투스 잎에도 들어 있습니다. 유칼립투스는 여러 곤충과 동물에 해롭지만, 코알라는 다릅니다. 코알라의 맹장에는 사이안화물을 분해하는 효소를 생산하는 미생물이 살고 있어 유칼립투스를 먹어도 멀쩡하기 때문이지요. 이처럼 특수한 공생 관계 덕에 코알라는 다른 동물은 먹지 못하는 먹이를 마음껏 먹는 독자적 생존 전략을 취할 수 있습니다.

타피오카 또한 해독해서 먹는 식재료입니다. 타피오카는 남아메리카가 원산지인 카사바라는 식물의 뿌리줄기에서 채취한 전분으로, 캘 때 상처를 내면 효소 작용으로 **리나마린**이라는 사이안 배당체가 분해되어 사이안화물이 만들어집니다. 우리가 먹는 타피오카는 카사바의 전분을 물에 불렸다가 햇빛에 말려 사이안화물을 제거했으니 안심하고 먹어도 된답니다.

9 장

트랜스 지방이란 무엇일까?
: 지방산의 분해

이번 장부터는 지질을 배울 차례입니다. 자연계에 존재하는 불포화 지방산의 불포화 결합은 모두 시스(cis)형이라고 3장에서 설명했는데요. 리놀레산과 올레산 같은 불포화 지방산은 요리에 사용하는 기름에 많이 들어 있습니다. 하지만 우리가 먹는 기름에는 천연 식물에서 추출한 물질뿐만 아니라 화학적, 공업적으로 합성한 물질도 많습니다. 마가린과 쇼트닝이 대표적입니다. 트라이아실글리세롤에 특수한 효소를 처리해서 다이아실글리세롤로 변환하거나 불포화 지방산을 환원해서 포화 지방산으로 굳히거나 혹은 유기 용매로 고온에서 정제하는 등 다양한 기술이 있습니다. 하지만 이러한 처리 때문에 천연 기름에는 존재하지 않는 **트랜스 지방**이 미량이나마 부산물로 생긴다는 사실이 밝혀지면서 큰 화제가 되었습니다. 이번 장에서는 각종 지방산의 대사 과정을 들여다보겠습니다.

지방산이 산화되면 아세틸-CoA로

트랜스 지방에 관해 이야기하기 전에, 지방산이 대사되어 에너지로 변환되는 과정부터 알아봅시다. 12장에서 소개하겠지만, 당의 대사 경로와 지방산의 대사 경로는 중간에 합류합니다. 5장에서 당의 대사 과정을 소개했는데, 해당 과정과 TCA 회로 사이에 존재하는 **아세틸-CoA**는 지방산 대사와의 교차점이기도 합니다. 지방산은 어떤 과정을 거쳐 아세틸-CoA로 분해될까요?

지방산 분해 과정은 주로 세포의 미토콘드리아 안에서 진행됩니다. 지방산은 CoA와 결합해서 아실-CoA로 활성화된 다음 일련의 산화 반응을 통해 분해됩니다. 아실기는 $CH_3-(CH_2)_n-CO-$로 표현되는 작용기입니다. 이 반응으로 아실-CoA는 아세틸-CoA와 탄소 2개짜리 짧은 사슬이 달린 아실-CoA로 분해됩니다(그림 9-1). 카복실기의 탄소부터 세서 두 번째(β 자리) C-C 결합이 산화되어 끊어지므로 이 산화 반응을 **베타 산화**라고 합니다. 지방산은 이 베타 산화를 반복하며 점점 짧아지고, 탄소 수가 짝수일 때 모두 아세틸-CoA로 형태가 바뀝니다.

베타 산화를 더 자세히 설명하면 다음과 같습니다. CoA와 결합해서 활성화된 지방산 아실-CoA는 아실-CoA 탈수소 효소와 FAD에 의해 α 자리와 β 자리 사이의 결합이 산화됩니다(그림 9-2). 에노

 지방산의 탄소가 2개씩 분리되어 만들어지는 아세틸-CoA

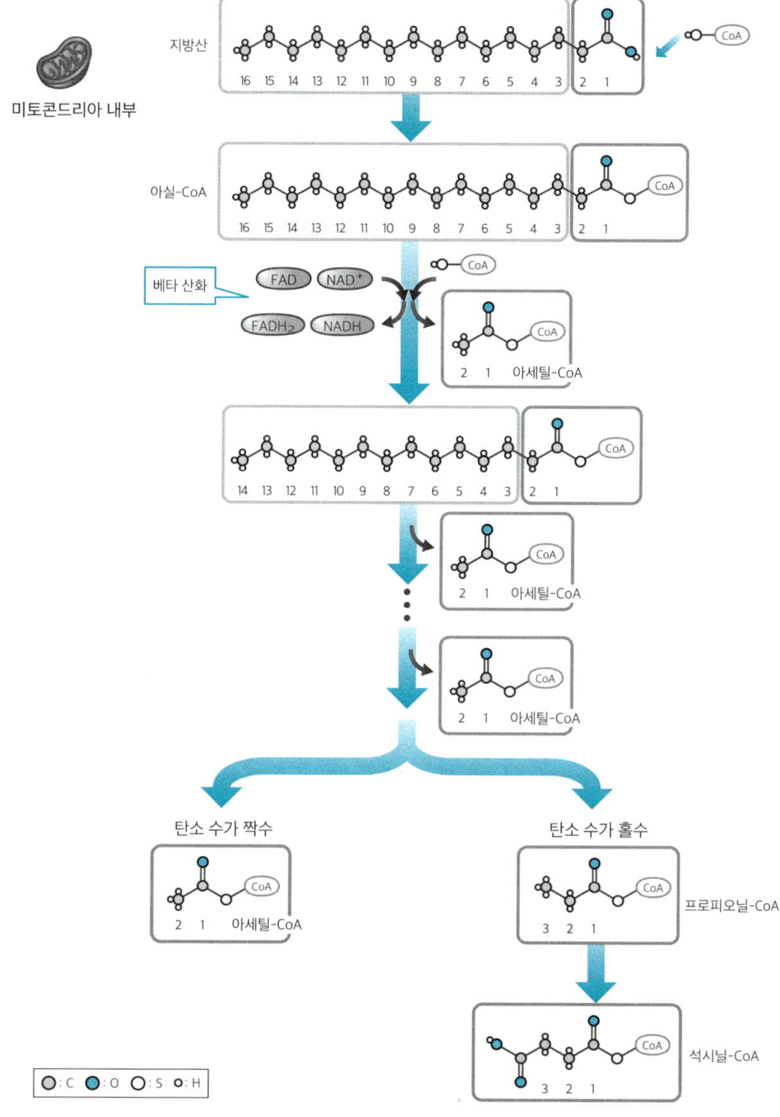

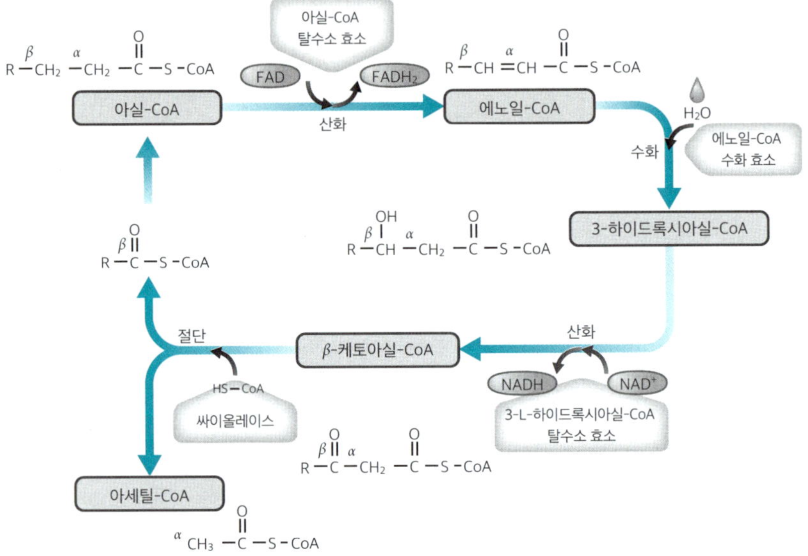

일-CoA 수화 효소가 이 이중 결합에 물을 더하면 β 자리에 하이드록시기가 만들어집니다. 다음으로 3-L-하이드록시아실-CoA 탈수소 효소가 이 하이드록시기를 산화하면 β-케토아실-CoA가 만들어집니다. 마지막으로 싸이올레이스라는 효소가 β 자리 탄소를 공격해서 아실-CoA와 아세틸-CoA를 분리합니다. 그 결과, α 자리 탄소는 아세틸-CoA로, β 자리 탄소는 아실-CoA로 가게 됩니다.

포화 지방산인 팔미트산은 탄소 수가 16개이므로 베타 산화가 7

번 일어나 총 8개의 아세틸-CoA가 만들어집니다. 탄소 수가 짝수인 지방산은 모두 깔끔하게 아세틸-CoA까지 분해됩니다. 한편, 탄소 수가 홀수인 지방산은 베타 산화로 탄소가 2개씩 분리되다가 마지막에 탄소 수가 3개인 프로피오닐-CoA가 남게 됩니다(그림 9-1). 프로피오닐-CoA는 그 이상 베타 산화할 수 없으므로 석시닐-CoA로 형태를 바꾸어 TCA 회로(그림 5-3 참조)에 이용됩니다.

베타 산화의 화학 반응

베타 산화의 화학 반응식은 그림 9-2와 같이 나타냅니다. 베타 산화 한 번당 아세틸-CoA 외에도 NADH와 $FADH_2$가 각각 한 분자씩 만들어집니다. NADH, $FADH_2$, 그리고 아세틸-CoA는 이미 해당 과정과 TCA 회로와 전자 전달계에서 설명했는데 기억하시나요? 해당 과정에서 만들어진 피루브산은 아세틸-CoA로 변환된 다음 TCA 회로로 보내지고, TCA 회로에서 NADH와 $FADH_2$가 합성되었지요.

베타 산화로 만들어진 아세틸-CoA는 해당 과정에서 운반된 아세틸-CoA와 마찬가지로 TCA 회로에 들어가 NADH와 $FADH_2$를 만듭니다. 그리고 베타 산화로 만들어진 NADH와 $FADH_2$는 전자 전달계로 이동해 ATP 합성에 이용됩니다. TCA 회로와 전자 전달계는 둘 다 미토콘드리아에서 진행되는 과정임을 기억해 주세요. 지방산 산화부터 ATP 합성까지 모든 과정이 미토콘드리아에서 일어날 때, 다음 문제의 정답은 무엇일까요?

 팔미트산을 완전히 베타 산화해서 얻을 수 있는 에너지의 양은?

팔미트산의 탄소 수는 16개이므로 팔미토일-CoA는 베타 산화를 일곱 번 거쳐 NADH 7분자와 $FADH_2$ 7분자, 그리고 아세틸-CoA 8분자로 바뀝니다. 아세틸-CoA 한 분자가 TCA 회로에서 완전히 산화되면 NADH 3분자, $FADH_2$ 1분자, GTP 1분자가 만들어지므로(5장 참조) 아세틸-CoA 8분자는 NADH 24분자, $FADH_2$ 8분자, GTP 8분자가 됩니다. 따라서 팔미트산이 완전히 산화되면 NADH 31분자, $FADH_2$ 15분자, GTP 8분자가 만들어집니다. 그리고 NADH와 $FADH_2$가 미토콘드리아의 전자 전달계에서 산화되면 각각 ATP 3분자, 2분자로 변환되므로(5장 참조) 최종적으로는 팔미토일-CoA 한 분자당 ATP 131분자가 만들어지는 셈입니다. 단, 팔미트산에서 팔미토일-CoA가 만들어질 때 ATP를 2분자 소비하므로 정확히는 ATP 129분자를 얻게 됩니다.

글루코스(분자량 180.16) 한 분자로는 ATP 38분자를 만드는데(5장 참조), 팔미트산(분자량 256.42) 한 분자로는 ATP를 129분자나 만드는군요. 분자량의 차이를 고려하더라도 **지방산이 글루코스보다 훨씬 많은 에너지를 만들어낸다**는 사실을 알 수 있습니다.

불포화 결합이 포함된 지방산의 대사

불포화 지방산은 어떨까요? 불포화 지방산은 베타 산화가 진행되는 과정에서 반드시 불포화 결합과 마주치게 됩니다. 가령 올레산(18:1)은 포화 지방산과 마찬가지로 처음에는 베타 산화로 아세틸-CoA가 떨어져 나갑니다. 그리고 베타 산화가 세 번 끝나면 **그림 9-3** 같은 구조가 됩니다. β 자리와 γ 자리 사이에 존재하는 불포화 결합 때문에 베타 산화가 더 진행되지 않는데요. 베타 산화의 첫 번째 단계는 α 자리와 β 자리 사이를 산화해서 불포화 결합으로 만드는 반응이기 때문입니다(그림 9-2). 이때 필요한 효소가 에노일-CoA 이성질화 효소입니다. 이 효소가 **β 자리와 γ 자리 사이의 불포화 결합을 α 자리와 β 자리 사이로 옮기면**(그림 9-3) 다시 베타 산화가 진행됩니다.

10장에서 자세히 소개하겠지만, 지방산의 불포화 결합은 **불포화화 효소**가 만듭니다. 이 효소 활성 부위(active site, 효소에서 실제로 촉매 반응이 일어나는 부위-옮긴이)의 입체 구조 때문에 불포화 결합은 거의 모두 **시스형**입니다(그림 9-4). 일부 미생물의 작용으로 트랜스형이 만들어질 때도 있지만, 동식물의 몸에서 트랜스형 지방산이 합성되는 일은 거의 없습니다. 이에 맞추어 에노일-CoA 이성질화 효소도 시스형 불포화 결합을 기질로 이용하도록 진화했습니다. 따라서 트랜스형 지방산, 즉 **트랜스 지방은 기질로 사용할 수 없으므로 도중에 분해 반응이 멈추고 맙니다.**

그림 9-3 불포화 지방산의 베타 산화

그림 9-4 지방산 불포화 결합의 배위

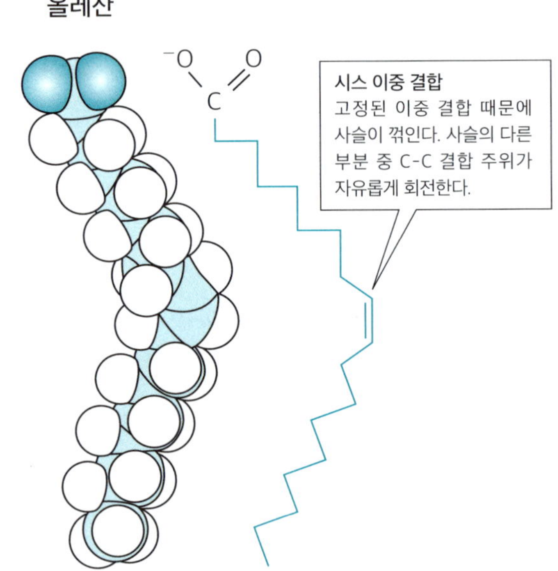

트랜스 지방이란 무엇일까?

최근 트랜스 지방이라는 말을 흔히 들을 수 있는데요. 구체적으로는 **트랜스형 불포화 결합이 있는 지방산 또는 그 지방산이 포함된 트라이아실글리세롤**을 가리킵니다. 앞에서 설명했다시피 일부 미생물은 트랜스 지방을 만들 수 있습니다. 특히 소나 양 같은 반추동물의 몸속에서는 위에 서식하는 미생물의 작용으로 트랜스 지방이 약간씩 만들어집니다(반추에 대한 설명은 7장 참조). 이 때문에 우유, 요구르트, 버터 등의 유제품이나 소고기, 양고기에는 천연 트랜스 지방이 들어 있습니다.

이와 별개로 유지를 가공할 때 만들어지는 트랜스 지방도 있습니다. 마가린과 쇼트닝이 대표적이지요. 식물에서 유래한 유지(시스형 불포화 지방산)로 고형 유지를 만들 때는 수소가 불포화 결합을 환원합니다. 이때 불포화 결합의 일부가 트랜스형으로 변환된 지방산이 만들어집니다. 이것이 바로 트랜스 지방입니다.

트랜스 지방은 개체 수준에서는 해로운 콜레스테롤 수치를 높여 혈관을 손상하는 한편, 심혈관계 질환의 발병률을 높이고 수많은 알레르기성 질환을 악화시킨다는 사실이 알려졌습니다. 전 세계적으로 트랜스 지방을 규제하는 추세이지만, 소비자들은 자기도 모르는 새 가공식품에 들어 있는 트랜스 지방을 대량으로 섭취할 가능성이 있기에 주의가 필요합니다.

10 장

생선을 먹으면 머리가 좋아진다고?
: 지방산의 합성

보통 우리가 '기름'으로 부르는 액체의 종류는 사실 매우 다양합니다. 요리에 사용하는 식용유, 올리브유, 참기름부터 고기에 붙어 있는 하얀 비계, 다랑어와 방어 같은 생선의 뱃살이나 목살에 들어 있는 지방 등이 대표적입니다. 그뿐만 아니라 공업적인 기름까지 포함하면 하나하나 예시를 들기 힘들 정도지요. 다들 기름이 몸에 나쁜 물질이라고 생각할 텐데요. 비계나 튀김, 마가린 같은 가공 유지를 지나치게 많이 섭취하면 동맥경화를 비롯한 각종 질병에 걸릴 위험성이 높아집니다. 그런데 잘 생각해 보세요. **동물과 식물은 왜 건강에 해로운 기름을 몸속에 저장하는 걸까요?** 정말로 기름이 몸에 안 좋다면 몸속에서 합성해서 저장해서는 안 될 텐데 말이지요.

인간부터 미생물에 이르기까지 모든 생물은 자신의 몸속(세포)에서 일종의 기름을 합성합니다. 몸에 필요하기 때문이지요. 기름이 건강에 악영향을 끼치는 것은 다른 생물의 기름을 먹었을 때뿐입니다. 어떤 기름을 먹었느냐에 따라 좋은 영향을 끼칠 수도, 나쁜 영향을 끼칠 수도 있습니다. 올리브 오일은 건강에 좋다고 알려져 있고, 생선 기름을 먹으면 똑똑해진다는 말도 있지요. 고기 기름은 몸에 안 좋은데 생선 기름은 몸에 좋은 이유는 무엇일까요? 이번 장에서는 지질의 종류와 지질이 우리 몸에서 어떤 작용을 하는지 알아보겠습니다.

체내에서 지방산을 합성하는 우리 몸

우리 몸속에서는 지방산을 비롯해 다양한 지질이 합성됩니다. 12장에서도 설명하겠지만, 몸에 에너지가 지나치게 많아지면 간을 비롯한 여러 부위의 세포에서 지방산을 합성해서 **트라이아실글리세롤(중성 지방)**의 형태로 각 조직에 저장합니다. 우선 지방산의 합성 반응을 나타낸 화학식부터 볼까요(**그림 10-1 A**)?

베타 산화(9장 참조)의 역반응처럼 보이지만, 다른 부분도 있습니다. 작은 분자로 큰 분자를 만들려면(동화) 에너지가 필요합니다. 해당 과정과 당 신생 합성의 반응 경로가 완전히 역반응이 아닌 것처럼(12장 참조), 지방산의 합성과 분해 역시 전혀 다릅니다. 그 차이는 **표 10-1**을 보면 알 수 있습니다. 베타 산화는 미토콘드리아에서 진행되지만, 지방산 합성은 세포질에서 진행됩니다. 그리고 반응의 각 단계를 서로 다른 효소가 촉매하는 베타 산화와 달리 지방산 합성은 하나의 효소 복합체(지방산 생성 효소)가 촉매합니다. 동화 반응과 이화 반응에 관여하

표 10-1 지방산 합성과 분해의 차이점

	합성(동화)	분해(이화)
반응이 일어나는 장소	세포질	미토콘드리아
효소	하나의 효소 복합체 (지방산 생성 효소)	아실-CoA 탈수소 효소 외 (반응 단계마다 서로 다른 효소가 촉매함)
조효소	NADPH	NAD$^+$, FAD
아실-CoA의 기본 단위	말로닐-CoA	아세틸-CoA
아실기를 활성화하는 물질	ACP	CoA

는 산화제와 환원제(조효소)의 종류 역시 다릅니다.

베타 산화에서는 탄소 골격이 C2인 아세틸-CoA로 분리되지만, 합성 반응은 C3인 **말로닐-CoA**를 사용한다는 점이 가장 큰 차이입니다. 아세틸-CoA 카복실화 효소가 ATP를 사용해서 아세틸-CoA에 이산화탄소를 붙이면 말로닐-CoA가 만들어집니다(그림 10-2). 그리고 지방

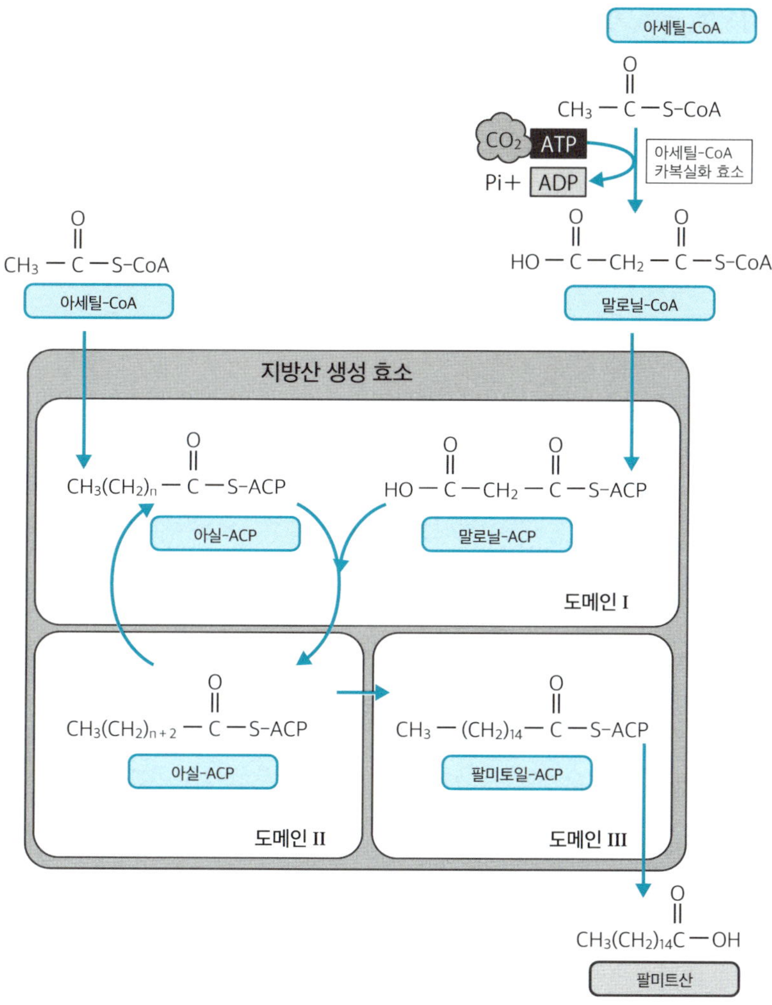

산 생성 효소는 말로닐-CoA를 사용해서 C2 단위를 지방산에 붙입니

다. 아세틸-CoA를 반응물로 받아들인 다음 말로닐-CoA를 이용해서

탄화수소 사슬을 2개 늘리는 것이지요(그림 10-2). 탄화수소 사슬 2개 만큼 길어진 지방산은 지방산 생성 효소와 결합한 상태 그대로 다음 연장 반응의 기질로 사용됩니다.

구태여 ATP를 사용해서 아세틸기에 이산화탄소를 붙인 다음, 떼어 낼 때 C2 단위를 탄화수소 사슬에 붙인다니 다소 번거로운 반응이지요. 하지만 지금까지 대사 과정을 잘 따라온 여러분이라면 왜 그런지 바로 이해했겠군요. 동화 반응으로 새로운 화학 결합을 만들려면 에너지가 필요합니다. 이산화탄소를 붙였다가 떼어낼 때 생기는 자유 에너지로 새로운 결합을 만드는 반응은 다른 동화 반응들에서도 종종 발견할 수 있습니다. 당 신생 합성 과정 중 피루브산에서 포스포에놀 피루브산(PEP)이 만들어지는 반응은 피루브산에 이산화탄소가 붙어 옥살아세트산이 되고, 옥살아세트산이 탈카복실화되면서 포스포에 놀피루브산이 합성되는 식으로 일어나며, 여기에도 같은 원리가 숨어 있습니다(12장 참조).

이처럼 말로닐-CoA를 이용한 탄화수소 사슬 연장 반응은 7번 반복되며, C16인 **팔미트산**이 만들어지면 비로소 효소 바깥으로 방출됩니다(그림 10-2). 지방산 생성 효소 안에는 CoA와 같은 판테테인기가 달린 **아실기 운반 단백질**(ACP)이 있는데, 반응 도중 지방산이 떨어지지 않도록 붙잡아 둘 때 이 ACP를 이용합니다(그림 10-2).

몸속에서 합성되는 지방산과 합성되지 않는 지방산

지방산 생성 효소에 의해 합성된 팔미트산(C16)은 세포질로 방출된 다음 여러 효소에 따라 모습이 바뀝니다. 아세틸-CoA에서 팔미트산을 만들 때는 지방산 생성 효소가 관여하지만, 다른 지방산을 만들려면 또 다른 효소가 필요합니다. 가령 말로닐-CoA와 NADPH를 사용해서 팔미트산의 탄화수소 사슬을 2개 늘리면 C18인 스테아르산이 만들어집니다(그림 10-3).

그림 **10-3** 지방산의 탄화수소 사슬 연장

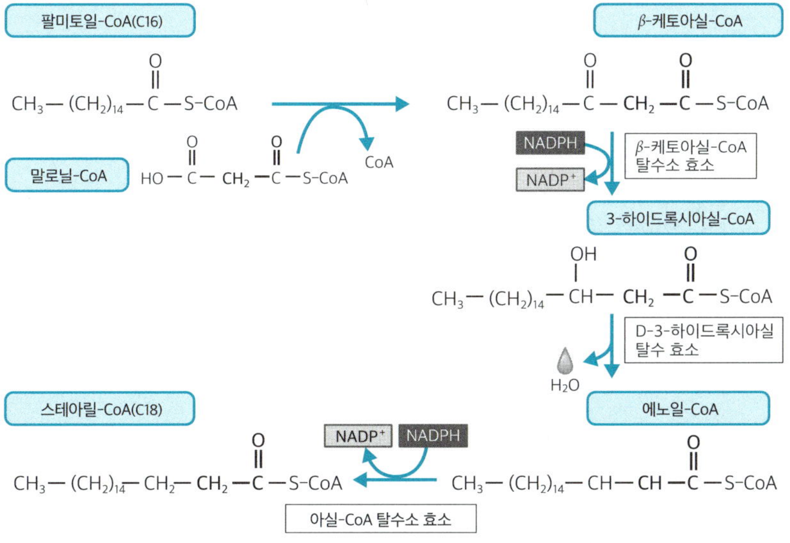

그림 10-4 불포화 지방산의 합성

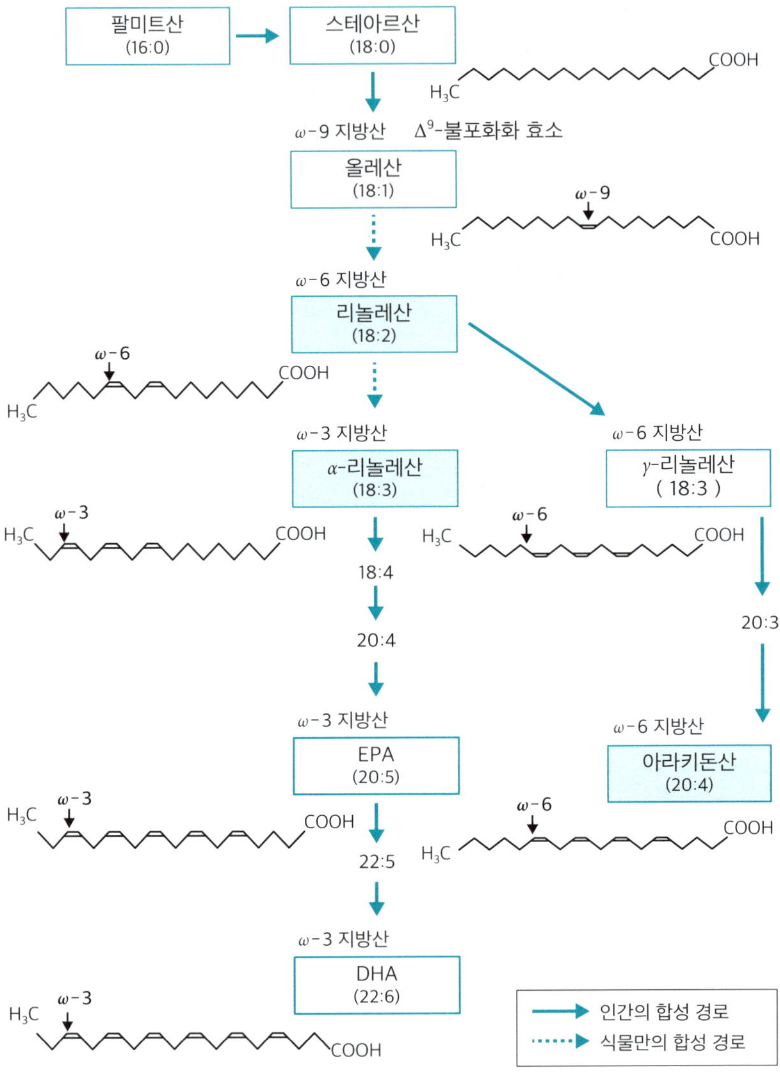
팔미트산
(16:0)
스테아르산
(18:0)
H₃C
COOH
ω-9 지방산
Δ⁹-불포화화 효소
올레산
(18:1)
ω-9
H₃C
COOH
ω-6 지방산
리놀레산
(18:2)
ω-6
H₃C
COOH
ω-3 지방산
α-리놀레산
(18:3)
ω-6 지방산
γ-리놀레산
(18:3)
ω-3
H₃C
COOH
18:4
ω-6
H₃C
COOH
20:4
20:3
ω-3 지방산
EPA
(20:5)
ω-6 지방산
아라키돈산
(20:4)
ω-3
H₃C
COOH
22:5
ω-6
H₃C
COOH
ω-3 지방산
DHA
(22:6)
ω-3
H₃C
COOH
인간의 합성 경로
식물만의 합성 경로

불포화 결합은 결합 위치에 특이적인 불포화화 반응을 촉매하는 **불포화화 효소**의 작용으로 만들어집니다. 예를 들어, 카복실 말단에서 가장 멀리 떨어진 탄소가 1번일 때, 9번째 결합을 불포화화하는 효소는 Δ^9-불포화화 효소라고 합니다. 동물의 몸에서는 Δ^9, Δ^6, Δ^5, Δ^4 등 네 종류의 불포화화 효소가 다양한 불포화 지방산을 만듭니다. 올레산(18:1)은 Δ^9-불포화화 효소가 스테아르산(18:0)을 기질로 합성해서 만들어진 지방산입니다(**그림 10-4**). 인간도 이 효소를 가지고 있으므로 올레산까지는 직접 합성할 수 있습니다. 따라서 올레산은 필수 지방산이 아닙니다. 하지만 우리 몸에 **리놀레산**(18:2)과 **α-리놀레산**(18:3)을 합성하는 불포화화 효소는 없기에 음식을 통해 섭취할 수밖에 없습니다. 따라서 두 물질은 **필수 지방산**입니다.

탄소 수가 많은 불포화 지방산의 합성 역시 우리 몸에서는 잘 일어나지 않습니다. **에이코사펜타엔산**(EPA, 20:5)과 **도코사헥사엔산**(DHA, 22:6) 등 **긴 사슬 불포화 지방산**(그림 10-4)은 α-리놀레산을 기점으로 불포화화 효소와 연장 효소에 의해 합성되지만, 이러한 경로로 작용하는 효소가 없거나 양이 적은 동물도 많습니다. 하지만 EPA나 DHA는 필수 지방산과 함께 **에이코사노이드**라는 몸속의 중요한 신호 전달 분자를 만드는 재료입니다. 불포화 지방산을 재료로 합성되는 프로스타글란딘, 프로스타사이클린, 트롬복세인 등의 에이코사노이드는 혈관 확장·수축, 기관지 수축, 전신성 염증 유도, 수면 유도 등 다양한 생리

작용에 관여합니다. 이처럼 불포화 지방산은 인간의 몸속에서 중요한 기능을 담당하는 분자를 만드는 필수 재료이지만, 안타깝게도 인간을 비롯한 동물들의 몸에서 합성할 수 없는 물질도 있습니다.

생선 기름은 왜 몸에 좋을까?

소와 돼지에 들어 있는 포화 지방산은 동맥 경화나 관상동맥 질환에 걸릴 위험성을 높입니다. 한편, EPA와 DHA 같은 불포화 지방산을 충분히 섭취하면 심장 질환과 당뇨병에 걸릴 확률을 수십 % 낮출 수 있다고 합니다. 생선이 건강에 좋은 식재료로 불리는 이유는 일부 해산물에 EPA와 DHA 같은 긴 사슬 불포화 지방산이 많이 들어 있기 때문입니다.

문제 **똑같은 지방산인데 왜 생선에 들어 있는 불포화 지방산은 몸에 좋고, 가축의 지방산(스테아르산 등)은 몸에 나쁠까?**

여기에는 체온과 지방산의 성질이 깊게 관련되어 있습니다. 기본적으로 지방산은 동물의 몸속에서 액체로 존재합니다. 그렇지 않으면 혈액을 타고 운반될 수 없으니까요. 그런데 돼지와 소의 체온은 약 39℃로, 인간보다 2℃ 이상 높습니다. 돼지나 소의 몸속에서 액체로 존재하는 지방산도 체온이 36.5℃인 인간의 몸속에 들어오면 굳을 수 있습니다. 혈관 안에서 고체로 굳은 지방산은 혈관에 쌓이거나 혈액을 끈적끈적하게 만들어 혈류를 방해하는 원인이 됩니다. 심하면 심장병과 뇌졸중을 일으킬 수도 있습니다.

반면에 물고기는 수온이 10~20℃인 물속을 헤엄칩니다. 물고기의 몸에는 이 온도에서 굳지 않을 만큼 녹는점이 낮은 EPA와 DHA 같은 불포화 지방산이 대량으로 축적되어 있습니다. 그리고 이 지방산은 인간의 몸에 들어가도 굳지 않고, 오히려 막힘없이 흐르는 피를 따라 온몸을 순환하지요.

왜 식물성 기름에는 불포화 지방산이 많을까?

동물에서 식물로 초점을 옮겨 봅시다. 식물에는 불포화 지방산이 많습니다. 올리브 오일과 참기름, 유채 기름 등 식물성 기름이 대체로 매끄럽게 흐른다는 점에서도 쉬이 짐작할 수 있지요. **식물에 올레산, 리놀레산, 리놀렌산 등 불포화 지방산이 많은 이유는 무엇일까요?**

식물은 동물보다 주위 환경에 영향을 더 많이 받으며 살아갑니다. 기온이 떨어지면 우리는 체온을 높여 대응하지만, 식물은 그럴 수 없지요. 그래서 기온이 떨어지면 인지질로 이루어진 세포막의 유동성이 낮아지면서 세포는 제 기능을 발휘하지 못하게 됩니다. 녹는점이 높은 포화 지방산이 많을

수록 유동성이 현저히 낮아집니다. 이를 피하고자 식물은 불포화화 효소를 많이 발현해서 불포화 지방산의 비율을 높임으로써 막의 유동성을 유지하는 것으로 추정됩니다. 그리고 씨앗에 불포화 지방산을 많이 저장하는 만큼 기온이 낮아도 싹을 틔울 수 있고, 싹튼 이후에도 방해받지 않고 자랄 수 있습니다.

지금까지 배웠다시피 **어떤 생물에 존재하는 지방산의 종류는 그 생물의 성질과 생활 환경과 밀접한 관계가 있습니다.**

 장

콜레스테롤은 좋은 성분일까 나쁜 성분일까?
: 지질의 순환과 콜레스테롤

콜레스테롤은 지방산과 함께 우리 몸에 중요한 지질입니다. 콜레스테롤이라고 하면 왠지 안 좋은 물질처럼 느껴질지도 모릅니다. 어느 정도 나이를 드신 분들에게 콜레스테롤 수치는 혈압, 체지방과 함께 항상 주의해야 하는 항목이기도 합니다. 혈압이나 콜레스테롤 수치가 조금이라도 높으면 병원을 찾고 식생활도 바로잡아야 하지요. 혈중 콜레스테롤 수치가 높으면 동맥경화나 뇌경색이 생길 위험성이 커지므로 여러분이 콜레스테롤을 몸에 안 좋은 물질이라고 생각하는 것도 당연합니다. 하지만 혈액 검사 결과지의 설명을 자세히 읽어 보면 콜레스테롤에도 좋은 콜레스테롤과 나쁜 콜레스테롤이 있고, 좋은 콜레스테롤은 혈액을 깨끗하게 만든다고 쓰여 있습니다. 같은 콜레스테롤인데 정반대의 효과를 낸다니, 정말일까요? 이번 장에서는 섭취한 영양소, 특히 지질이 우리 몸속에서 어떻게 변하는지를 따라가면서 좋은 콜레스테롤과 나쁜 콜레스테롤의 차이를 이해해 봅시다.

음식물이 몸속에서 소화되어 에너지로 변환되는 과정은 **그림 11-1**과 같습니다. 밥이나 빵, 파스타 같은 당질을 입에 넣고 씹으면 침이 나오는데요. 이 침에는 전분을 분해하는 **아밀레이스**라는 소화 효소가 들어 있습니다. 아밀레이스가 작용하면 전분은 말토스로 분해됩니다. 전분 이외의 당질도 각종 분해 효소에 의해 분해되는데, 단당류까지 분해되지는 못하고 이당류까지 분해됩니다. 물론 입속에서 모든 당질이 이당류로 소화되는 게 아니라 위와 장까지 이동한 다음에도 천천히 소화가 진행됩니다. 소장에서는 아밀레이스 외에도 **말테이스**, **수크레이스**, **락테이스** 등의 효소가 이당류를 단당류로 분해해서 글루코스, 프럭토스, 갈락토스 등을 만듭니다. 이렇게 마지막에 단당류까지 분해된 당질은 비로소 **장벽에서 흡수되어 혈액으로 들어갑니다.** 따라서 밥을 먹기 시작하면 비교적 빠르게 혈당치가 오릅니다(혈당은 18장에서 자세히 소개하겠습니다).

당질과 달리 단백질은 위에서 처음 분해됩니다. 입속에서 씹기 운동으로 잘게 부서진 단백질은 위에서 **펩신**이라는 효소가 작용해서 더 작은 단백질로 분해됩니다. 그리고 췌장의 이자액에 들어 있는 **트립신**이라는 분해 효소에 의해 최종적으로 아미노산까지 분해되어 소장에서 흡수됩니다.

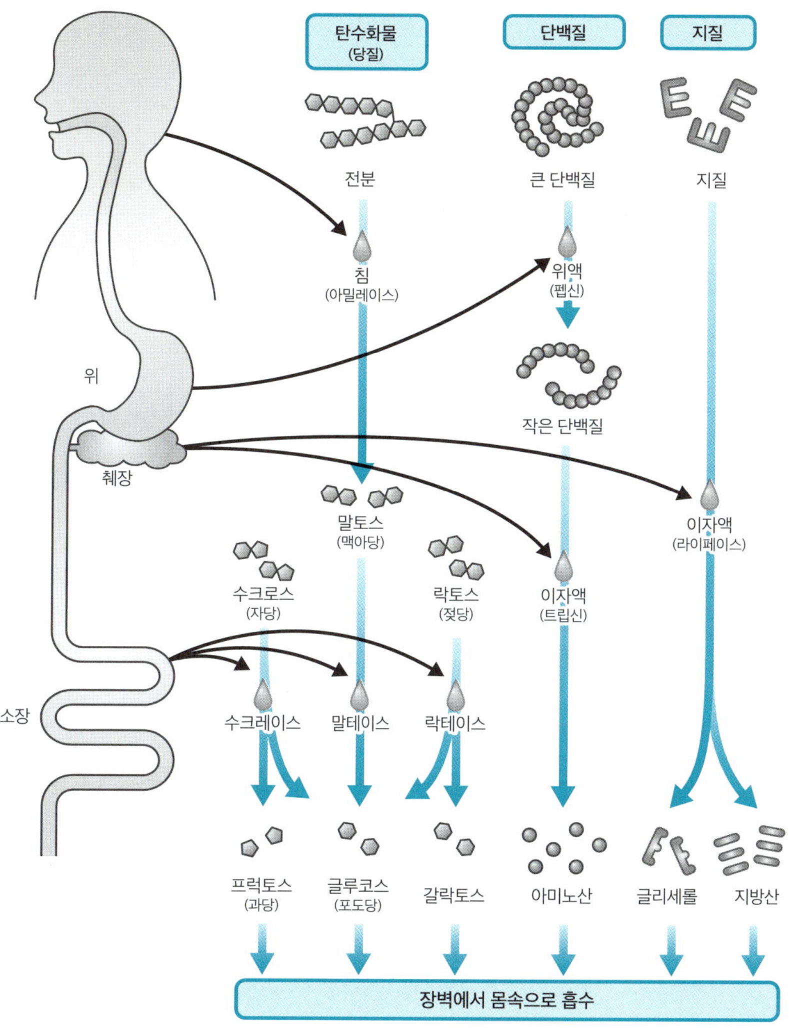
탄수화물
(당질)
단백질
지질
전분
큰 단백질
지질
침
(아밀레이스)
위액
(펩신)
작은 단백질
위
췌장
말토스
(맥아당)
이자액
(라이페이스)
수크로스
(자당)
락토스
(젖당)
이자액
(트립신)
소장
수크레이스
말테이스
락테이스
프럭토스
(과당)
글루코스
(포도당)
갈락토스
아미노산
글리세롤
지방산
장벽에서 몸속으로 흡수

음식을 통해 섭취한 지질, 특히 트라이아실글리세롤은 침과 이자액에 들어 있는 **라이페이스**에 의해 글리세롤과 지방산으로 분해되어 위와 장에서 흡수됩니다. 라이페이스는 침에도 들어 있지만, **이자액**에 많이 들어 있으므로 지질은 소장에서 글리세롤과 지방산으로 완전히 분해됩니다. 이때 담즙산이 지질과 지방산을 안정시켜 흡수하기 쉬운 상태로 만듭니다. 글리세롤과 지방산은 소장 표면 세포를 통해 내부로 흡수됩니다(지방산 분자의 길이에 따라 세포 내로 흡수되는 방식이 다릅니다). 비교적 세포막을 통과하기 쉬운 콜레스테롤은 그대로 세포 안으로 들어갑니다.

물에 녹지 않는 지질을 운반하는 과정

소장 세포로 흡수된 지방산과 콜레스테롤은 혈액과 림프액을 따라 온몸으로 운반됩니다. 비교적 물에 잘 녹는 중간 사슬 지방산은 대부분 수분인 혈액을 따라 그대로 간까지 이동합니다. 하지만 긴 사슬 지방산과 콜레스테롤은 물에 잘 녹지 않으므로 혈액이나 림프액을 따라 이동하려면 메커니즘이 추가로 필요합니다. 그중 한 가지가 콜레스테롤과 트라이아실글리세롤을 온몸으로 보내는 역할을 맡은 **지질단백질**입니다.

지질단백질은 **아포지질단백질**, **인지질**, **비에스터화 콜레스테롤** 등 친

그림 11-2 지질단백질의 구조와 분류

표 위의 ◉는 상대적인 크기.

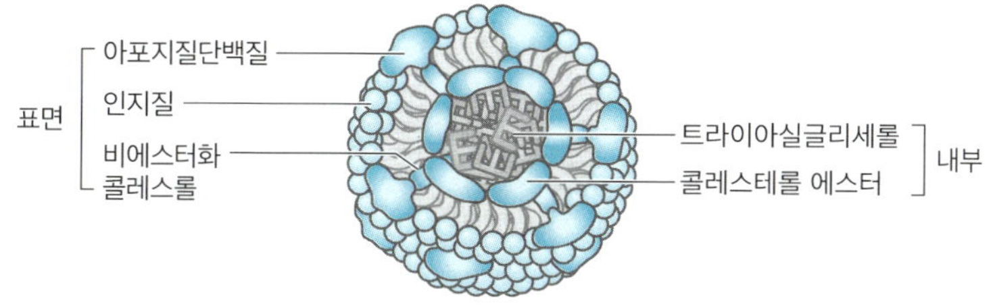

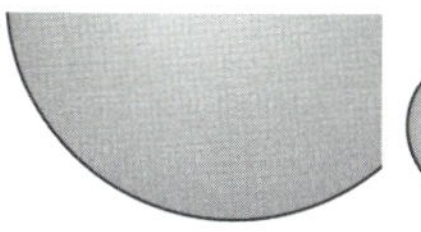

	킬로미크론	VLDL	IDL	LDL	HDL
지름(nm)	75~1,200	30~80	25~35	18~25	5~12
밀도(g/ml)	<0.95	0.95~1.006	1.006~1.019	1.019~1.063	1.063~1.210
조성(중량%)					
단백질	1	10	18	22	33
트라이아실글리세롤	83	50	31	10	8
콜레스테롤	8	22	29	46	30
인지질	7	18	22	22	29
아포지질단백질	A-I, A-II, B-48, C-I, C-II, C-III	B-100 C-I C-II C-III E	B-100 C-I C-II C-III E	B-100	A-I A-II C-I C-II C-III D, E

그림 11-3   지질단백질에 둘러싸인 채 몸속을 순환하는 지질

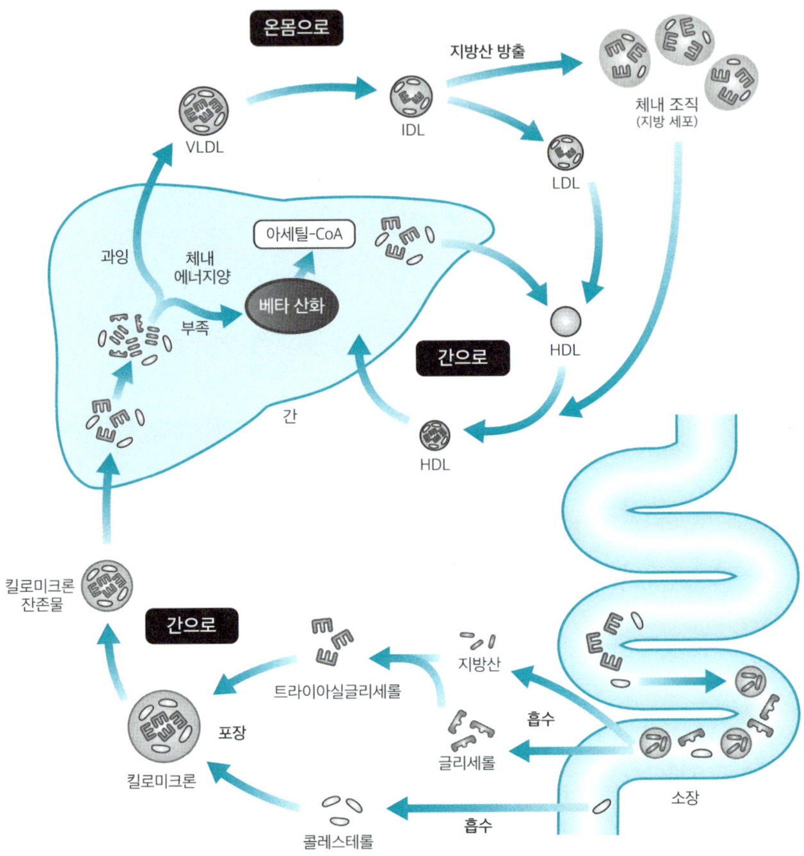

온몸으로
지방산 방출
체내 조직
(지방 세포)
VLDL
IDL
LDL
아세틸-CoA
과잉
체내
에너지양
베타 산화
부족
간으로
HDL
간
HDL
킬로미크론
잔존물
간으로
트라이아실글리세롤
지방산
포장
흡수
글리세롤
킬로미크론
콜레스테롤
흡수
소장

수성에 가까운 분자가 표면에, 트라이아실글리세롤과 콜레스테롤 에스터 등의 소수성 분자가 중심에 있는 이중 층 구조입니다(그림 11-2). 아포지질단백질은 지질단백질의 형성을 촉진하고 라이페이스를 활성화하는 단백질로, 인간의 몸에서는 9종이 발견되었습니다. 지질단백질은 크기와 밀도에 따라 저마다 작용이 다르며, 서로 다른 이름으로 분류합니다(그림 11-2)

지름이 가장 크고 밀도가 낮은 **킬로미크론**은 주로 장에서 흡수된 긴 사슬 지방산과 콜레스테롤을 운반하는 지질단백질입니다(그림 11-2). **VLDL**, **IDL**, **LDL**, **HDL** 순으로 크기가 작고 밀도가 큽니다. 각 지질단백질은 크기뿐만 아니라 아포지질단백질의 조성이 달라 저마다 다른 방식으로 작용합니다. 분자의 작용을 크게 분류하면 **온몸에서 간으로 운반하는 작용**과 **간에서 온몸으로 운반하는 작용**으로 나뉩니다. 간은 지질 운반과 대사의 중요한 터미널입니다. 소화, 흡수된 지질은 일단 간으로 보내져 형태를 바꾼 다음 다시 온몸으로 보내집니다(그림 11-3). 이제 각 지질단백질의 작용을 자세히 알아볼까요?

간과 온몸을 오가는 지질

소장 세포로 흡수된 지방산은 글리세롤과 결합해서 다시 트라이아실글리세롤이 됩니다. 트라이아실글리세롤은 콜레스테롤과 함께 **킬로**

미크론에 둘러싸인 상태로 소장 세포에서 림프계로 방출된 다음 가슴림프관을 통해 혈액으로 들어가고, 최종적으로 간에 도달합니다(그림 11-3). 킬로미크론의 지름은 75~1200nm이고, 구성 성분 중 80% 이상이 트라이아실글리세롤입니다.

간에 도달한 지질은 다시 지방산의 형태로 온몸을 순환하거나 아세틸-CoA로 분해(산화)됩니다. 이렇게 분해되면 더 많은 에너지를 끌어낼 수 있습니다. 바로 9장에서 소개한 베타 산화로 말이지요. **지방산을 분해해서 에너지를 끌어낼지, 아니면 몸 구석구석으로 보내 영양을 축적할지는 몸속의 에너지 상태에 달려 있습니다.** 에너지가 지나치게 많으면 몸에 저장하고, 부족하면 분해해서 에너지로 사용합니다.

음식에서 흡수된 지질을 간으로 운반하는 킬로미크론과 달리 VLDL 계열 지질단백질들(VLDL, IDL, LDL)은 간에서 합성된 지질을 온몸으로 운반합니다(그림 11-3). 트라이아실글리세롤과 콜레스테롤은 VLDL에 둘러싸인 상태로 간을 나옵니다. VLDL의 크기는 킬로미크론보다 훨씬 작은 30~80nm인데, 그중 트라이아실글리세롤의 함유율은 약 50%입니다. **VLDL은 간을 나온 다음 혈액에 분비되어 말초 조직까지 지질을 운반합니다.** 혈액 속을 떠다니는 동안 아포지질단백질의 작용으로 트라이아실글리세롤을 방출하고 가벼워진 VLDL은 IDL, LDL이 됩니다. 이때 트라이아실글리세롤의 함유율은 20%까지 낮아지고, 상대적으로 콜레스테롤의 함유율이 높아집니다. 콜레스테롤이 지나치게 많아지면 콜레스테롤이 풍부한 LDL이 오랫동안 혈액에 떠다니게 되고, 혈관 내 대식세포가 이를 잡아먹으면서 동맥경화가 일어납니다. LDL이 **나쁜 콜레스테롤**로 불리는 이유는 이 때문입니다.

간에서 말초 조직으로 지방을 운반하는 VLDL과 달리 **HDL**은 말초 조직에서 간으로 지질을 운반합니다(그림 11-3). 간과 소장 세포에서 만들어진 HDL은 처음에는 비교적 '빈' 상태로 분비됩니다. 크기는 5~12nm로 VLDL의 10분의 1 정도로 매우 작습니다. **HDL은 말초 조직에서 콜레스테롤과 트라이아실글리세롤을 가져와 간으로 돌려보냅니다.** 몸속의 여분 지방을 다시 간으로 보내므로 **좋은 콜레스테롤**로 불립니다. 이렇게 지질은 소장, 간, 온몸의 조직 사이를 왔다 갔다 하며 몸 상태를 조절(호르몬을 합성)하는 한편, 에너지원으로도 쓰입니다. 정상적인 지질 순환과 대사는 몸에 없어서는 안 될 기능입니다.

좋은 콜레스테롤이란 엄밀히는 좋은 리포단백질을 가리킵니다. 지방을 몸의 조직에서 간으로 운반하므로 에너지 부족의 지표로 사용됩니다. 반대로 나쁜 리포단백질은 지질을 간에서 온몸으로 운반하므로 에너지가 지나치게 많다는 신호입니다. 둘의 균형을 통해 우리는 몸의 에너지 균형을 파악할 수 있습니다.

몸에서 합성되는 콜레스테롤

지금까지 우리가 음식을 통해 섭취한 지질이 어떻게 몸에 흡수되어 순환하는지 알아보았습니다. 그런데 우리 몸은 자체적으로도 콜레스테롤을 합성합니다. 10장에서 지방산의 합성 경로를 소개했는데, 사실 우리 몸은 콜레스테롤도 합성합니다. 그것도 대량으로요. 음식을 통해 섭취하는 콜레스테롤은 많아도 하루에 0.4g 정도이지만, 간에서 만들어지는 콜레스테롤은 성인 기준 하루에 0.5~2.0g입니다. 즉, 우리 몸에 축적되는 콜레스테롤은 대부분 간에서 합성된 셈입니다.

문제 왜 우리 몸은 직접 콜레스테롤을 만들까?

콜레스테롤은 우리 몸에 없어서는 안 될 물질입니다.

우선 콜레스테롤 합성 반응부터 살펴봅시다. 콜레스테롤 합성 과정은 매우 복잡한데, 아세틸-CoA부터 시작해서 탄소가 6개인 **메발론산**과 30개인 **스콸렌** 등이 10단계 이상 거쳐 합성됩니다. 이 과정에 관여하는 많은 효소가 호르몬이나 대사 산물에 의해 복잡하게 제어되면서 체내 콜레스테롤양을 엄밀하게 조절합니다.

콜레스테롤은 인지질과 함께 세포막에서 세포의 신호 전달(23장 참조)을 담당하는 중요한 물질입니다. 그리고 수많은 호르몬의 원료이기도 합니다. **담즙산, 스테로이드, 비타민 D** 등은 모두 콜레스테롤에서 만들어집니다.

간에서 콜레스테롤에 하이드록실기가 붙어 만들어진 담즙산은 담즙으로 방출됩니다. 담즙산은 음식에서 유래한 지방을 유화해서 장에서 지방이 잘 흡수되도록 돕습니다.

스테로이드는 부신 겉질과 난소에서 합성되어 표적 기관과 조직에서 특정 유전자가 발현되도록 유도하거나 억제해 세포의 기능에 관여하는 호르몬입니다. 황체 호르몬이라고도 하는 **프로게스테론**, 난소 호르몬(여성 호르몬)인 **에스트로젠**, 남성 호르몬인 **테스토스테론**은 모두 스테로이드로, 콜레스테롤을 원료로 복잡한 과정을 거쳐 만들어집니다. **당질 코르티코이드**(예: 코르티솔), **무기질 코르티코이드**(예: 알도스테론) 등 **부신 겉질 호르몬**도 콜레스테롤이 원료입니다. 거의 모든 스테로이드 호르몬에는 **스테롤**[*] 또는 그 유도체가 있습니다.

이처럼 간에서 적극적으로 합성해서 각 기관과 조직으로 보낸 콜레스테롤은 다양한 호르몬과 생리 활성 물질로 변환됩니다. 콜레스테롤은 절대 나쁜 물질이 아닙니다. 오히려 우리 몸에 꼭 필요한 물질이지요. 다만 지나치게 많이 섭취하면 몸에 악영향을 준다는 점은 명심해야 합니다.

---

[*] 콜레스테롤의 중심 골격을 이루는 구조로, 육각형 고리 3개와 오각형 고리 1개가 연결된 구조에 하이드록시기가 1개 달려 있습니다.

12장

단것을 먹으면 왜 살이 찔까?
: 당과 지질 대사의 교차

11장에서는 지질의 순환을 배웠습니다. 기름진 음식을 너무 많이 먹으면 리포단백질이 여분의 지방을 우리 몸 구석구석까지 보냅니다. 하지만 생각해 보면 꼭 기름진 음식을 먹을 때만 살이 찌진 않지요. 단것을 많이 먹고 살찐 적은 없으신가요? 단것(당)을 많이 먹으면 몸에 지방이 쌓인다는 사실을 우리는 경험적으로 알고 있지만, 곰곰이 생각해 보면 신기할 따름입니다.

문제 **왜 당질을 많이 먹는데 지방이 늘어날까?**

제1부에서 당, 지질, 단백질의 대사가 모두 연결되어 있다는 사실을 배웠습니다. 이번 장에서는 조금 더 깊게 파고들어 대사의 방향성과 균형을 배워봅시다.

5장에서 소개했듯이 당, 지질, 단백질은 대사되면 대부분 아세틸-CoA와 TCA 회로로 들어가 탄소 골격은 이산화탄소로, 화학 결합의 에너지는 NADH와 $FADH_2$로 변환됩니다. 이후 미토콘드리아의 전자 전달계에서 전자를 받아 최종적으로 산소에 전달합니다. 이 과정에서 생긴 수소 이온의 농도 기울기는 ATP 합성 효소가 ATP를 합성할 때 이용합니다.

기본적으로 화학 반응은 정방향으로도, 역방향으로도 진행될 수 있습니다. 반응의 방향은 반응물과 생성물의 에너지 관계와 농도 차에 따라 결정됩니다. 아무리 생성물의 에너지가 반응물보다 작아도 농도가 반응물보다 훨씬 높으면 반응은 잘 일어나지 않습니다. 몸속에서 일어나는 일련의 대사 반응 역시 이러한 균형을 전제로 하며, 상황에 따라 어느 방향으로든 일어날 수 있습니다.

대사가 정방향, 즉 ATP를 합성하는 방향으로 진행되려면 전자 전달계의 마지막 단계에서 전자를 받는 산소가 풍부하고 ATP 농도는 산소보다 낮아야 합니다. 산소가 적으면 전자 전달계에서 산화 환원 반응이 진행되지 않고, 결과적으로 NADH도 소비되지 않습니다. **NADH가 소비되지 않으면 TAC 회로가 돌아가지 않으므로 아세틸-CoA는 쌓이게 됩니다.** 그렇게 되면 해당 과정까지 진행이 멈추고 맙니다(그림 12-1).

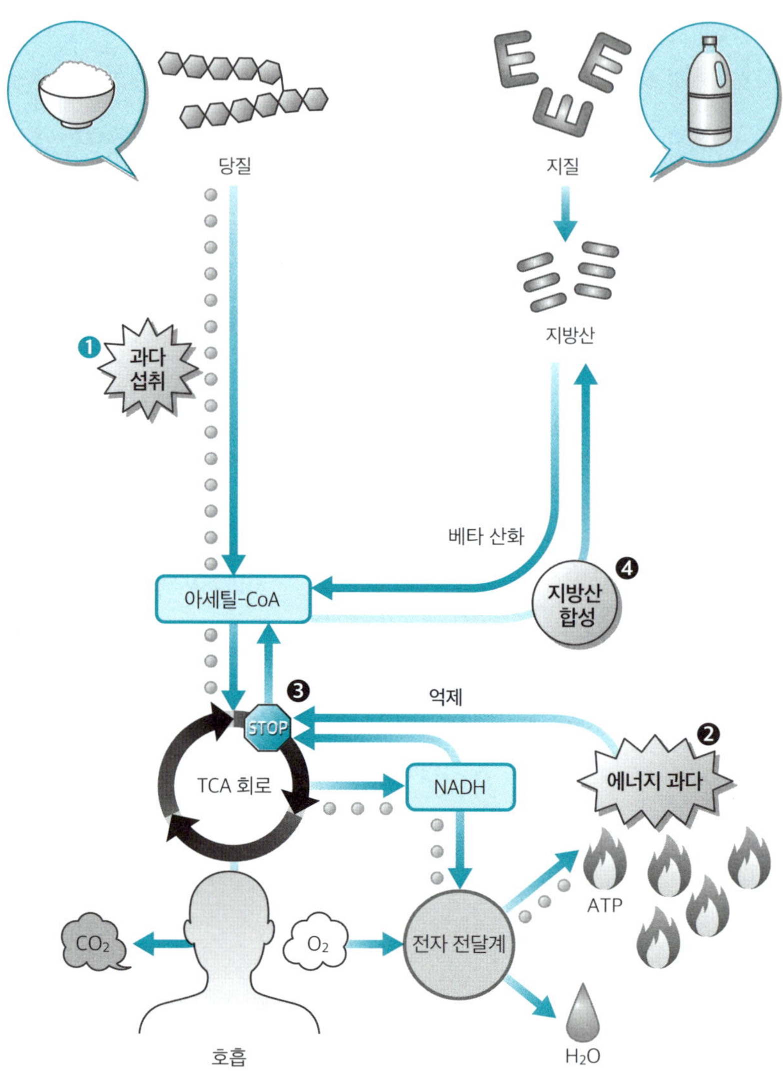
당질
지질
지방산
과다
섭취
베타 산화
지방산
합성
아세틸-CoA
STOP
억제
에너지 과다
TCA 회로
NADH
CO₂
O₂
전자 전달계
ATP
H₂O
호흡

우리 몸에 산소가 필요한 이유는 이 때문입니다. 산소가 결핍되면 세포는 생명 유지에 필요한 에너지를 만들어내지 못합니다. 단, 일부 세포는 저산소 상태에서도 살아남을 수 있습니다. 저산소 상태에서는 TCA 회로가 돌아가지 않으므로 해당 과정의 최종 산물인 피루브산이 쌓이고, 해당 과정은 진행되지 않습니다. 이러한 상황에서 일부 세포는 축적된 피루브산을 젖산으로 환원해서 해당 과정을 진행합니다. 젖산균을 비롯한 세균에서 일어나는 이 메커니즘을 **젖산 발효**라고 합니다(15장 참조).

젖산은 우리 몸의 근육 세포에서도 만들어집니다. 근육에 급격하게 부하를 가하면 ATP가 한 번에 소비됩니다. 근육 세포가 이를 곧장 보충하려 해도 산소가 충분히 확보되지 않아 TCA 회로가 제대로 돌아가지 않는 상황이 됩니다. 이때, 세포는 ATP를 최대한 만들어내기 위해 피루브산을 젖산으로 바꾸어 해당 과정을 진행합니다(21장 참조). 젖산이 근육 피로의 원인 물질로 알려진 이유는 이 때문입니다.

젖산 발효 외에 피루브산을 아세트알데하이드에서 에탄올로 변환하는 **알코올 발효**도 있습니다(15장 참조). 여러분도 익히 아는 술에는 이러한 원리가 숨어 있습니다. 효모는 커다란 술통 안처럼 산소가 부족한 환경일 때 당으로 알코올을 합성합니다.

저산소 상태뿐만 아니라 ATP가 지나치게 많을 때도 TCA 회로는 제대로 돌아가지 않습니다. 음식을 먹으면 얼마 지나지 않아 혈중 글루코스와 세포 내 글루코스 수준이 상승합니다. 글루코스는 해당 과정에서 점점 분해되지만, ATP가 포화하면 정반응이 진행되지 않고 TCA 회로도 정상적으로 움직이지 않습니다(그림 12-1). 그리고 TCA 회로 중 아이소시트르산 탈수소 효소의 기능이 낮아지면서 TCA 회로는 서서히 멈추고, 미토콘드리아 내에 시트르산이 쌓이게 됩니다. 시트르산은 이후 세포질로 운반되어 분해 효소에 의해 아세틸-CoA로 돌아갑니다. 그 결과, 세포질에서 **아세틸-CoA**가 증가합니다.

당 신생 합성: 당을 만드는 원리

문제 **세포질에 축적된 아세틸-CoA는 어디로 가게 될까?**

간에서 아세틸-CoA가 이동하는 목적지는 두 군데입니다. 첫 번째는 피루브산을 거쳐 해당 과정을 역행해서 글루코스나 글리코젠으로 합성되는 동화 반응인데, 이를 **당 신생 합성**이라고 합니다. 해당 과정의 각 단계는 대부분 가역적이므로 반응물과 생성물의 양적 균형에 따라 정반응도, 역반응도 일어날 수 있습니다(그림 12-2 A). 해당 과정의 에너지 준위를 보면 바로 알 수 있습니다(그림 12-2 B). 에너지 면에서 역행할 수 없는 단계 중에는 포스포에놀피루브산과 피루브산 사이의 반응도 있습니다. 피루브산의 표준 자유 에너지가 15kcal/mol만큼 낮아 해당 과정(정반응)에서는 ATP를 합성하고도 여분이 남을 만큼 차이가 큰 반응입니다. 즉, 역반응이 일어나기 굉장히 힘들다는 뜻이지요. 이 때문에 피루브산으로 포스포에놀피루브산을 합성할 때는 카복실화 효소라는 별도의 효소가 ATP를 사용해서 이산화탄소를 결합함으로써 **옥살아세트산**을 합성한 다음, 카복시 인산화 효소가 탈카복실화 반응과 ATP로 인산기를 결합하는 반응을 통해 포스포에놀피루브산을 합성합니다(그림 12-2A).

당 신생 합성 반응이 해당 과정의 역반응이 될 수 없는 단계가 2개 더 있습니다. 프럭토스-1,6-이인산으로 프럭토스-6-인산을 만드는 반응, 그리고 글루코스-6-인산으로 글루코스를 만드는 반응입니다. 해당 과정에서는 인산화 효소가 ATP를 사용해서 기질을 인산화합니다(그림 5-2 참조). 하지만 당 신생 합성에서는 반대로 ADP로 ATP를 합성하는 대신 **탈인산화 효소**가 인산기를 제거합니다. 글루코스-6-인산에서 인산기를 제거하는 효소인 글루코스-6-탈인산화 효소는 간에서만 발현되므로 **당 신생 합성은 간에서만 진행됩니다.**

그림 12-2 당 신생 합성은 해당 과정의 역반응이 아니다

G6P: 글루코스-6-인산, F6P: 프럭토스-6-인산, F1,6BP: 프럭토스-1,6-이인산, GAP: 글리세르알데하이드-3-인산,
PGA: 포스포글리세르산, PEP: 포스포에놀피루브산

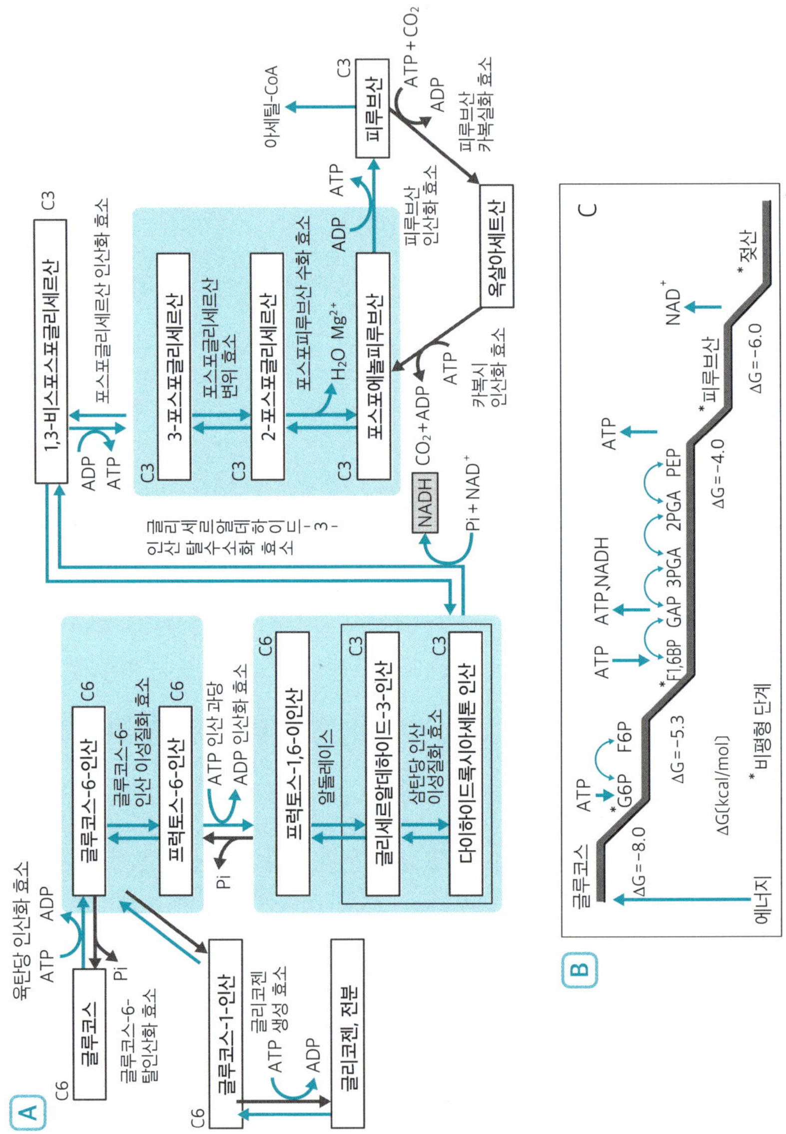

당 신생 합성에서는 글루코스뿐만 아니라 더 장기적으로 당을 저장하기 위해 **글리코젠**도 만들어집니다. 글리코젠은 글루코스-6-인산에서 분기되어 합성됩니다(**그림 12-2 A**). 글리코젠처럼 화학 결합이 많은 고분자를 합성하려면 에너지를 공급해야 하는데, 글리코젠의 경우 **글리코젠 생성 효소**가 간접적으로 ATP를 사용해서 글리코사이드 결합을 만듭니다. 글리코젠은 주로 간에서 합성되어 피를 타고 온몸의 근육으로 운반된 다음 저장됩니다. 21장에서 소개하겠지만, 글리코젠은 동물의 에너지를 관리하는 중요한 당입니다. 특히 근육에서는 10초~수분 동안 운동할 때 글리코젠이 활약합니다.

한편, 식물은 글리코젠이 아니라 **전분**의 형태로 에너지를 저장한다고 8장에서 소개했습니다. 그리고 전분과 글리코젠 구조의 유사성은 2장에서 설명했습니다. 동물과 식물이 비슷한 다당류를 에너지 저장에 사용한다니, 단순한 우연이 아니라 필연일지도 모릅니다. 매우 흥미롭군요.

지방산 합성에 쓰이는 아세틸-CoA

에너지가 지나치게 많아 축적된 아세틸-CoA는 **지방산**을 합성할 때도 쓰입니다. 간세포에서는 남는 아세틸-CoA로 지방산을 합성해서 리포단백질에 둘러싸인 상태로 온몸 구석구석에 보냅니다(11장 참조). 간은 지질 대사의 중요한 중계 지점인 동시에 남는 아세틸-CoA로 지방산을 합성하는 반응이 일어나는 장소이기도 합니다.

간에서 합성된 지방산은 글리세롤과 결합해 **트라이아실글리세롤(중성 지방)**의 형태로 리포단백질에 둘러싸여 온몸으로 운반된 끝에 축적됩니다. 이것이 바로 피하지방과 내장지방의 정체입니다. 그리고 이 지방을 운반하는 물질이 나쁜 콜레스테롤로 불리는 LDL과 VLDL입니다(11장 참조).

단것을 많이 먹었을 때 살이 찌는(지방이 많아지는) 이유는 아세틸-CoA가 중추로서 당 대사와 지질 대사를 연결하기 때문입니다. 실제로 당 대사와 지질 대사가 교차하는 메커니즘은 훨씬 복잡합니다. **인슐린**이라는 호르몬은 혈당을 조절하는 동시에 지질 대사에 관여하는 효소의 작용도 조절하는데, 팔미트산 1분자를 만들 때 글루코스 약 18분자가 소비됩니다. 글루코스 50g을 과다 섭취했다면 약 14g의 지질이 만들어진다는 뜻이지요. 당분을 너무 많이 섭취하지 않도록 주의해야겠죠?

13 장

식물 단백질과 동물 단백질은 어떻게 다를까?
: 아미노산의 분해와 합성

당과 지질의 대사에 관한 내용을 알아보았으니 이제 아미노산의 대사를 배울 차례입니다. 3대 영양소 중 하나인 단백질은 당질과 거의 같은 양의 에너지를 끌어낼 수 있습니다(1장 참조). 한편, 단백질은 세포를 구성하는 핵심 분자인 동시에 생체 반응을 촉매하는 효소로서도 중요합니다. 아미노산은 주로 탄소와 산소와 수소로 구성된 당질이나 지질과 달리 **질소**와 **황**이 들어 있어 대사 경로가 다소 복잡합니다. 그리고 생물 종마다 아미노산의 합성 경로가 크게 다르기에 교과서에서 설명하기 까다로운 내용이기도 합니다. 이번 장에서는 효소가 아니라 대사 산물에 초점을 맞추어 단백질 대사 경로의 개요를 소개하려 합니다. 그리고 영양소의 관점에서 식물 단백질과 동물 단백질의 차이, 그리고 필수 아미노산은 무엇인지 알아보겠습니다.

아미노산의 분해

식사로 섭취한 단백질은 일단 위에서 분해됩니다. 위벽에서 분비된 펩시노젠이라는 단백질이 위산을 만나면 **펩신**이라는 분해 효소로 바뀝니다. 펩신은 가수 분해로 펩타이드 결합을 자르는 펩티데이스의 일종입니다. 펩신은 위산 속에서 단백질을 짧은 펩타이드로 분해합니다. 이렇게 분해된 펩타이드는 소장까지 운반된 다음에도 트립신을 비롯한 여러 펩티데이스에 의해 더 짧게 분해되고, 최종적으로 아미노산의 형태로 장벽에 흡수됩니다(그림 11-1 참조).

아미노산의 대사를 **그림 13-1**에 정리했습니다. 20종의 아미노산은 대사되어 아세틸-CoA와 TCA 회로에 합류합니다. 아미노산이 TCA 회로에 합류하는 단계는 α-케토글루타르산, 석시닐-CoA, 푸마르산, 옥살아세트산 등 총 네 군데입니다. 당질과 지질처럼 비교적 간단한 직선 경로와 비교하면 상당히 복잡해 보입니다. 하지만 요점은 **기본 대사 경로에 들어가기 전에 아미노기(질소)나 황이 제거된다는 점입니다.** 20종의 아미노산에는 모두 아미노기가 있으므로 질소가 존재합니다. 최종적으로 기본 대사 경로에 들어간다는 점은 같지만, 그 전에 아미노기를 제거하는 반응은 아미노기마다 다릅니다.

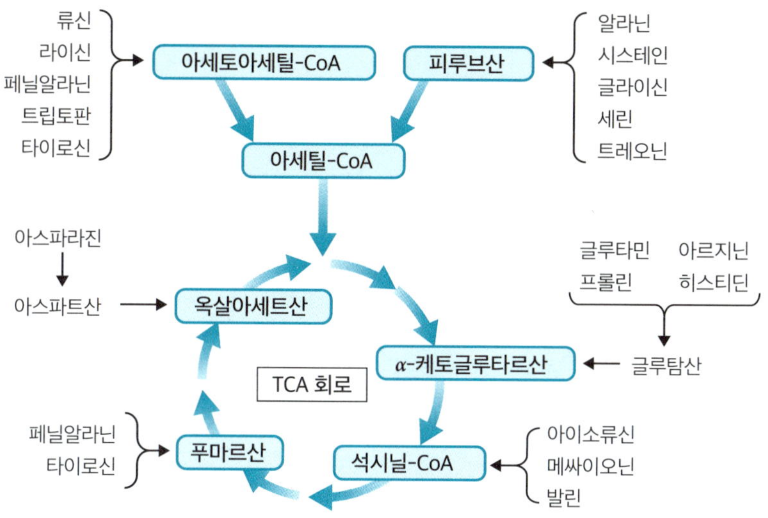

아미노기 전이 반응

아미노산에서 아미노기를 제거하는 반응을 **아미노기 전이 반응**이라고
합니다. 모든 아미노산은 비교적 이른 단계에 이 반응을 통해 아미노
기가 없는 상태가 된 다음 기본 대사 경로로 들어갑니다. **그림 13-2 A**
는 아미노산에서 유래한 아미노기의 변화를 간략하게 나타낸 그림입
니다. 아미노기 전이 반응으로 아미노산에서 떨어져 나간 아미노기는
α-케토글루타르산으로 전달되고, 그 직후 **암모니아**의 형태로 떨어져
나갑니다. 동물의 몸에 해로운 암모니아는 곧장 **카바모일 인산**으로 전

그림 13-2 아미노기의 이동 과정

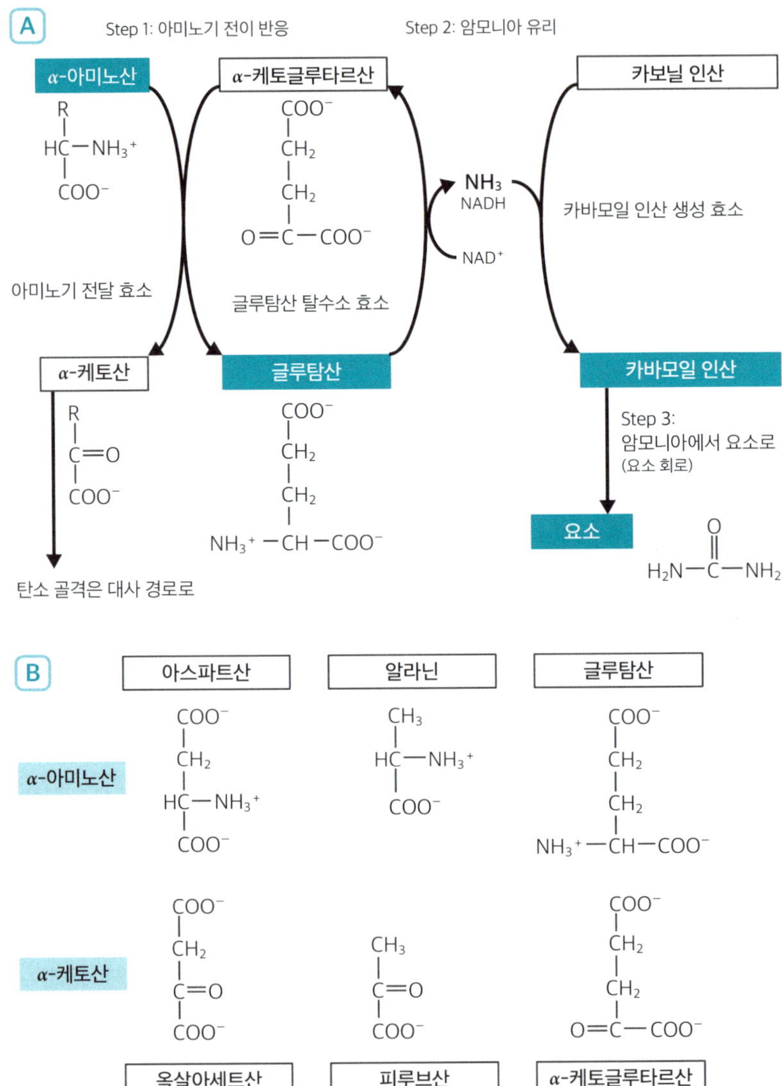
A
Step 1: 아미노기 전이 반응
Step 2: 암모니아 유리
α-아미노산
α-케토글루타르산
카보닐 인산
R
HC—NH₃⁺
COO⁻
COO⁻
CH₂
CH₂
O=C—COO⁻
NH₃
NADH
NAD⁺
카바모일 인산 생성 효소
아미노기 전달 효소
글루탐산 탈수소 효소
α-케토산
글루탐산
카바모일 인산
R
C=O
COO⁻
COO⁻
CH₂
CH₂
NH₃⁺—CH—COO⁻
Step 3:
암모니아에서 요소로
(요소 회로)
요소
O
H₂N—C—NH₂
탄소 골격은 대사 경로로
B
아스파트산
알라닌
글루탐산
α-아미노산
COO⁻
CH₂
HC—NH₃⁺
COO⁻
CH₃
HC—NH₃⁺
COO⁻
COO⁻
CH₂
CH₂
NH₃⁺—CH—COO⁻
α-케토산
COO⁻
CH₂
C=O
COO⁻
CH₃
C=O
COO⁻
COO⁻
CH₂
CH₂
O=C—COO⁻
옥살아세트산
피루브산
α-케토글루타르산

환된 뒤 **요소 회로**에서 최종적으로 **요소**가 됩니다. 요소의 화학 구조 식을 보면 카보닐기 양쪽에 아미노기가 결합한 형태입니다. 두 아미노 기가 아미노산에서 유래했음을 짐작할 수 있지요.

아미노기 전이 반응을 더 자세히 들여다봅시다. 단백질을 구성하는 20종의 아미노산은 모두 α-아미노산이므로 아미노기는 카복실기의 탄소를 기준으로 첫 번째(α 자리) 탄소와 결합합니다(4장 참조). **아미노기 전이 반응**으로 아미노산의 아미노기는 α-케토글루타르산으로 전이되 고, 그 결과 아미노산은 α 자리에 케톤(C=O)이 달린 **α-케토산**이 됩니 다. 이 아미노기 전이 반응으로 많은 아미노산이 지금까지 기본 대사 경로에서 등장한 대사 산물로 변환됩니다. 가장 알기 쉬운 예로 TCA 회로에 등장한 **옥살아세트산**은 아스파트산이 탈아미노화한 α-케토산 입니다(그림 13-2 B). 그 밖에도 알라닌은 **피루브산**으로, 글루탐산은 **α- 케토글루타르산**으로 변환됩니다. 둘 다 기본 대사 경로 과정에서 등장 한 물질이지요. 다른 아미노산들도 아미노기 전이 반응을 통해 α-케 토산으로 변환된 다음 최종적으로 기본 대사 경로에 합류합니다.

떨어져 나간 다음 요소 회로에서 요소로 바뀌는 아미노기

이번에는 떨어져 나간 아미노기가 어떻게 되는지 따라가 봅시다. 아 미노기 전달 효소에 의해 아미노산의 아미노기가 α-케토글루타르산

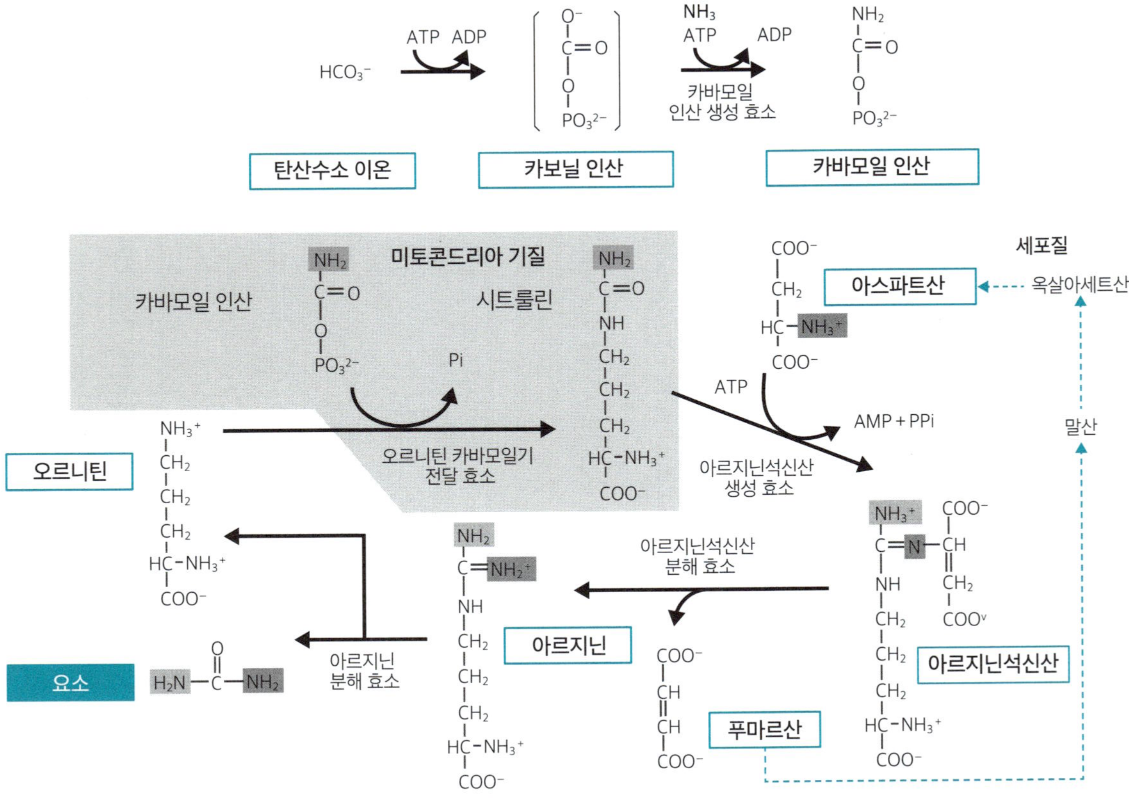
탄산수소 이온
카보닐 인산
카바모일 인산 생성 효소
카바모일 인산
미토콘드리아 기질
시트룰린
오르니틴 카바모일기 전달 효소
오르니틴
아스파르트산
세포질
옥살아세트산
말산
아르지닌석신산 생성 효소
AMP + PPi
아르지닌석신산 분해 효소
아르지닌석신산
아르지닌
아르지닌 분해 효소
푸마르산
요소

으로 이동하면 **글루탐산**이 만들어집니다. 글루탐산 자체도 아미노산이지만, 세포 안에 있는 글루탐산 탈수소 효소의 산화 작용으로 아미노기는 암모니아의 형태로 떨어져 나가고, 글루탐산은 α-케토산의 일종인 **α-케토글루타르산**으로 돌아갑니다(그림 13-2 A). 떨어져 나간 암모니아는 탄산수소 이온으로 만든 카보닐 인산에 붙어 **카바모일 인산**이 됩니다(그림 13-2 A, 그림 13-3).

카바모일 인산은 미토콘드리아 안의 **요소 회로**에서 최종적으로 아미노기를 **요소**의 형태로 떼어냅니다. 요소에는 아미노기가 2개 있는데, 또 다른 아미노기는 중간에 회로에 합류한 아스파트산에서 유래했습니다. 첫 번째 사이클에서는 카바모일 인산과 아스파트산이 한 분자씩 소비되어 요소, 푸마르산, 오르니틴이 만들어집니다(그림 13-3). 오르니틴은 다시 요소 회로에 이용되고, 푸마르산은 TCA 회로로 이동합니다. 그리고 요소는 혈액을 타고 **신장에 들어가 걸러진 끝에 오줌과 함께 몸 밖으로 배출됩니다.** 우리 몸에서 요소는 주로 간세포에서 만들어져 혈액으로 배출됩니다.

혈액에서 오줌을 만드는 과정

혈액으로 방출된 요소는 신장에서 **여과**되어 오줌으로 나옵니다. 신장에서 오줌이 만들어지는 과정은 고등학교 교과서에 빠지지 않고 등장하는 내용인데요. 혈액이 신장의 **토리**(사구체)에서 여과되면 요소, 노폐물, 유해 물질 등이 포함된 **원뇨**(raw urine)가 만들어집니다. 원뇨는 세뇨관을 따라 콩팥깔때기(신우)에 모이는데, 세뇨관을 지날 때 수분과 전해질처럼 우리 몸에 필요한 성분은 **재흡수**되고 필요 없는 물질만 오줌에 섞여 몸 밖으로 배출됩니다.

오줌 중 96%를 차지하는 수분 다음으로 많은 성분은 요소입니다 (~1.7%). 그리고 요소로 변환되지 않은 암모니아도 소량 들어 있습니다. 암모니아는 몸에 해로우므로 요소 회로에서 곧장 요소로 변환해서 바로 몸 밖으로 배출해야 합니다. 정리하면 아미노산의 분해는 에너지원이 되는 탄소 골격을 얻는 대신 만들어진 암모니아라는 성가신 물질을 효율적으로 배제하기 위해 작동하는 시스템처럼 보입니다.

아미노산의 합성과 필수 아미노산

마지막으로 아미노산을 합성하는 경로를 소개합니다. 아미노산의 분해 경로도 꽤 복잡했지만, 합성 경로는 훨씬 복잡합니다. 이는 **생물 종마다 합성 경로가 다르기 때문**인데요. **그림 13-4**에 인간과 미생물의 아미노산 합성 경로를 간략하게 나타냈습니다. 상세한 내용은 다루지 않지만, 인간이 합성할 수 있는 아미노산의 종류가 명백히 적습니다. 반면에 미생물은 거의 모든 아미노산을 직접 합성할 수 있습니다. 그

그림 13-4 아미노산 합성 경로

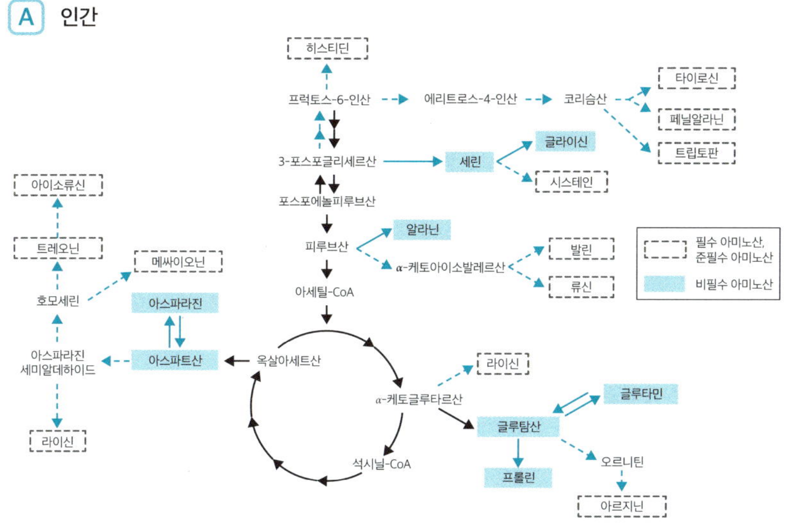
A 인간
히스티딘
프럭토스-6-인산
에리트로스-4-인산
코리슴산
타이로신
페닐알라닌
트립토판
3-포스포글리세르산
세린
글라이신
시스테인
포스포에놀피루브산
아이소류신
트레오닌
메싸이오닌
알라닌
발린
류신
호모세린
아스파라진
피루브산
α-케토아이소발레르산
아세틸-CoA
아스파라진
세미알데하이드
아스파트산
옥살아세트산
α-케토글루타르산
라이신
글루타민
라이신
글루탐산
오르니틴
석시닐-CoA
프롤린
아르지닌
필수 아미노산, 준필수 아미노산
비필수 아미노산

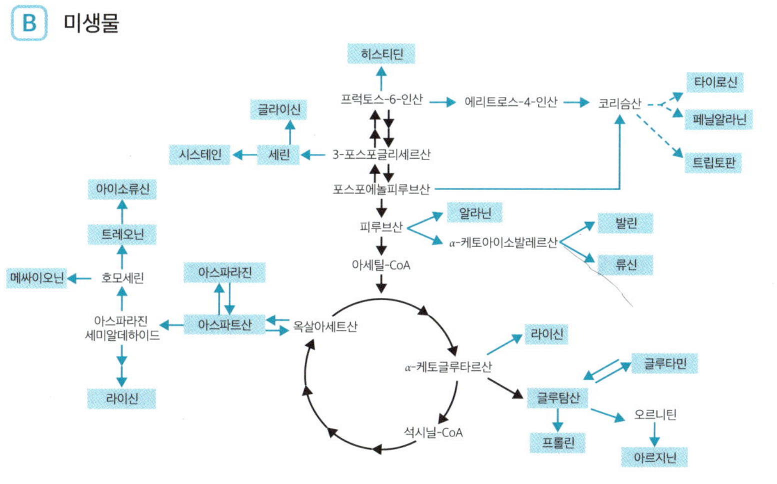
B 미생물
히스티딘
글라이신
프럭토스-6-인산
에리트로스-4-인산
코리슴산
타이로신
페닐알라닌
트립토판
시스테인
세린
3-포스포글리세르산
포스포에놀피루브산
아이소류신
트레오닌
알라닌
발린
메싸이오닌
호모세린
아스파라진
피루브산
α-케토아이소발레르산
류신
아세틸-CoA
아스파라진
세미알데하이드
아스파트산
옥살아세트산
라이신
α-케토글루타르산
글루타민
라이신
글루탐산
오르니틴
석시닐-CoA
프롤린
아르지닌

리고 합성 경로는 분해 경로(그림 13-1)의 역반응과 다른 부분이 많다는 점도 알 수 있습니다.

인간은 진화 과정에서 일부 아미노산 합성 효소를 잃고 말았습니다. 이 때문에 일부 아미노산을 보급하려면 반드시 음식을 섭취해야 하게 되었지요. 이것이 **필수 아미노산**입니다. 필수 아미노산은 시대가 바뀌면서 조금씩 달라졌는데, 현재는 **발린**, **류신**, **아이소류신**, **트레오닌**, **라이신**, **메싸이오닌**, **페닐알라닌**, **히스티딘**, **트립토판**, 이렇게 9종입니다. 20종 중 거의 절반이 필수 아미노산이라니 놀라울 따름이군요. 여기에 몸속에서 합성할 수 있지만 쉽게 부족해져 식사를 통해 적극적으로 섭취해야 하는 '준필수 아미노산'으로 타이로신과 시스테인을 비롯해 글루타민, 아르지닌, 글라이신, 프롤린이 꼽힙니다.

이렇게 나열해 보니 인간이 활동하는 데 필요하지만 직접 합성할 수 있는 아미노산은 거의 없군요. 그런 면에서는 미생물이 훨씬 우월한 셈입니다. 미생물은 식사로 단백질을 섭취할 수 없기에 모든 아미노산을 직접 합성하는 능력을 지켜 왔습니다(그림 13-4 B). 그리고 균류와 식물 역시 모든 아미노산을 합성하는 효소를 가지고 있습니다. 한편, 동물은 식사로 단백질을 섭취하도록 진화했고, 합성할 수 없는 아미노산은 합성을 포기한 것으로 보입니다.

식물 단백질과 동물 단백질

우리가 식사로 섭취하는 단백질은 주로 콩류와 곡물에서 유래한 식물 단백질, 그리고 고기, 생선, 우유, 달걀 등에서 유래한 동물 단백질 이렇게 두 종류로 나뉩니다. 단백질이라는 관점으로 보면 같지만, 우리가 섭취하는 영양이라는 관점에서는 약간 다릅니다.

일반적으로 **필수 아미노산은 동물 단백질에 많이 몰려 있습니다.** 하지만 식물 단백질만 계속 먹는다고 해서 건강에 이상이 생기지는 않습니다. 그래도 둘을 균형 있게 섭취하는 것이 중요합니다. 영양 관련 서적을 보면 종종 아미노산의 균형을 나무통에 빗대어 **'배럴 이론'**(그림 **13-5**)으로 설명하는데요. 20종의 아미노산 중 어느 하나라도 부족해지면 그 아미노산의 양에 맞추어 단백질 합성 속도가 전체적으로 낮아지므로 모든 아미노산을 균형 있게 섭취해야 한다는 내용입니다.

동물 단백질에는 근육에 많은 **분기 사슬 아미노산**(곁사슬인 탄화수소 사슬이 분기한 아미노산, BCAA)인 발린, 류신, 아이소류신이 많으므로 근육을 단련하고 싶은 사람이 동물 단백질을 먹으면 효과를 볼 수 있습니다. 하지만 지방도 많으므로 열량에 주의해야 합니다. 그리고 유아기의 필수 아미노산은 앞에서 소개한 9종에 **아르지닌**이 더해져 10종입니다. 아르지닌은 동물 단백질에 많이 들어 있으므로 이 시기에는 동물 단백질을 잘 섭취해야 합니다.

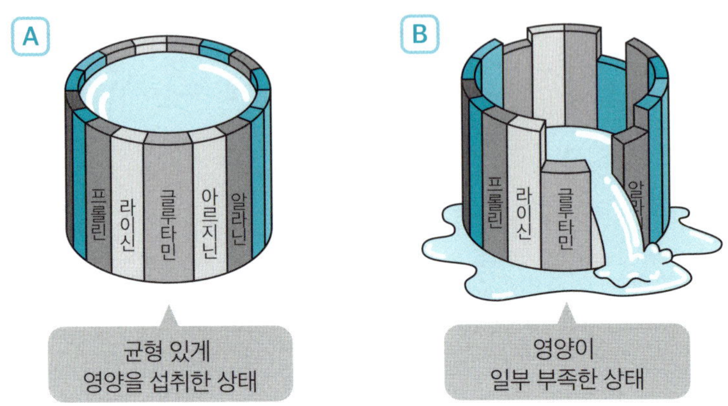

꼭 아미노산이 아니더라도 극단적으로 치우친 식사를 하면 몸 여기저기에 기능 장애가 일어나기 쉽습니다. 에너지 면에서만 보면 3대 영양소는 모두 같은 경로를 따라 대사되므로 결과는 같습니다. 하지만 11장에서 소개했다시피 생체 분자들은 에너지 외의 목적으로도 쓰입니다. 16장에서 소개할 비타민과 무기질은 에너지로 사용할 수 없지만, 미량으로 온갖 생화학 반응을 촉매하는 효소의 보조 인자입니다. 아미노산도 영양소 외에 신경 전달 물질로도 중요한 역할을 하는데, 이는 23장에서 배워보겠습니다.

 **장**

토마토수프는 왜 맛있을까?
: 단백질과 아미노산과 감칠맛

일본인들이 사랑하는 가정식 미소된장국은 가쓰오부시(가다랑어포)와 다시마를 우린 육수로 끓입니다. 그리고 라멘 국물에는 닭, 돼지, 소, 생선 등 다양한 식재료가 들어가고, 배합에 따라 복잡한 감칠맛을 냅니다. 인류는 감칠맛을 추구해 국물뿐만 아니라 다양한 요리에 감칠맛을 활용해 왔습니다. 프랑스 요리에 쓰이는 부용이나 콩소메도 동물성 식재료와 채소를 잘 조합해서 만든 국물입니다. 하지만 식재료를 날것으로 먹으면 음식을 먹었을 때만큼 감칠맛이 강하게 느껴지지 않습니다. 생토마토도 맛있지만, 수프로 만들면 더 맛있어집니다. 다시마는 바닷속에서 자랄 때는 육수가 나오지도 않고, 먹어도 맛있지 않습니다. 고기나 생선도 마찬가지입니다. 센불에 확 구운 고기보다 오랫동안 노릇노릇하게 익힌 고기가 더 맛있지요. 그 이유는 무엇일까요? 이번 장에서는 감칠맛의 성분인 아미노산과 핵산에 초점을 맞추어 감칠맛에 대해 생화학적으로 접근해 보겠습니다.

감칠맛은 짠맛, 단맛, 신맛, 쓴맛과 함께 미각을 구성하는 다섯 요소 중 하나이지만, 이를 인정받은 것은 1985년입니다. 즉, 40여 년밖에 되지 않았습니다. 그전까지는 다른 네 가지 맛만이 맛의 기본으로 인정받았습니다. 그리고 감칠맛의 발견에는 일본인 연구자가 큰 역할을 했습니다.

세계 최초로 감칠맛 성분을 추출하는 데 성공한 인물은 일본의 화학자 이케다 기쿠나에로, 1908년에 **글루탐산**이 감칠맛 성분임을 발견했습니다. 글루탐산 자체는 시큼하기만 하고 감칠맛은 없습니다. 이케다는 글루탐산을 염기성 물질로 중화해서 글루탐산염으로 만들면 감칠맛이 생긴다는 사실을 증명했습니다(표 14-1).

이어서 1913년, 이케다 연구실의 연구원이었던 고다마 신타로가 가쓰오부시의 감칠맛 성분이 **이노신산염**임을 발견했습니다(표 14-1). 글루탐산은 아미노산이지만, 이노신산은 핵산입니다.

그리고 1957년에는 구니나카 아키라가 이노신산처럼 핵산의 일종인 **구아닐산염**이 감칠맛을 낸다는 사실을 알아냈습니다(표 14-1). 구아닐산염은 표고버섯의 감칠맛 성분입니다.

이처럼 감칠맛은 일본의 연구자들이 실마리를 얻어 크게 발전시킨 성과였습니다. 그러나 오랫동안 서양에 알려지지 않았던 탓에 맛으로

아미노산계	글루탐산소듐	아스파트산소듐
핵산계	5´-이노신산	5´-구아닐산
유기산계	석신산소듐	시트르산소듐

인정받지 못했습니다. 하지만 오늘날 감칠맛은 일본어 표기인 '우마미'를 그대로 따와 영어로도 'UMAMI'로 표기하는 등 다섯 번째 맛으로 널리 인정받았고, 이케다의 업적도 세계적으로 높게 평가받게 되었습니다.

감칠맛 성분

일본의 과학자들이 발견한 글루탐산, 이노신산, 구아닐산 외에도 여러 감칠맛 성분이 발견되었습니다. 감칠맛의 강도와 질은 저마다 다르지만, 크게 **아미노산**, **핵산**, **유기산**으로 분류합니다(표 14-1).

아미노산계 감칠맛 성분에는 **글루탐산**과 **아스파트산**이 있습니다. 글루탐산은 식물성 식재료와 동물성 식재료에 모두 들어 있습니다. 다시마를 비롯한 해조류와 토마토·양파·셀러리·당근 등 익숙한 채소에 많습니다. 토마토케첩의 맛을 내는 성분도 글루탐산입니다. 그리고 고기나 생선 등의 동물 단백질이 분해되어 만들어진 아미노산과 짧은 펩타이드에도 많으며, 미생물의 발효로 합성되기도 합니다.

핵산계 성분인 **이노신산**은 동물성 식재료에 많습니다. 동물의 근육 세포에는 에너지원인 ATP가 많은데요(20장 참조). 동물이 죽고 근육 세포가 활동을 멈추면 ATP가 분해되면서 이노신산이 만들어집니다. **갓 잡아 손질한 생선보다 어느 정도 숙성한 생선에서 감칠맛이 더 잘 느껴지는 이유는 이 때문입니다.** 같은 핵산계이지만 **구아닐산**은 말린 버섯에 많으며, 김과 말린 토마토에도 조금 들어 있습니다. 표고버섯을 말리면 세포가 파괴되고, RNA가 분해 효소에 의해 분해되면서 구아닐산이 만들어집니다.

유기산계 감칠맛 성분인 **석신산소듐**과 **시트르산소듐**은 조개류의 감칠맛 성분으로 알려져 있습니다.

감칠맛이 생기는 원리

감칠맛 성분이 아미노산 또는 핵산은 맞지만, 이 성분들이 식재료에 처음부터 들어 있던 건 아닙니다. 불에 살짝 구운 버섯도 물론 맛있지만, 말린 버섯의 감칠맛은 느껴지지 않지요. 회로 먹거나 겉만 살짝 구운 가다랑어도 가쓰오부시만큼 맛있지는 않습니다. 아미노산은 대부분 세포 안에서 단백질의 형태로 존재합니다. **아미노산이 중합해서 만들어진 단백질은 감칠맛을 내지 않습니다.** 이는 단백질처럼 큰 분자는 혀에 존재하는 **감칠맛 수용체**에 결합할 수 없기 때문입니다. 핵산은 DNA나 RNA처럼 중합체로 존재하며, ATP나 ADP 등의 에너지 물질은 많지만 이노신산과 구아닐산은 그만큼 많지 않습니다. 즉, 우리가 식재료에서 감칠맛을 끌어내려면 중간 단계를 거쳐야 합니다. 그 방법은 ① **가열**, ② **미생물에 의한 발효**, ③ **탈수·건조에 의한 파괴**로 나뉩니다.

단백질은 열에 약하므로 가열하면 고차원 구조가 파괴되어 아미노산으로 분해됩니다. 따라서 계속 열을 가하면 단백질은 조금씩 아미노산으로 분해됩니다. 국물을 오래 끓일수록 맛이 우러나는 이유는 이 때문입니다. 식재료 속의 단백질이 열에 분해되면 글루탐산이나 아스파트산 같은 아미노산이 떨어져 나옵니다. 한편, 핵산계 성분은 열에 강하므로 식재료를 가열한다고 이노신산과 구아닐산이 증가하지는 않습니다.

미생물의 발효로 감칠맛이 증가한다는 사실은 발효식품을 보면 바로 이해할 수 있습니다. 일본의 전통 발효식품인 쇼유(간장), 미소(된장), 쓰케모노(채소 절임), 그리고 낫토는 물론이고 태국의 액젓인 남 플라나 굴 소스 등의 발효 조미료에는 감칠맛이 듬뿍 들어 있습니다. 발효는 15장에서 자세히 설명하겠지만, 미생물이 식재료에 들어 있는 당이나 단백질을 영양원 삼아 증식할 때 아미노산, 젖산, 알코올 등을 분해물로 만드는 작용입니다. 쇼유나 미소를 만들 때는 누룩곰팡이를 사용합니다. 누룩곰팡이는 다양한 분해 효소로 콩 속의 단백질을 아미노산으로 분해해서 영양을 얻습니다. 치즈를 비롯한 유제품 역시 젖산균으로 우유의 단백질을 분해해 아미노산으로 만드는 동시에 곰팡이를 슬게 해서 풍부한 감칠맛을 자아냅니다.

식재료를 건조해서 감칠맛을 끌어내는 방법도 있습니다. 건조로 세포가 파괴되면 **라이소자임**이라는 세포 소기관에 갇혀 있던 각종 **분해 효소**가 세포질로 나옵니다. 이때 세포에 들어 있던 단백질과 핵산과 지질이 분해되면서 감칠맛이 강해집니다. 한편, 완전히 건조하지 않더라도 수분량이 낮은 상태로 저온 보존(숙성)해서 분해되기를 가만히 기다리는 방법도 있습니다. 오랫동안 숙성한 햄이나 하룻밤 말린 오징어와 생선 등이 날 것일 때보다 감칠맛이 풍부하게 우러나오는 이유는 이 때문입니다. 도미는 썩기 직전이 가장 맛있다고들 하는데, 이는 살이 천천히 문드러지기에 며칠 동안 숙성하면서 아미노산이 많아지기 때문입니다. 회의 참맛은 생선 살의 탱탱한 식감과 감칠맛인데,

감칠맛의 시너지 효과

구아닐산이 감칠맛의 성분임을 발견한 구니나카는 글루탐산염과 이노신산염 또는 글루탐산염과 구아닐산염 사이의 시너지 효과를 발견한 인물이기도 합니다. 글루탐산과 핵산이 시너지 효과를 내는 원리는 아직 밝혀지지 않았지만, 이미 사람들은 경험적으로 다양한 요리에 활용해 왔습니다. 일본에서는 육수를 우릴 때 다시마(글루탐산)와 함께 가쓰오부시(이노신산) 또는 니보시라는 말린 생선을 함께 넣습니다. 서양에는 토마토, 양파, 당근(글루탐산)과 고기(이노신산)를 함께 삶은 요리가 많습니다. 그리고 중국에서는 파와 생강(글루탐산)을 고기(이노신산)와 함께 조리합니다.

시너지 효과는 글루탐산과 이노신산을 따로 먹을 때보다 함께 먹었을 때 감칠맛이 수십 배나 커지는 현상을 가리킵니다. 1+1이 10도 되고 20도 되지요. 맛의 시너지는 우리 혀에 존재하는 미각 수용체, 그리고 맛의 정보가 미각 신경을 거쳐 뇌에 전달되었을 때 뇌에서 이루어지는 정보 처리 과정과 깊게 연관되어 있습니다.

둘은 일정 기간 반비례합니다(5). 식감과 감칠맛의 변화는 생선마다 다르므로 이를 파악해서 재료를 손질하는 것이 곧 요리사의 실력입니다.

화학조미료는 감칠맛 연구의 결정체

앞에서 설명했듯이 식재료에서 감칠맛을 끌어내려면 시간을 들여야 합니다. 삶든 숙성하든 발효하든 손이 많이 가고 시간이 걸리지만, 완성되면 그만큼 값비싼 식재료가 됩니다. 하지만 조미료가 있으면 이러한 단점도 한 번에 해결됩니다. 미소된장국의 육수를 만들 때 다시마와 가쓰오부시를 우리는 사람보다 분말 조미료를 넣는 사람이 많지 않을까요? 심지어 맛까지 좋으니 놀랄 따름입니다.

글루탐산염이 감칠맛 성분임을 발견한 이케다는 곧바로 특허를 등록하고 사업에 뛰어들었습니다. 그에게 동참한 사업가 스즈키 사부로스케가 '아지노모토'라는 이름으로 출시한 글루탐산소듐이 최초의 조미료였습니다. 글루탐산소듐만 먹으면 강렬한 감칠맛을 느낄 수 있지만, 조미료 분말처럼 복잡한 풍미는 없고 밋밋한 맛만 느껴질 뿐이었습니다. 이후 다양한 조미료가 개발되었습니다. 감칠맛 성분에 다양한 향과 맛을 섞으면서 실제 요리와 분간이 가지 않을 정도로 수준을 끌어올렸으니, 인공조미료는 그야말로 기업이 보유한 기술 개발력의 결정체라고 할 수 있습니다. 그리고 이러한 조미료가 개발된 덕에 우리는 매일 맛있는 식사를 싼값에 먹을 수 있게 되었지요.

감칠맛을 비롯한 화학조미료는 앞으로도 인류의 식생활 속에서 함께 할 발명품이랍니다.

감칠맛 조미료

실제 식재료에서 추출한 감칠맛 성분을 사용한 조미료도 있지만, 저렴한 조미료는 대부분 화학조미료를 배합해서 실제 식재료의 맛을 재현한 제품입니다. 가쓰오부시 농축액은 가쓰오부시를 만드는 공정에서 가다랑어를 삶은 국물을 농축해서 만듭니다. 단백질 가수 분해물은 콩이나 옥수수에 들어 있는 식물 단백질을 천천히 분해하는 대신 염산과 열로 한 번에 가수 분해하고 염기로 중화하는 공업적 방법으로 만듭니다. 효모 농축액을 만드는 방법은 효모를 배양해서 가열하는 방법부터 맥주 효모를 만들 때 사용하고 남은 찌꺼기를 염산으로 가수 분해하는 방법까지 다양합니다. 모두 감칠맛 덩어리이기는 해도 그 자체는 그렇게 맛있지 않고, 조미료에 살짝 섞어 감칠맛을 극적으로 높이는 역할을 합니다.

15 장

발효와 부패는 종이 한 장 차이
: 알코올 발효와 젖산 발효

전 세계에는 다양한 발효식품이 존재합니다. 된장, 간장, 식초, 술은 물론 일본의 낫토와 가쓰오부시, 그리고 차에도 발효의 원리가 숨어 있습니다. 일반적으로 **발효**란 미생물의 작용으로 식재료에 원래 없던 성분을 만들어내면서 풍미가 깊어지고 보존성이 높아지는 현상을 가리킵니다. 넓은 의미로는 세포 내 효소를 이용해 성분을 변환하는 작용까지 포함되는데, 차의 발효는 여기에 해당합니다. 그리고 좁은 의미로는 12장에서 설명한 대로 산소가 적은 환경에서 세포가 피루브산을 알코올이나 젖산으로 변환해 에너지를 만들어내는 반응을 가리킵니다. 그리고 발효의 유용성은 식품 산업뿐만 아니라 공업이나 에너지 분야에 이르기까지 사회의 온갖 분야에서 발휘되고 있습니다. 그 모든 사례를 책에서 다룰 수는 없기에 지금은 생화학적인 면에 집중해서 발효를 살펴봅시다.

세계 최초의 발효식품은 기원전 5000년경까지 거슬러 올라가는데요, 우유에서 우연히 만들어진 요구르트로 추정됩니다. 그리고 발효식품이 우리의 식생활에 이만큼 친숙해진 시기는 지금으로부터 약 100년 전입니다. 불가리아에 장수하는 사람이 많은 이유는 매일 요구르트를 먹기 때문이라는 러시아의 생물학자 일리야 일리치 메치니코프의 연구 발표가 계기였습니다.

요구르트는 젖산균이 모유에 함유된 락토스를 세포 내에 흡수해 분해한 다음 피루브산을 거쳐 젖산으로 바꿈으로써 만들어집니다. 모유에는 칼슘과 인이 결합한 **카세인**이라는 단백질이 미립자 형태로 들어 있는데, 이 카세인 입자에 젖산이 작용하면 칼슘이 떨어져 나갑니다. 그 결과, 구조를 유지할 수 없게 된 카세인 입자는 한데 모여 응고합니다. 요구르트에 고형 성분이 생기거나 끈덕지게 되는 이유는 이 때문입니다. 우유에 레몬 같은 산을 넣으면 굳는 것도 같은 원리입니다.

세계 최초의 요구르트는 어떠한 원인으로 가축의 젖에 젖산균이 우연히 섞여 들어가면서 만들어진 것으로 보입니다. 하지만 맨 처음에 그것을 먹으려고 했던 사람은 엄청난 용기나 호기심의 소유자가 아니었을까요? 여러분의 평소 식생활을 한번 떠올려 보세요. 부엌이나 냉장고에 오랫동안 내버려둔 음식은 **부패**하는데요. 부패한 음식을 입에 넣은 순간 시큼한 맛을 느끼고 본능적으로 뱉은 적이 있는 분도 있을 겁니다. 우리는 신맛이 부패의 신호임을 알고 있기에 시큼한 맛이 나는 음식을 일부러 입에 대려 하지 않습니다. 일본의 절임 음식인 누카즈케는 겨된장에 채소를 절여 만드는 발효식품으로, 쌀겨에 묻어 있는 젖산균이 증식하면서 완성됩니다. 누카즈케가 어떻게 만들어지는지 모르는 사람에게 그 시큼한 맛은 부패의 신호로밖에 느껴지지 않겠지만요. 시큼한 맛이 나는 음식을 구태여 먹고 또 먹으면서 그 음식이 사실은 몸에 좋다는 사실을 알아차리기까지 인류는 얼마나 많은 세월을 보냈을까요. 음식을 향한 인류의 호기심에 그저 경외심이 들 따름입니다.

섞여 든 미생물이 음식에 들어 있는 영양분을 흡수해 증식한다는 점에서는 **부패**도 발효와 비슷합니다. 사실 **원리를 따지면 발효와 부패는 같습니다.** 미생물의 작용으로 만들어진 물질이 인간에게 유익한지 해로운지에 따라 발효와 부패로 나뉠 뿐이지요. 부패로 생긴 유해 물질에는 불쾌한 냄새가 나는 암모니아, 황화 수소, 메테인싸이올, 트라이메틸아민 등이 있습니다. 음식 본래의 맛과 냄새를 해치고 식욕을 떨어뜨리는 주범입니다. 병원성 대장균과 황색 포도당 구균 등 식중독균은 번식해도 음식의 맛과 냄새가 크게 달라지지 않아 쉽게 판단하기 어렵다는 특징이 있습니다. 하지만 이러한 미생물이 만들어내는 독소 때문에 설사, 구토, 복통, 발열 등의 증상이 나타나고, 최악의 경우 죽음에 이르기도 합니다.

발효에 관여하는 미생물

발효에 관여하는 **미생물**은 크게 세 종류로 나뉩니다. 모두 '균'으로 불리지만, 생물학적으로는 매우 다릅니다.

첫 번째는 젖산균이 속한 **세균류**입니다. **박테리아**의 친구로, 세포 안에 핵이 없는 **원핵생물**입니다. 우리의 장에 서식하는 대장균을 비롯한 **장내 세균**도 세균류이며, 그 밖에도 콩으로 낫토를 만드는 **낫토균**, 알코올로 식초를 만드는 **초산균** 등이 있습니다.

효모(이스트) 역시 발효에서 활약하는 미생물입니다. 빵을 구울 때 없어서는 안 되며, 소주나 와인 같은 알코올을 발효할 때도 반드시 들어갑니다. 당이 피루브산으로 분해된 다음 알코올 발효가 일어나 알코올과 이산화탄소가 만들어집니다. 빵 반죽을 치대서 발효시키면 점점 부풀어 오르는데, 효모의 발효 작용으로 이산화탄소가 만들어지면서 반죽이 팽창한 것입니다. 단세포인 효모는 맨눈으로는 거의 보이지 않지만, 엄연히 진핵생물이므로 버섯이나 곰팡이와 같은 **진균류**로 분류됩니다.

곰팡이의 친구들도 발효에 이용됩니다. 곰팡이도 효모와 마찬가지로 진균류, 즉 진핵생물입니다. 곰팡이는 해로운 생물이라는 인식이 있지만, 발효에 쓰이는 곰팡이는 당연히 몸에 해롭지 않습니다. 앞에서 소개한 소주, 된장, 간장, 가쓰오부시 등을 만들 때 들어가는 **누룩곰팡이**가 대표적입니다. 그 밖에도 유럽에서는 치즈를 만들 때 다양한 곰팡이를 사용합니다. 파란색, 검은색, 노란색 등 가지각색의 치즈를 보면 약간 멈칫하게 되지만, 먹고 그 맛에 감동하는 사람도 적지 않습니다.

발효식품을 만들 때는 이러한 미생물을 한 종류만 사용하기도 하지만, 여러 종을 함께 넣어 복잡한 성분과 풍미를 빚기도 합니다. 가령 소주는 곰팡이의 친구인 누룩곰팡이와 효모를 함께 넣어 쌀로 알코올을 만듭니다(후술). 어느 하나만 빠져도 맛있는 술이 만들어지지 않지요.

발효의 화학 반응

이번에는 발효(알코올 발효, 젖산 발효 등 좁은 의미의 발효)를 생화학적인 관점으로 접근해 봅시다. 5장에서 글루코스(반응물)부터 시작하는 해당 과정을 배웠습니다. 산소가 부족한 상황에서는 TCA 회로가 작동하지 않으므로 아세틸-CoA가 축적되고, 결과적으로 피루브산이 축적되어 해당 과정 또한 진행되지 않습니다. 이때 해당 과정에서 만들어진 NADH를 사용해서 피루브산을 **젖산**이나 **알코올**로 환원하고, 이 과정에서 생긴 NAD^+를 다시 해당 과정에서 이용하면 해당 과정이 다시 진행됩니다(**그림 15-1**).

따라서 발효가 진행되려면 **당분이 공급되어야 하고, 산소가 부족한 상황**이어야 한다는 두 가지 조건이 필요합니다. 요구르트를 만들 때 젖산균이 사용하는 당은 우유에 들어 있는 락토스입니다. 젖산균이 세포 표면의 수송체를 사용해서 락토스를 세포 안으로 들여보내면 **β-갈**

그림 15-1 해당 과정과 혐기성 에너지 대사

약칭은 그림 12-2 참조.

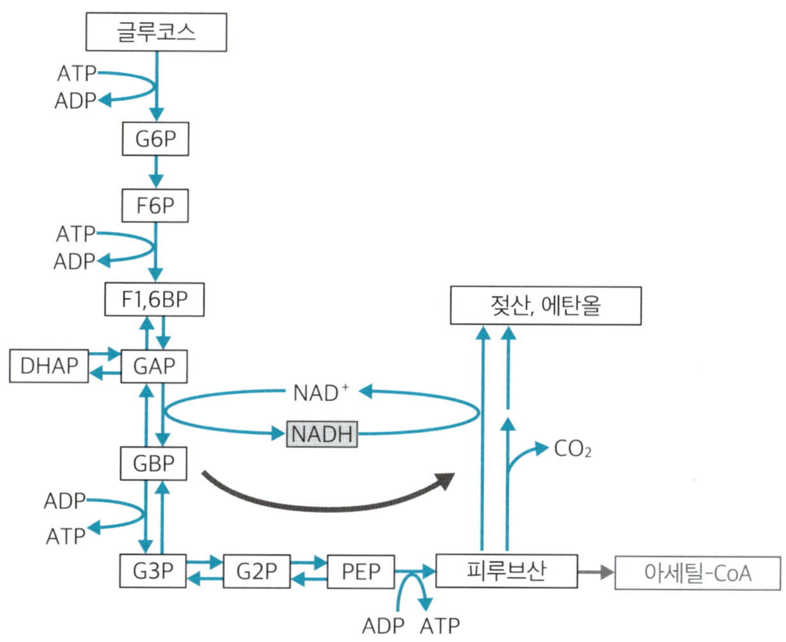

락토시데이스(락테이스)가 글루코스와 갈락토스로 분해합니다. 이때 글루코스는 **그림 15-1**에 나와 있듯이 해당 과정에서 대사됩니다. 한편, 갈락토스는 글루코스와 같은 C6 알도스이지만, 글루코스와 광학 이성질체 관계이므로 글루코스와 같은 경로로 대사되지 않습니다. 갈락토스는 인산화 효소에 의해 갈락토스-1-인산으로 인산화된 다음 이성질화 효소에 의해 글루코스-1-인산으로 바뀌고, 다시 글루코스-6-인산이 되었을 때 비로소 해당 과정에서 대사됩니다. 젖산균 중에는 갈락토스를 대사할 수 없는 종도 있는데, 이 경우 갈락토스는 세포 밖으로 배출됩니다. 비피두스균을 비롯한 일부 젖산균은 해당 과정 외에도 **오탄당 인산 경로**라는 반응을 통해 글루코스로 젖산과 아세트산, 또는 젖산과 에탄올을 만들기도 합니다. 예외도 일부 있지만, 젖산균은 조건 혐기성 미생물이므로 산소가 있든 없든 증식할 수 있습니다. 하지만 산소가 풍부한 환경이면 다른 미생물과 경쟁해야 할 수도 있으므로 젖산균의 발효 능력은 산소가 적은 환경일 때 강해집니다.

알코올 발효에 숨은 화학

효모가 알코올을 만드는 경우도 볼까요? 효모는 글루코스, 말토스, 수크로스를 영양원 삼아 증식합니다.

와인의 원료인 포도의 과실에는 수크로스가 축적되어 있는데, 과실이 익는 과정에서 글루코스와 프럭토스로 분해됩니다. 포도의 과실에 사는 천연 효모는 포도를 짠 과즙에 들어 있는 글루코스를 분해해서 에탄올을 만들 수 있습니다. 프럭토스는 그대로 남아 와인의 단맛을 내지만, 최근 연구에서는 효모가 프럭토스를 대사해서 알코올을 만드는 사례가 발표되었습니다(6). 어느 쪽이든 남아 있는 당의 종류와 양, 그리고 발효에 사용되는 당의 양과 알코올의 양에 따라 와인의 '드라이함'이 결정됩니다. 하지만 알코올 농도가 높을수록 효모가 사멸하므로 당을 완전히 소모해서 고농도 알코올을 만들 수는 없습니다.

곡물을 원료로 하는 술을 만드는 당은 전분입니다. 하지만 효모는 전분을 분해해서 대사하는 능력이 없기에 전분을 말토스로 분해(**당화**)하는 과정이 필요합니다. 예를 들어, 맥주의 주원료는 보리가 발아한 **맥아**입니다. 고구마와 마찬가지로 맥아에도 아밀레이스가 존재하므로 맥아를 으깨서 65~70℃에 보존하기만 해도 당화가 일어납니다(6장 참조). 이 맥아즙에 효모를 넣고, 향을 위해 홉이라는 식물을 첨가한 다음 발효시키면 맥주가 만들어집니다.

한편, 소주의 원료인 쌀에도 맥아와 마찬가지로 전분이 들어 있습니다. 하지만 쌀에는 아밀레이스가 없으므로 으깨도 당화가 일어나지 않습니다. 이 때문에 소주를 만들려면 누룩곰팡이가 필요합니다. **누룩곰팡이**는 다양한 분해 효소를 가지고 있어 '효소의 보물창고'로 불리는 미생물입니다. 전분을 분해하는 아밀레이스 외에도 단백질을 분

해하는 프로테이스, 지질을 분해하는 라이페이스도 있어 각종 발효식
품을 만드는 데 들어갑니다. 소주 제조 과정은 찐 쌀에 누룩곰팡이를
넣어 누룩곰팡이를 증식시킨 다음 전분을 당화하는 순서로 이루어집
니다. 그리고 통 안에서 숙성하는 동안 효모가 말토스를 글루코스로
분해하면 해당 과정을 통해 알코올로 대사되면서 효모가 증식합니다.
소주는 누룩곰팡이와 효모의 공동 작업으로 만들어진 술입니다.

술의 기원

곡물로 술을 만들 때는 전분을 말토스로 변환하는 과정이 반드시 들어가야
합니다. 인간의 침에 들어 있는 아밀레이스를 이용한 술이 바로 '미인주'입
니다. 아시아, 아프리카, 중남미 등지에서 예로부터 내려오는 전통적인 방식
으로, 전 세계 술의 기원으로 여겨집니다. 전분이 포함된 음식을 입에 넣고
씹으면 침 속의 아밀레이스에 의해 전분이 당화되는데, 이를 뱉어서 한데
담아두면 야생의 효모가 당을 발효해서 알코올을 만드는 원리입니다. 일본
에서도 근대까지 오키나와 등지에서 제사와 신사 의식을 위해 미인주를 만
들었다고 합니다. 8세기 나라 시대에 쓰인 고풍토기에도 비슷한 기술이 있
던 만큼* 굉장히 역사가 오래된 술입니다.

---

* **문헌_** 고쿠가쿠인 대학 디지털 뮤지엄, 〈만요슈 제사 용어 사전〉, 술

알코올 발효는 모두 산소가 비교적 적은 환경인 술통 안에서 일어납니다. 이 때문에 피루브산이 에탄올로 변환되는 발효 반응이 더 활발하게 이루어집니다.

발효의 다른 효과

지금까지 알아봤다시피 당의 분해는 발효의 중요한 화학 반응이지만, 그것만이 발효는 아닙니다. 미생물에 의해 음식 속의 단백질이 분해되면 다양한 맛과 독특한 향이 우러나옵니다. 단백질은 당, 지질과 함께 3대 영양소이므로 미생물은 아미노산을 영양원 삼아 증식할 수 있습니다.

미소된장과 쇼유는 소주를 발효할 때 쓰이는 누룩곰팡이가 콩에 들어 있는 단백질을 아미노산으로 분해하면서 만들어집니다. 분해되어 만들어진 아미노산이 감칠맛의 주성분이며, 그 밖의 수많은 유기산은 향의 주성분입니다(14장 참조). 낫토균 역시 콩의 단백질을 분해하는 힘이 있습니다. 낫토균은 분해해서 만든 아미노산 중 글루탐산을 연결해서 폴리글루탐산을 만드는데, 당의 일종인 프럭탄과 함께 낫토의 끈적끈적한 점액을 이루는 주성분입니다. 글루탐산은 다시마의 감칠맛을 이루는 주성분이기도 하므로 낫토의 점액질에는 감칠맛이 풍부하지만, 한편으로는 아미노산이 대사되면서 만들어지는 암모니아 때문에 낫토의 독특한 향은 호불호가 갈리는 편입니다.

차도 넓게 보면 발효식품의 일종입니다. 하지만 지금까지 배운 '미생물에 의한 성분 변화'가 아니라 찻잎의 세포에 존재하는 효소의 작용으로 성분이 변하는 발효입니다. 따라서 이를 **효소 발효**로 구별해서 부르기도 합니다. 수확한 찻잎을 찐 다음 손이나 기계로 비비는 공정을 거칩니다. 비비면 찻잎의 세포가 파괴되어 안에 들어 있던 폴리페놀 산화 효소가 방출됩니다. 효소의 작용으로 카테킨을 비롯한 찻잎 속의 폴리페놀이 산화되면, 찻잎이 녹색에서 갈색으로 바뀌면서 독특한 향이 우러나옵니다. 이 산화 반응을 발효라고 합니다. 그리고 발효 시간에 따라 녹차, 우롱차, 홍차 등으로 나뉩니다. 똑같이 찻잎으로 만들었는데 발효 시간에 따라 풍미가 크게 달라진다니 신기한 일이지요.

16 장

균형 잡힌 식사의 중요성
: 비타민과 무기질

지금까지 우리는 3대 영양소에 관해 배웠습니다. 마지막으로 3대 영양소가 아닌 **비타민**과 **무기질**을 소개하며 제2부를 마칩니다. 여러분도 어렸을 때 균형 잡힌 식사가 중요하다는 말을 종종 들었을 텐데요. 저 역시 '균형 잡힌 식사가 뭐지?' 하고 의아해하면서도 눈에 보이지 않는 비타민이나 무기질 같은 성분을 생각하며 맛없는 채소를 억지로 먹은 기억이 납니다. 탄수화물이나 지질을 과다 섭취하기 쉬운 현대인의 식생활 특성상 비타민과 무기질은 좀처럼 섭취하기 힘든 영양소입니다. 부족한 비타민과 무기질을 보충하는 각종 영양제나 건강 기능 식품이 시중에 나와 있지만, 원리를 이해하는 사람은 그리 많지 않습니다.

문제 **왜 우리 몸에 비타민과 무기질이 필요할까?**

이번 장에서는 비타민과 무기질이 우리 몸에서 어떤 역할을 하는지 배워 봅시다.

비타민은 생명(vital)에 필요한 질소 화합물(amine)이라는 의미를 담고 있습니다. 비타민은 20세기에 발견되었지만, 그 전부터 인류는 음식에 중요한 물질이 들어 있다는 사실을 알고 있었습니다. 고대 그리스에는 **야맹증** 환자에게 간 농축액을 안약처럼 눈에 넣으면 치료 효과가 있다는 기록이 남아 있습니다. 그리고 비타민 C가 함유된 음식을 3주 동안 전혀 먹지 않으면 **괴혈병**에 걸려 근육 경련, 관절 통증, 식욕 감퇴, 현기증, 설사, 국소 출혈, 피부 이상 등의 증상이 나타나는데요. 신선한 과일과 채소를 오랫동안 먹지 못했던 과거에는 병사들과 항해사들이 종종 괴혈병으로 괴로워하다가 목숨을 잃었다고 합니다.

1906년, 네덜란드의 의사 **크리스티안 에이크만**이 음식 속에 신경 질환을 치료하는 인자가 존재한다고 주장하면서 비로소 인류는 3대 영양소 이외에도 건강에 필수인 물질이 존재한다는 사실을 깨닫게 되었습니다. 1910년, 일본 도쿄 제국대학(현 도쿄 대학)의 **스즈키 우메타로**는 당시 원인 불명의 질병이었던 **각기병**을 현미로 예방·치료할 수 있다는 점에 주목했고, 쌀겨에서 유효 성분을 분리하는 데 성공했습니다. 각기병은 다리 저림과 감각 장애를 일으키고, 당시에는 환자를 죽음으로까지 몰아넣었던 심각한 질병이었습니다. 쌀겨에서 분리한 이 성분은 당시 아베리산(aberisaure, 항각기산)으로 불렸지만, 이후 쌀의 학명인 Oryza Sativa에서 따와 오리자닌(oryzanin)으로 이름이 바뀌었습니다. 오늘날에는 비타민 B_1으로 정착되었습니다. 스즈키는 당시 영양학설에 결함을 발견하고, 오리자닌이 동물의 필수 영양소임을 증명했습니다. 이 발견은 일본의 생명과학을 빛낸 대표적인 연구로 평가받습니다. 그다음 해인 1911년에는 폴란드의 **카지미에시 푼크**가 마찬가지로 각기병에 효과적인 물질을 분리해서 비타민(vital+amine)이라는 이름을 붙였습니다. 그리고 1926년에 각기병에 효과적인 물질이 비타민 B_1임이 밝혀졌습니다.

비타민의 종류와 명칭

오늘날 확인된 비타민은 총 13종입니다(**표 16-1**). A부터 차례로 B, C, D, E까지 이어지다가 갑자기 K로 건너뛰면서 끝나는데요. 비타민의 기호는 어떻게 붙었을까요?

미국의 생화학자 **엘머 매컬럼**은 1913년에 실험용 흰쥐가 성장하는데 버터나 달걀노른자에 들어 있는 '어떤 영양소'가 필요하다는 사실을 발견했지만, 이를 순수한 물질로 추출하지는 못했습니다. 그는 기름에 녹는 영양소를 A 인자, 물에 녹는 영양소를 B 인자로 구분했습니다. 그로부터 7년 뒤인 1920년, 영국의 생화학자 **잭 드러먼드**는 기름에 녹는 A 인자 중 야맹증을 치료하는 영양소를 **비타민 A**, 물에 녹는

표 16-1 비타민의 구조

지용성 비타민	비타민 A(레티놀 외) 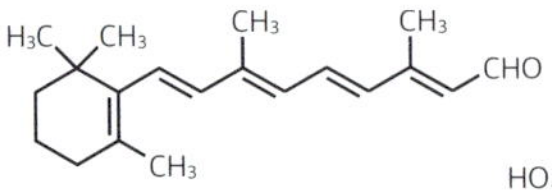 비타민 E(토코페롤 외) 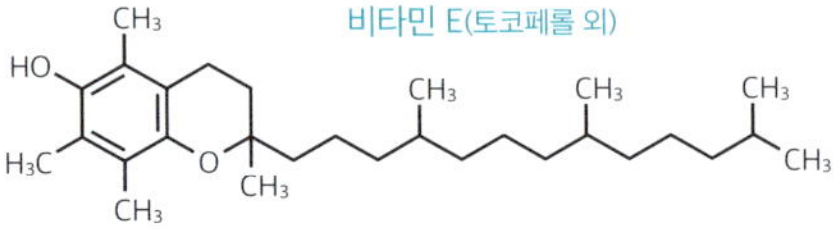 비타민 D(에고칼시페롤 외) 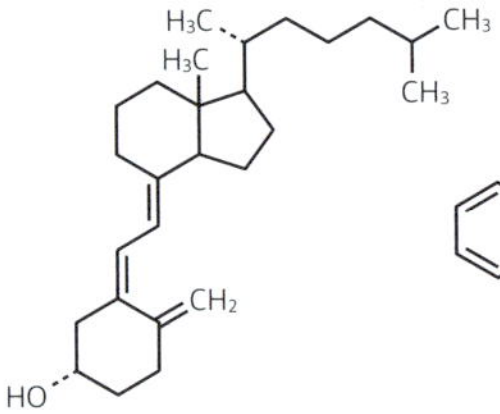 비타민 K(필로퀴논 외) 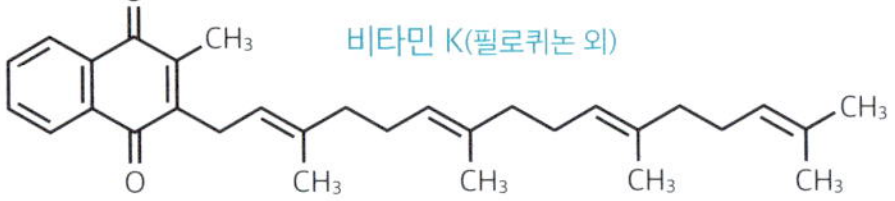
수용성 비타민	비타민 B1(티아민) 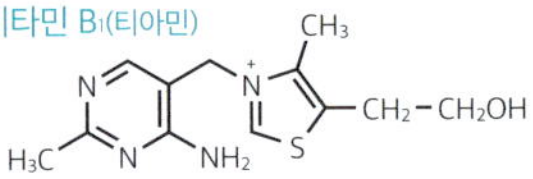 비타민 B3(나이아신) 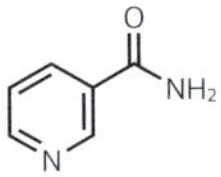 비타민 B12(코발라민) 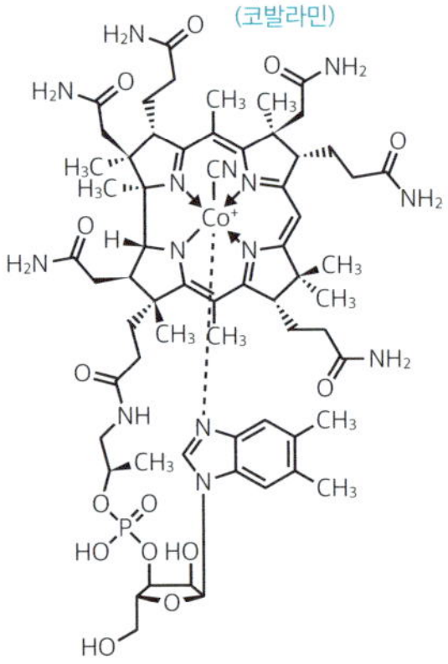 비타민 B2(리보플래빈) 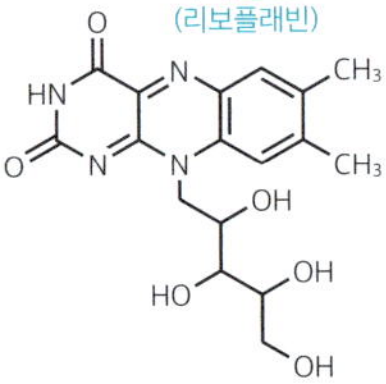 비타민 B7(바이오틴) 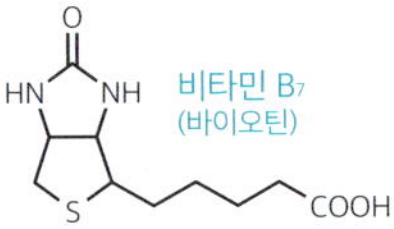 비타민 C(아스코브산) 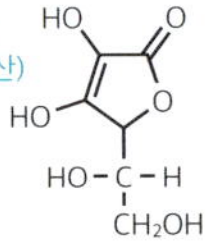 비타민 B5(판토텐산) 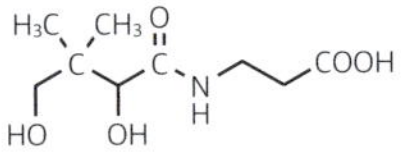 비타민 B6(피리독살) 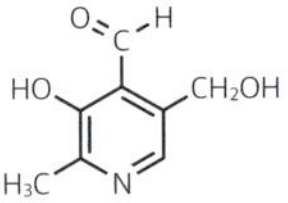 비타민 B9(엽산) 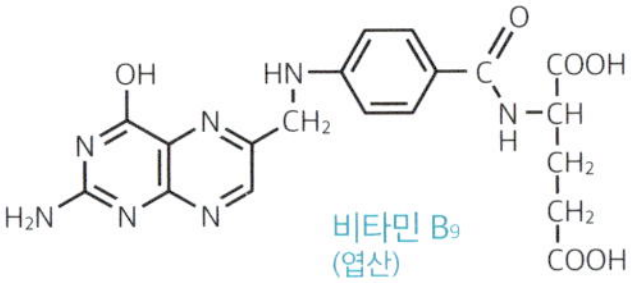

B 인자 중 각기병을 치료하는 영양소를 **비타민 B**, 괴혈병을 치료하는 영양소를 **비타민 C**로 불렀고, 이후 발견되는 비타민에 D, E, F 등 **알파벳순으로 기호를 붙이자고 제안했습니다.**

시간이 지나면서 생명 유지에 필요한 영양소가 차례차례 발견되었고, 드러먼드가 제안한 대로 비타민 D, E, F라는 기호가 붙었습니다. 하지만 추가 연구로 몇몇 물질은 생명 유지에 필수가 아님이 밝혀져 B

비타민을 만들 수 없는 우리 몸

비타민은 우리의 건강에 없어서는 안 될 물질이지만, 안타깝게도 우리는 몸에서 비타민을 만들 수 없습니다. 따라서 균형 잡힌 식사를 통해 섭취해야만 합니다.

한편, 대장균은 배지에 글루코스와 몇몇 무기질을 넣어 두기만 해도 증식합니다. 필요한 비타민을 직접 만들 수 있으므로 일부러 외부에서 섭취할 필요가 없기 때문입니다. 하지만 고등 동물은 진화 과정에서 비타민을 만드는 능력을 잃어버리고 말았습니다. 대장균뿐만 아니라 수많은 미생물이 대사 과정에서 우리에게 유익한 대사 산물을 만들어냅니다. 발효식품이 우리 몸에 좋은 이유는 미생물이 비타민을 비롯해 우리가 만들지 못하는 유익한 물질을 만들기 때문입니다(15장 참조).

군으로 분류되면서 필수 영양소는 점차 감소했고, 오늘날에는 F~J와 L 이후에 해당하는 비타민이 존재하지 않게 되었습니다. 과거에는 비타민으로 오해받은 물질이 많아 비타민 V까지도 존재했습니다. 하지만 대부분 착각이었거나 인체 내에서 합성할 수 있는 물질임이 후속 연구로 밝혀졌습니다. 오늘날에는 이러한 물질을 비타민 유사 물질이라고 합니다.

비타민의 성질 차이

13종의 비타민은 앞에서 소개한 대로 크게 기름에 잘 녹는 **지용성 비타민**과 물에 잘 녹는 **수용성 비타민**으로 나뉩니다(표 16-1). **지용성 비타민은 A, D, E, K, 이렇게 4종이고, 수용성 비타민은 B_1, B_2, B_3, B_5, B_6, B_7, B_9, B_{12}, C, 이렇게 9종**입니다. 모두 탄소 골격이 많은데, 구조를 자세히 비교해 보면 수용성 비타민에는 물과 잘 반응하는 산소나 질소가 많습니다. 탄화수소 사슬에 하이드록시기나 산소가 달려 있거나, 탄화수소 사슬에 질소가 포함된 물질도 있습니다. 한편, 지용성 비타민은 대부분 탄소와 수소로 이루어져 있고, 산소나 질소는 매우 적다는 특징이 있습니다.

비타민의 성질은 우리 몸에 흡수된 이후 반응 경로에 따라 달라집니다. 지용성 비타민은 피하지방의 지방층에 축적됩니다. 물에 잘 녹지 않기 때문에 오줌과 함께 배출되지 않고, 지나치게 많이 섭취하면 지방층에 축적되었다가 조금씩 소비됩니다. 따라서 지용성 비타민은 한 번에 많이 먹어둘 수 있기에 매일 식사로 섭취하지 않아도 된다는 장점이 있습니다. 하지만 반대로 생각하면, **지나치게 많이 먹으면 문제가 생긴다**는 뜻이지요. 그러니까 지용성 비타민을 먹을 때는 꼭 적정량을 지켜서 먹어야 합니다.

한편, 수용성 비타민은 오줌에 섞여 몸 밖으로 배출되므로 **한 번에 많이 먹어도 몸에 쌓이지 않습니다.** 따라서 수용성 비타민을 과다 섭취해도 무조건 부작용이 생긴다고는 할 수 없습니다. 그리고 음식에 함유된 수용성 비타민은 냉장고에 보관하거나 삶거나 굽는 등 조리하면 금방 파괴됩니다. 시금치를 3분 동안 데치면 지용성 비타민 A, K, E는 90% 이상 남아 있는 반면, 수용성 비타민 B, C는 절반 정도로 감소하게 됩니다(7). 식품 표지에 "비타민 C ○mg 함유"라고 크게 적힌 문구를 본 적이 있을 텐데요. 많이 먹어도 금세 오줌으로 빠져나가므로 사실은 숫자가 클수록 좋은 게 아니라 필요량을 꾸준히 섭취하는 게 중요합니다.

이처럼 지용성 비타민과 수용성 비타민은 몸속에 들어와 축적되는 방식이 다릅니다. 하지만 부족해지면 증상이 바로 나타난다는 점에서는 같습니다.

문제 비타민은 몸속에서 어떤 작용을 할까?

비타민은 체내 효소의 작용을 조절하는 인자입니다. 그런데 어떻게 작용을 조절하는 걸까요? 비타민의 작용 기전을 이해하려면 효소의 작용 기전부터 알아야 합니다. 우리 몸속의 효소는 단백질입니다. 단백질은 리보솜에서 합성되는 동시에 아미노산 서열이 결정된 입체 구조입니다. 효소는 특정 물질(기질)에 결합해서 화학 반응을 촉매하는데, 이때 입체 구조가 중요합니다. 효소와 기질의 관계는 종종 열쇠와 열쇠 구멍에 빗대곤 합니다(4장 참조). 화학 반응은 **반응 중간체**라는 임시 구조를 거쳐 진행됩니다. 일반적으로는 존재하지 않는 불안정한 반응 중간체가 안정적으로 존재하는 이유는 효소가 자신의 작용기로 보조하기 때문입니다. 활성화 에너지를 낮춘다는 뜻이지요.

효소도 단백질이므로 작용기의 종류 역시 20종을 넘을 수 없습니다. 심지어 그 대부분이 탄화수소 사슬이므로 반응성이 낮고 화학 반응을 보조하는 데 적합하지도 않습니다. 아무리 효소의 입체 구조가 기질과 정확히 결합하는 구조여도 **작용기의 한계 때문에 촉매할 수 있는 화학 반응의 종류는 한정됩니다.**

이 문제를 보완하는 요소가 비타민과 무기질입니다. 효소는 폴리펩타이드 이외에도 비타민과 무기질에서 유래한 저분자들과 결합해서

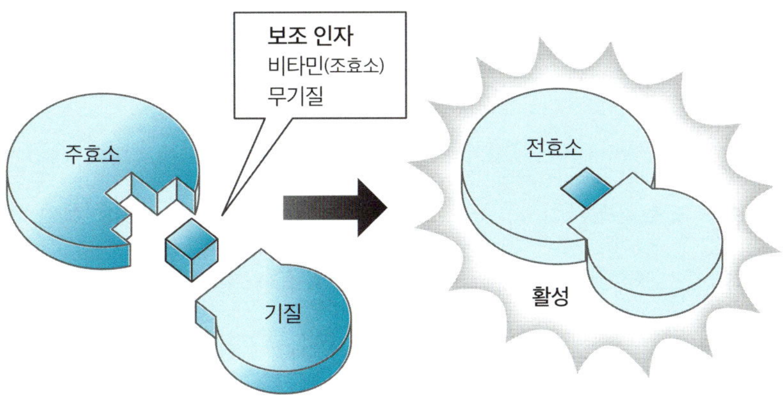

촉매 반응의 범위를 크게 확장합니다. 그러니까 효소 자체의 입체 구조는 기질의 특이성을 결정하는 동시에 비타민과 무기질로 확장한 각종 촉매 반응에 대응하는 기반인 셈입니다. 일반적으로 효소 본체인 단백질 성분을 제외한 성분을 **보조 인자**라고 합니다(그림 16-1). 그리고 보조 인자와 결합하는 효소의 단백질 성분은 주효소라고 합니다. 주효소만으로는 효소로 작용하지 않지만 보조 인자와 결합하면 활성화되는데, 이러한 효소를 **전효소**라고 합니다. 보조 인자 중 유기물인 보조 인자를 조효소라고 하는데, 조효소는 대체로 비타민으로 만듭니다.

비타민은 대사 경로 중 어디에서 작용할까요? 가령 당 대사나 지질 대사에서 만들어지는 NAD^+는 비타민 B_3인 **나이아신**이, FAD는 비타민 B_2인 **리보플래빈**이 각각 아데닌 뉴클레오타이드에 결합한 화합물입니다(그림 16-2 A, B). 조효소는 탈수소 효소와 같은 효소가 촉매하는 산화 환원 반응에서 전자의 전달을 돕는 역할을 합니다(5장 참조). NADH를 비롯한 조효소도 화학 반응식의 반응물과 생성물에 모두 들어갈 수 있으므로 식만 보고 조효소인지 기질인지 구분하기는 어려울지도 모릅니다. 이를테면 젖산 탈수소 효소는 젖산과 NADH를 기질로 삼는 효소인 동시에 NADH를 조효소로 활용해 젖산의 카복실기를 환원하는 효소입니다. 어느 쪽이든 이 효소는 젖산과 NADH에 결합해서 전자를 NADH에서 젖산의 카복실기로 옮기는 화학 반응을 효율적으로 이끌 수 있습니다.

한편, 아세틸-CoA의 CoA(coenzyme A, **조효소 A**)는 비타민 B_5의 **판토텐산**이 $3'$-인산 아데노신과 결합한 물질입니다(그림 16-2 C). 이 역시 알고 보니 조효소였던 셈이지요. NADH처럼 CoA도 화학 반응식만 보면 기질인지 조효소인지 알기 힘듭니다. NADH가 전자를 주고받듯이 CoA도 아실기를 붙였다가 뗐다가 할 수 있습니다. 이처럼 다양한 효소에서 같은 작용을 하는 화합물을 조효소라고 생각하면 이해하기

그림 16-2 당 대사의 조효소

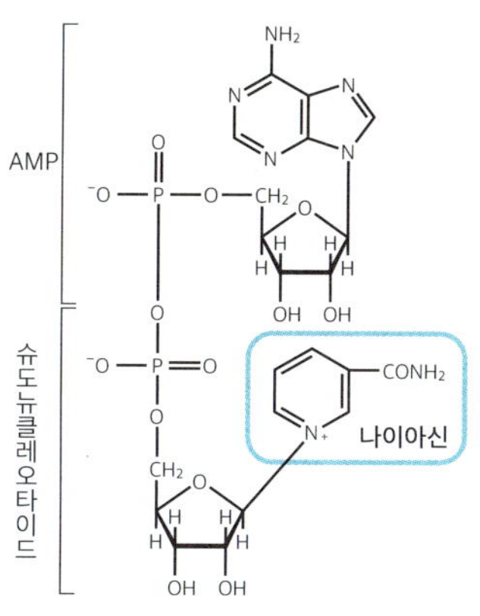
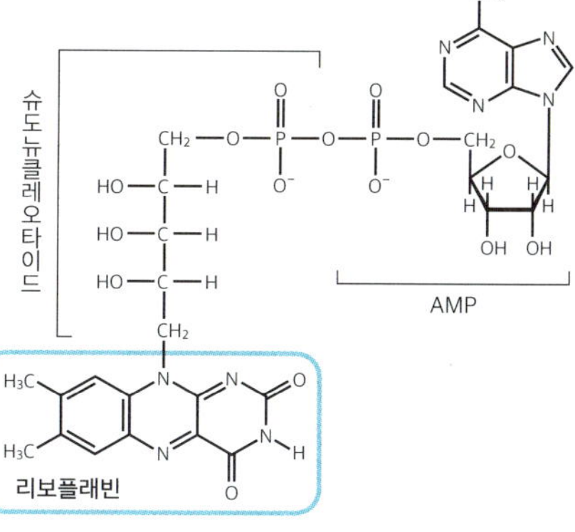

A 니코틴아마이드 아데닌 뉴클레오타이드
(NAD⁺, NADH)
AMP
슈도뉴클레오타이드
나이아신

B 플래빈 아데닌 다이뉴클레오타이드
(FAD, FADH₂)
슈도뉴클레오타이드
AMP
리보플래빈

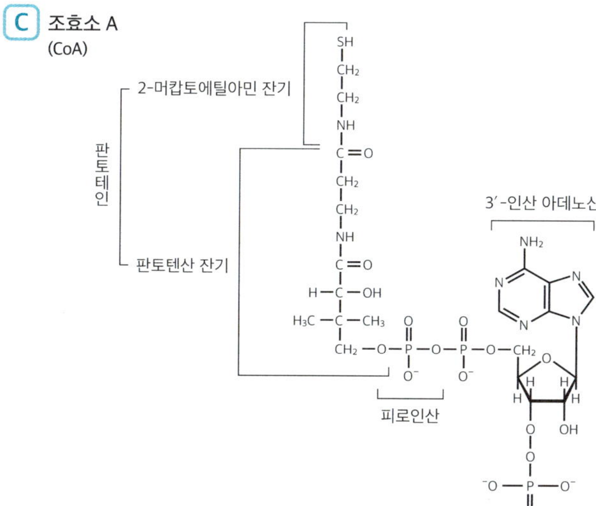

C 조효소 A
(CoA)
2-머캅토에틸아민 잔기
판토테인
판토텐산 잔기
3′-인산 아데노신
피로인산

쉽습니다.

당 대사 중 피루브산에서 아세틸-CoA로 변환하는 과정을 촉매하는 효소 복합체인 피루브산 탈수소 효소(그림 5-3 참조)는 비타민 B_1(티아민)에 인산이 결합한 티아민 피로인산(TPP)이라는 조효소가 필요합니다. 피루브산 탈수소 효소는 기능이 서로 다른 세 효소로 구성된 복합체로, TPP·NAD^+·FAD·리포산 등 여러 조효소를 사용해서 일련의 산화적 탈카복실화 반응을 효율적으로 촉매합니다.

그 밖에도 여러 비타민이 우리 몸에서 이용됩니다. 아직도 밝혀지지 않은 메커니즘이 많지만, 모두 비타민이 효소에 결합해서 촉매 기능을 조절하는 것으로 추정됩니다.

무기질이란 무엇일까?

효소의 보조 인자에는 비타민 외에도 무기물인 금속 이온도 있습니다. 알코올 탈수소 효소는 아연, 사이토크롬 c 산화 효소는 철, 글루타싸이온 과산화 효소는 셀레늄이 필요합니다. 세포를 구성하는 유기물인 단백질, 당질, 지질은 산소, 탄소, 수소, 질소 등의 원소로 이루어져 있습니다. 유기물의 96%를 차지하는 이 네 가지 원소를 제외한 나머지 원소를 통틀어 **무기질**이라고 합니다. **칼슘**(1.8%), **인**(1.0%), **포타슘**(0.4%), **황**(0.3%), **소듐**(0.2%), **염소**(0.2%), **마그네슘**(0.1%) 등 함유량이 많은 무기질을 **다량 무기질**이라고 합니다. 무기질은 대부분 효소의 보조 인자보다 몸과 세포의 중요한 구성 요소로 작용합니다.

다량 무기질보다 함유량이 적은 금속은 **미량 무기질**이라고 합니다. **철**, **아연**, **셀레늄**, **망가니즈**, **구리**, **몰리브데넘**, **코발트** 등이 이에 속합니다. 전부 합해도 몸무게의 0.005% 이하(몸무게가 60kg인 성인 기준 3g 이하)밖에 안 되지만, 매우 중요한 역할을 담당합니다. 특히 효소의 보조 인자로 작용할 때가 많고, 비타민과 함께 몸의 상태를 조정할 때 없어서는 안 될 물질입니다.

대표적인 무기질인 철은 효소를 운반하는 **헤모글로빈**과 효소를 저장하는 **미오글로빈**이라는 단백질에 들어 있습니다. 철은 포르피린 고리라는 구조 중심에 결합해서 **헴철**(heme iron)을 형성합니다(**그림 16-3**).

그림 16-3 헤모글로빈에서 작용하는 철

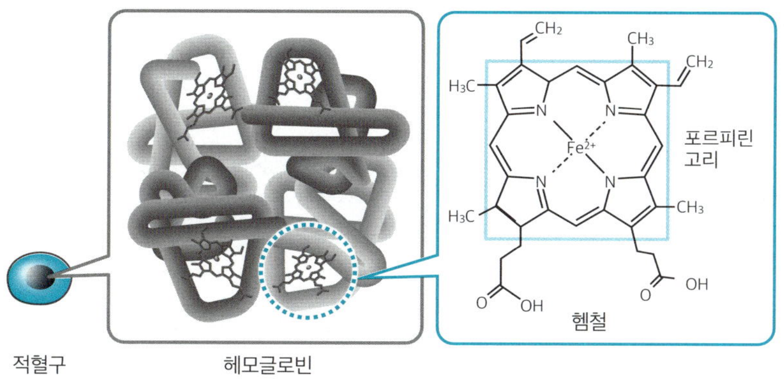

헤모글로빈이 산소를 결합했다가 방출하는 반응은 이 헴철에서 일어납니다. 철분이 부족하면 빈혈이 일어나는 이유는 이 때문이지요. 한편 5장에서 배운 전자 전달계를 보면, 미토콘드리아 내막에서 전자를 전달하는 복합체의 반응에 헴철과 구리가 존재합니다. 이 철과 구리가 복합체 내부에서 일련의 산화 환원 반응을 중개한 덕에 최종적으로 전자가 산소와 결합해서 물이 됩니다.

비타민과 무기질은 건강을 유지하는 데 없어서는 안 될 물질입니다. 사람은 비타민과 무기질을 몸에서 만들어내지 못하므로 음식을 섭취해서 보충할 수밖에 없습니다. 영양제를 먹어도 이를 보충할 수 있지만, 지용성 비타민과 일부 무기질을 설명할 때 배웠다시피 과다 섭취할 경우의 위험성을 숙지한 뒤에 섭취해야 합니다.

문헌

(1) Gardner C, et al : Diabetes Care, 35 : 1798-1808, 2012

(2) Jones SK, et al : Sci Rep, 13 : 14326, 2023

(3) 農林水産省 :「国際がん研究機関(IARC) の概要とIARC発がん性分類について」
  : https://www.maff.go.jp/j/syouan/seisaku/risk_analysis/priority/hazard_
  chem/iarc.html

(4) 文部科学省:「食品成分データベース」: https://fooddb.mext.go.jp/index.pl

(5) NIKKEIリスキリング:魚はとれたて本当にうまいのか : https://reskill.nikkei.

com/article/DGXNASDJ26019_W3A320C1000000/

(6) Endoh R, et al : Microorganisms, 9, 2021

(7) 小島彩子、他 : ビタミン, 91:1-27, 2017

제 3 부

건강과 운동

17 장

무조건 살이 빠지는 다이어트법이 있다고?
: 에너지 균형 문제

제2부에서는 실제 사례와 함께 생화학적인 대사 과정을 소개했습니다. 제3부에서는 지금까지 배운 대사 반응이 일어나는 공간이었던 세포에서 벗어나 몸 전체에서 일어나는 **대사 물질의 순환과 에너지 관리의 구조**를 알아보겠습니다. 대사 물질은 혈액을 타고 온몸을 순환하며 몸 전체의 에너지를 공급하고 항상성을 유지합니다. 17장에서는 몸 전체에서 에너지가 어떻게 공급되고 소비되는지 배워 봅시다.

에너지 공급과 소비

에너지의 흐름은 **섭취한 양과 소비한 양으로 나누어 생각하는 것이 중요합니다.** 경제 활동을 돈의 흐름으로 이해할 때 경제 활동의 단위인 회사와 가정에서 생기는 **수입**과 **지출**을 수치로 나타내는 것과 마찬가지입니다. 돈은 단순하게 얼마나 들어왔고, 얼마나 나갔는지 장부를 보며 계산할 수 있지만, 몸속의 에너지는 수치화하기 매우 어렵습니다. 여기서는 성인의 평균 에너지 공급량(수입)과 소비량(지출)을 기준으로 살펴보겠습니다.

수입, 즉 공급되는 에너지란 무엇일까요? 바로 **우리가 식사로 섭취한 영양**입니다. 우리 몸은 당질, 지질, 단백질 등 3대 영양소의 이화로 끌어낸 에너지를 사용합니다. 식사로 섭취한 영양소는 위와 장을 거치면서 글루코스를 비롯한 단당류, 지방산과 글리세롤, 아미노산 등으로 분해되어 장 표면의 세포로 흡수됩니다(그림 11-1 참조). 그리고 곧장 혈관으로 방출된 다음 피를 타고 몸의 장기로 이동하는데요. 이 중 가장 중요한 장기는 **간**입니다. 간은 에너지의 흐름을 통제하는 사령탑입니다. 항상 공급량과 소비량을 주시하며 저장할 양을 분배하고, 당과 지질 대사의 균형을 고려해서 몸의 전체적인 항상성을 유지합니다(그림 11-3 참조). 그리고 운동 강도에 따라 근육과 연동해서 에너지를 분배하는 장기이기도 합니다(21장 참조).

남는 에너지는 몸속에 **저장**됩니다. 여러분도 돈은 계획적으로 써야 하고, 필요할 때를 대비해서 저금하는 것이 중요하다고 배웠을 텐데요. 저금이 있으면 다치거나 병에 걸려 수입이 없을 때도 한동안은 생활비로 충당할 수 있지요. 우리 몸도 식사로 얻은 에너지를 축적하는 복잡한 메커니즘을 수행합니다. 당 신생 합성(12장 참조), 글리코겐 합성(12장 참조), 지방산 합성(10장 참조) 모두 이에 속하는 경로입니다. 세포 수준은 물론 몸 전체에서도 다양한 메커니즘으로 에너지를 저장하고 있다가 굶주리거나 격렬한 운동 또는 장시간의 운동으로 몸에 에너지가 부족해지면 위 경로로 에너지가 방출됩니다. 게다가 우리 몸에는 이를 대비한 장치가 몇 겹으로 준비되어 있어 에너지의 양과 소비 속도에 맞추어 활성화됩니다. 자세한 내용은 18장에서 소개하기로 하고, 지금은 피하지방이 없으면 하루만 끼니를 걸러도 굶어 죽는다는 사실만 기억하면 됩니다.

눈으로 확인하기 힘든 에너지 소비

우리 몸의 에너지 공급원은 식사뿐이므로 매우 단순하지만, 소비 과정은 다소 복잡하고 눈으로 확인하기도 힘듭니다. 에너지 소비는 크게 **기초 대사**, **운동 대사**, **식사 대사**로 분류합니다.

기초 대사는 세포가 항상성을 유지하며 생존하기 위해 소비하는 최소 에너지입니다. 아미노산으로 단백질을 합성하고 지방산과 글리세롤로 지질을 합성하는 동화 과정에 필요한 에너지, 그리고 세포 내 이온 농도를 유지하고 심장 박동에 필요한 근육을 움직이는 최소한의 에너지가 모두 기초 대사에 속합니다. 이러한 에너지는 사람이 움직이지 않는 동안, 즉 온종일 침대 위에서 꼼짝도 하지 않고 가만히 누워 있는 동안에도 소비되는 에너지입니다. 자다가 뒤척이는 것은 기초 대사에 들어가지 않습니다. 운동 대사에 들어가기 때문이지요. 그리고 잠꼬대도 포함되지 않습니다. 표준 성인 남성과 여성의 기초 대사량은 각각 1,500kcal, 1,300kcal로, 전체 소비 에너지 중 60%를 차지합니다. 기초 대사는 19장에서 자세히 소개하겠습니다.

다음으로 큰 비중을 차지하는 에너지는 우리가 몸을 움직일 때 소비하는 **운동 대사**입니다. 운동이라고 해서 스포츠를 할 때만 사용하는 에너지로 착각하기 쉽지만, 운동 대사는 근육을 움직이는 동작 전체를 포함하는 '넓은 의미의 운동'에 필요한 에너지입니다. 의자에 앉아 컴퓨터를 사용할 때도 근육을 사용하고, 의자에 앉는 동작 역시 근육을 사용합니다. 물론 테니스나 수영 같은 고강도 운동을 즐기면 그만큼 운동 대사량도 많아집니다. 의도적으로 몸을 움직이는 동작은 모두 운동 대사에 속하지만, 심근은 무의식적으로 움직이며 생명 유지에 필수이므로 기초 대사로 분류됩니다. 운동 대사는 20~22장에서 다루겠습니다.

마지막으로 **식사 대사**는 식사할 때 위와 장을 비롯한 내장을 움직이는 데 필요한 에너지입니다. 에너지를 얻기 위해 에너지를 소비한다니, 어쩐지 모순 같지만 에너지를 얻으려면 음식을 소화해야 하므로 소비할 수밖에 없는 에너지입니다. 음식을 먹지 않으면 식사 대사로 소비되는 에너지는 거의 없지만, 보통 하루에 세 끼를 먹으면 약 200kcal가 소비됩니다.

우리 몸의 표준 에너지 대사량을 숫자로 나타내봅시다. 우리가 하루에 식사로 섭취하는 에너지는 몸무게 60kg인 성인 남성 기준 **2,500~3,500kcal**입니다. 당질, 지질, 단백질을 1g씩 섭취했을 때 얻을 수 있는 에너지는 앞에서 소개했다시피 각각 4kcal, 9kcal, 4kcal입니다. 의외로 당질과 단백질의 에너지가 같고 지질이 그 2배에 가까운 에너지를 얻을 수 있습니다. 지질이 얼마나 고열량인지 알 수 있지요.

예를 들어, 하루에 3,000kcal의 에너지를 섭취했다면 그중 1,500~1,950kcal는 당질에서 얻은 에너지이며(**표 17-1**), 섭취한 당질은 380~490g이라는 계산이 나옵니다. 그리고 지질은 66~100g 섭취로 600~900kcal, 단백질은 100~150g 섭취로 400~600kcal를 얻은 셈입니다. 음식에 함유된 에너지는 흰밥 한 공기에 180~200kcal, 햄버거 1개에 500kcal, 카레 라이스 한 접시에 800kcal 등입니다. 여러분도 평소 느꼈겠지만, 지질이 많을수록 음식의 열량도 높아지는 경향을 보입니다.

에너지 소비는 어떨까요? 기초 대사량은 나이와 몸무게에 따라 산출됩니다(**표 17-2**). 몸무게당 기초 대사량은 출생 직후 가장 높고, 나이를 먹으면서 조금씩 감소합니다. 아기는 앞으로 몸집을 키워야 하므로 기초 대사량도 높습니다. 몸무게가 늘면 총 기초 대사량도 증가하

표 17-1 영양소별 에너지 섭취량

	당질	지질	단백질
섭취량(g)/일	380~490	66~100	100~150
섭취 열량(kcal)/일	1,500~1,950	600~900	400~600
에너지(kcal)/무게(g)	~4	~9	~4

표 17-2 기초 대사량 기준치

성별	남자		여자	
나이(세)	기준 체중 (kg)	기준 체중에 대한 기초 대사량 (kcal/일)	기준 체중 (kg)	기준 체중에 대한 기초 대사량 (kcal/일)
1~2	11.5	700	11.0	660
3~5	16.5	900	16.1	840
6~7	22.2	980	21.9	920
8~9	28.0	1,140	27.4	1,050
10~11	35.6	1,330	36.3	1,260
12~14	49.0	1,520	47.5	1,410
15~17	59.7	1,610	51.9	1,310
18~29	63.0	1,490	51.0	1,130
30~49	70.0	1,570	53.3	1,170
50~64	69.1	1,510	54.0	1,120
65~74	64.4	1,390	52.6	1,090
75 이상	61.0	1,310	49.3	1,020

▶ 厚生労働省 :「日本人の食事摂取基準(2025年版)」(후생노동성, 「일본인의 식사 섭취 기준(2025년판)」), 2024를 바탕으로 작성

는데, 10대일 때 정점에 도달했다가 서글프게도 30대부터는 점차 감소합니다. 여성은 남성보다 근육량이 적어 몸무게당 기초 대사량이 약 10% 적고, 몸무게도 남성보다 가벼우므로 총 기초 대사량은 약 20% 적습니다.

표 17-3은 운동 대사량을 운동별로 정리한 표입니다. 운동 대사량은 근육량과 몸무게에 영향을 받습니다. 가령 몸무게가 60kg인 성인 남성이 한 시간 동안 천천히 걸으면 약 130kcal의 에너지가 소비되며, 자는 동안에도 57kcal가 소비됩니다. 한 시간 동안 걸으면 같은 시간 동안 자면서 소비하는 에너지의 2.5배를 소비하는 셈입니다. 다이어트하는 사람에게는 도무지 믿기지 않는 수치이지요. 흰밥 한 공기만큼의 에너지이므로 3시간 정도 낮잠을 자고 일어났을 때 배가 고픈 것도 자연스러운 현상일지 모릅니다.

조깅을 봅시다. 한 시간 동안 하는 조깅은 격렬한 운동에 속합니다. 이때 운동 대사량은 약 440kcal로, 기초 대사량의 약 3분의 1입니다. 기초 대사와 같은 양의 에너지를 운동 대사로 소비하려면 2시간 동안 태권도나 킥복싱 또는 3시간 동안 조깅을 해야 합니다. 이렇게 숫자로 놓고 보니 기초 대사량이 얼마나 큰 에너지인지 와닿지 않나요? 온종일 누워서 자기만 해도 소비되는 에너지와 조깅을 3시간 동안 했을 때 소비되는 에너지가 같다니, 생명을 유지하는 데 얼마나 많은 에너지가 필요한지 알 수 있습니다.

운동 종류 및 강도	METs*	체중(kg)				
		40	50	60	70	80
수면	0.9	38	47	57	66	76
천천히 걷기	2	84	105	126	147	168
보통 속도로 걷기 전기 자전거 타기	3	126	158	189	221	252
청소기 사용하기	3.3	139	173	208	243	277
느긋하게 자전거 타기 (8.9km/시)	3.5	147	184	221	257	294
빠르게 걷기(평지, 93m/분) 계단 오르기(천천히) 자전거 타기 (약 16km/시 미만, 통근)	4	168	210	252	294	336
스트레칭	2.3	97	121	145	169	193
요가	2.5	105	131	158	184	210
볼링, 배구, 사교댄스	3	126	158	189	221	252
골프, 가벼운 근력 운동	3.5	147	184	221	257	294
탁구	4	168	210	252	294	336
테니스	4.5	189	236	284	331	378
수영(천천히 배영)	4.8	202	252	302	353	403
야구, 소프트볼, 서핑, 발레	5	210	263	315	368	420
수영(천천히 평영)	5.3	223	278	334	390	445

* MET: Metabolic Equivalent of Task. 운동의 강도를 나타내는 지표. 1MET는 성인이 휴식 또는 가만히 앉아 있을 때 필요한 산소의 양 또는 에너지 소비량으로, 3.5ml/kg/분 또는 1kcal/kg/시로 나타낸다. – 옮긴이

운동 종류 및 강도	METs	체중(kg)				
		40	50	60	70	80
배드민턴	5.5	231	289	347	404	462
천천히 조깅	6	252	315	378	441	504
조깅, 축구, 스키, 스케이트, 핸드볼	7	294	368	441	515	588
에어로빅	7.3	307	383	460	537	613
사이클링(20km/시)	8	336	420	504	588	672
러닝(134m/분) 수영(크롤, 보통 속도)	8.3	349	436	523	610	697
러닝(161m/분)	9.8	412	515	617	720	823
수영(크롤, 빠르게)	10	420	525	630	735	840
유도, 가라테, 킥복싱	10.3	433	541	649	757	865
러닝(188m/분)	11	462	578	693	809	924

성인 남성의 시간당 소비 열량.

▶ 厚生労働省 : 「健康づくりのための身体活動・運動ガイド 2023」(후생노동성, 「건강을 위한 신체 활동 및 운동 가이드 2023」 2024) 및 国立健康・栄養研究所 : 改訂版 「身体活動のメッツ(METs)表」(일본 국립 건강·영양 연구소, 「개정판 신체 활동 METs 표」 2012)를 바탕으로 작성.

단순하면서도 어려운 다이어트

공급과 소비의 균형이 잘 맞으면 몸무게는 그대로 유지되지만, 공급이 소비보다 많으면 몸무게가 늘고 소비가 공급보다 많으면 몸무게는 줄어듭니다. 다이어트는 간단합니다. **공급을 줄이고 소비를 늘리면** 되지요. 에너지 공급을 줄인다는 게 간단해 보이지만 어렵습니다. 맛있는 음식은 대부분 열량이 높거든요. 그렇다고 맛있는 음식을 참으면 몸무게는 줄지도 모르지만, 삶의 질(QOL)은 낮아질 테니 가능하면 맛있는 식사를 하면서 다이어트하는 편이 좋겠지요.

몸무게를 1kg 뺀다고 가정해 봅시다. 피하지방만 1kg 빼려면 에너지를 9,000kcal나 줄여야 하니 한 달 동안 뺀다면 하루에 300kcal씩 줄여야겠군요. 흰밥이라면 1.6공기, 식빵은 1.5장에 해당하는 열량 공급을 매일 줄여야 한다니 상당한 양입니다. 기간을 3개월로 늘리면 조금 더 수월하지만, 그만큼 오래 걸립니다. 게다가 식사 제한의 큰 문제는 제한을 멈추는 즉시 지방이 증가해서 원래대로 돌아와 버린다는 점입니다.

그렇다면 소비를 늘리면 어떨까요? 운동하면 운동 대사량이 증가해서 살이 빠지겠지요. 매일 300kcal씩 추가로 소비하려면 몸무게 60kg인 남성 기준 1시간 동안 테니스나 배영을 하면 됩니다(**표 17-3**). 하지만 매일 운동을 계속해도 한 달에 1kg밖에 못 빼는 셈이지요. 그래서 다이어트가 힘든 법입니다. 다이어트를 위해 운동 대사량을 늘리는 행위는 운동을 좋아하는 사람이 아니라면 괴로운 수행이 될 뿐이지요.

기초 대사량이 늘면 살이 빠질까?

그래서 다이어트에 정답이 없느냐고 하면 그렇지도 않습니다. 앞에서 설명했다시피 기초 대사는 에너지 소비의 약 60%를 차지합니다. 다시 말해 기초 대사량을 늘리면 평소처럼 활동해도 소비하는 에너지가 늘어납니다. 기초 대사량이 10% 늘면 남성은 150kcal, 여성은 130kcal의 에너지를 매일 추가로 소비하므로 한 달에 약 0.5kg을 뺄 수 있는 셈입니다.

그렇다면 문제는 어떻게 해야 기초 대사량이 늘어나느냐인데, 가장 간단한 방법은 세포를 늘리는 것입니다. 기초 대사는 세포 활동에 필요한 에너지이므로 세포가 많아지면 기초 대사도 늘어납니다. 하지만 안타깝게도 우리는 자유롭게 몸의 세포를 줄이거나 늘릴 수 없습니다. 그러나 유일하게 의도적으로 늘릴 수 있는 세포가 있는데, 바로 근육 세포입니다. 특히 골격근은 기초 대사량이 가장 높은 기관인데, 남성은 30~40%, 여성은 25~35% 등 우리 몸의 약 30%(중량비)를 차지합니다(표 17-4). 근력 운동으로 근육량을 늘리면 기초 대사량이 늘어나면서 조깅처럼 힘든 운동을 장시간 하지 않더라도, 자기만 해도 더 많은 에너지를 소비하는 몸이 만들어집니다. 마라토너처럼 지구력이 강한 운동선수의 체지방률이 낮다는 점은 쉽게 연상할 수 있지요. 그런데 사실 근력을 단련하는 종목의 운동선수들도 체지방률이 지

표 17-4 안정적일 때 각 장기의 에너지 소비량

	중량(kg)	대사율(kcal/kg/일)	대사량 비율(%)
골격근	28	13	21.6
간	1.8	200	21.3
뇌	1.4	240	19.9
심장	0.33	440	8.6
신장	0.31	440	8.1
지방 조직	15	4.5	4.0
기타	23.16	12	16.5
합계	70		100.0

몸무게 70kg, 체지방률 약 20%인 남성 기준.

▶ Gallagher D, et al. (1998). AM J Physiol. 1998;275(2):E249-58.를 바탕으로 작성.

구력 종목의 운동선수들과 비슷합니다. 이는 근력 운동과 함께 장거리 달리기 같은 유산소 운동을 열심히 해서가 아니라 근육량이 늘면 지방이 잘 붙지 않기 때문입니다.

다이어트의 핵심은 '연비가 나쁜 몸을 만드는 것'이라고 할 수 있습니다. 아무것도 안 해도 에너지를 많이 잡아먹는 몸은 전혀 효율적이지 않지만, 다이어트 면에서는 합당한 해결책입니다.

골격근을 1kg 늘리면 기초 대사량은 얼마나 늘까?

표 17-4를 보면 근육 1kg당 대사량은 하루에 13kcal임을 알 수 있습니다. 지방 조직보다 3배나 많지만, 기초 대사량(~1,500kcal)은 아주 약간 늘어날 뿐이지요. 하지만 근력 운동을 하면 각종 대사 호르몬의 분비가 증가하므로 기초 대사량은 더 늘어납니다. 연구 결과, 골격근이 1kg 증가할 때마다 기초 대사량은 약 50kcal씩 늘어났습니다. [*] 겨우 50kcal밖에 안 되느냐고 생각할지도 모르지만, 한 달에 1,500kcal(체지방 약 0.2kg), 일 년에 10,825kcal(체지방 약 2.5kg)가 늘어나는 셈입니다. 근력 운동을 일주일에 두 번씩, 3개월 동안 꾸준히 하면 골격근은 약 2kg 늘어납니다. 그리고 그 근육을 유지할 정도로 근력 운동을 계속하면 일 년에 5kg을 뺄 수 있습니다. 매일 조깅하는 것보다 훨씬 편하지 않나요?

---

[*] **문헌** Tanimoto, M, et al. Clin Physiol Funct Imaging. 2009;29(2):128-35.

18 장

살이 찌는 음식, 살이 빠지는 음식
: 식사와 혈당

이번 장에서는 에너지 공급(수입)과 소비(지출)의 각 항목, 나아가 에너지 저장과의 관계를 자세히 다룰 예정입니다. 경제학에도 현금 흐름이라는 용어가 있는데요. 벌어들인 돈, 보유하고 있는 돈, 빠져나가는 돈의 흐름을 상세하게 분석하고 해석하면 자금을 더 효율적으로 운용할 수 있습니다. 우선 수입의 흐름을 이해하기 위해 우리가 식사할 때 몸속에서 일어나는 변화를 따라가 봅시다. 여기서 중요한 지표가 바로 **혈당**입니다. 혈당은 음식을 먹으면 순식간에 올라갔다가 시간이 지나면서 정상치로 떨어집니다. 이 단순한 변동 속에 우리 몸에서 일어나는 수많은 반응을 이해하는 열쇠가 숨어 있는데요. 혈당은 단순히 혈중 당 농도가 아니라 **각종 대사 이상이나 질환과 관련된 수치**입니다. **에너지 공급**, 즉 당질과 지질을 섭취했을 때 일어나는 생체 반응을 생화학적 관점으로 이해해 봅시다.

혈당은 왜 일정하게 유지될까?

혈당이란 혈중 **글루코스** 농도를 가리키는 용어로, 단위는 mg/dl(데시리터)입니다. 공복일 때는 약 70mg/dl, 식후에도 약 140mg/dl 정도로 유지됩니다. 뒤에서 자세히 설명하겠지만, 우리 몸에는 **혈당을 적극적으로 일정하게 유지하려 하는 메커니즘**이 존재합니다. 그러니까 혈당이 높은 상태는 우리 몸에 좋지 않습니다. 일단 혈관이 막히기 쉬운데, 혈당이 높은 혈액은 점도가 높아 끈적할뿐 아니라 혈관 내벽에 침전물이 쌓여 흐름을 방해합니다. 그 외에도 혈소판이 활성화되지 못하고 혈중 콜레스테롤 농도가 높아지는 등 혈류를 방해하는 요인이 많아집니다. 그 결과, 미세 혈관이 집중된 눈, 신장, 신경 등에서 망막병증, 신장병, 신경 장애 등의 합병증이 생깁니다. 고혈당 상태는 과식이나 운동 부족처럼 안 좋은 생활 습관이 이어지면 일어나기 쉬우며, 최악의 경우 당뇨병이나 동맥경화까지 일어날 수 있습니다.

혈당을 일정하게 유지하는 메커니즘에서 중요한 역할을 하는 물질은 고등학교 생명과학 과정에 빠지지 않고 등장하는 **인슐린**과 **글루카곤** 등의 **호르몬**입니다. 음식을 먹으면 바로 혈당이 올라가면서 이자에서 인슐린이 분비되기 시작합니다. 동시에 글루카곤의 분비량이 줄면서 혈당이 낮아지는 방향으로 작용합니다. 결과적으로 혈당이 낮아지면 인슐린의 분비량은 감소하고 글루카곤 농도가 증가하면서 곧 혈당과 호르몬 분비량은 원래대로 돌아옵니다. 이처럼 우리 몸에서는 음식물 섭취-혈당 상승-호르몬 분비-혈당 저하라는 일련의 메커니즘이 작용합니다. 이제 그 메커니즘을 자세히 배워 봅시다.

우리 몸은 어떻게 혈중의 당 농도를 감지할까?

우리가 식사로 섭취한 당은 침에 들어 있는 아밀레이스와 위액에 들어 있는 소화 효소에 의해 분해되고, 장을 지나면서 글루코스로 변환됩니다. 극성 세포인 소장 상피 세포의 정단부에는 미세 융모가 있고 장 내강과 맞닿아 있으며, 반대편인 기저측부는 모세혈관과 맞닿아 있습니다(극성을 띠는 세포의 방향을 구분할 때 바깥쪽을 정단부, 안쪽을 기저측부라고 한다 - 옮긴이). 정단부의 세포막에 있는 **소듐-글루코스 공동 수송 단백질**(SGLT1)은 소듐 이온의 농도 기울기 에너지를 이용해서 글루코스를 세포 안으로 들여보냅니다(19장 참조). 한편, 기저측부에 있는 **글루코스 수송 단백질**(GLUT2)은 세포 안의 글루코스를 농도 기울기를 따라 혈액으로 방출합니다. 이렇게 소장에서 혈관으로 이동한 글루코스는 근육 세포로 운반되어 해당 과정에서 소비되는 동시에, 전체의 약 3분의 1이 간으로 보내져 글리코젠 합성(12장 참조)과 지질 합성(10장 참조)에 쓰입니다.

혈당에 포함된 글루코스는 이자의 랑게르한스섬(이자섬) β 세포에 도

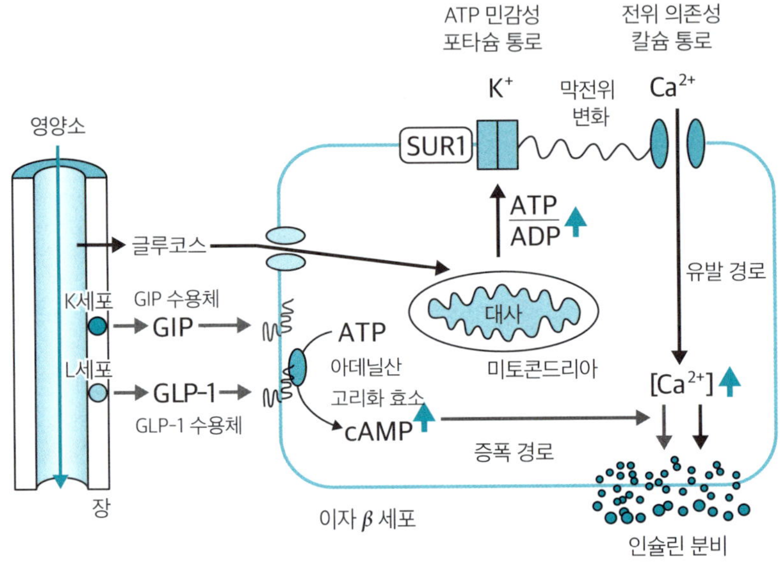

달한 다음 GLUT2를 통해 세포 안으로 들어가 해당 과정, TCA 회로, 전자 전달계에서 대사됩니다(5장 참조). 그 결과 세포 내 ATP 농도가 올라가 세포막에 존재하는 ATP 민감성 포타슘 통로가 닫히면서 세포막의 전위가 변합니다(그림 18-1, 23장 참조). 이로써 전위 의존성 칼슘 통로가 열리고, 세포 안으로 칼슘 이온이 들어오면서 분비 소포에 축적되어 있던 인슐린이 세포 밖으로 분비됩니다(유발 경로, 그림 18-1). **인슐린**은 펩타이드 사슬 2개로 이루어진 펩타이드 호르몬으로, 혈당을 조

절할 뿐만 아니라 온몸의 조직과 세포에서 일어나는 다양한 반응을 조절하는 중요한 호르몬입니다.

호르몬을 통해 인슐린 분비가 증폭되는 과정

β 세포의 인슐린 분비를 촉진하는 메커니즘은 한 가지가 아닙니다. 영양분을 섭취하는 동시에 소장을 비롯한 소화관에서는 **인크레틴**이라는 호르몬이 분비됩니다. 인크레틴은 소화관에서 분비되어 이자의 인슐린 분비를 촉진하는 호르몬의 총칭으로, **GIP**와 **GLP-1**이 주성분입니다. GIP는 소장 상부를 중심으로 존재하는 K 세포에서, GLP-1은 소장 하부와 대장에 존재하는 L 세포에서 분비되어 혈액을 타고 이자에 도달합니다(그림 18-1). 인크레틴은 당뿐만 아니라 단백질과 지질을 섭취했을 때도 분비되어 결과적으로 혈당을 낮추는 방향으로 작용합니다.

이자에 도달한 GIP와 GLP-1은 β 세포의 세포막에 존재하는 수용체(GIP 수용체와 GLP-1 수용체)에 결합합니다(그림 18-1). 이 수용체는 7-막 관통 구조인 G 단백질 결합 수용체(23장 참조)로, 인크레틴이 결합하면 G 단백질과 결합한 아데닐산 고리화 효소를 활성화해서 세포 안에 존재하는 cAMP(고리형 아데노신 일인산)의 농도를 높입니다. cAMP는 단백질 인산화 효소를 활성화함으로써 글루코스 의존성 인슐린 분비(유발 경로)를 크게 자극할 수 있습니다. 이 인크레틴을 거치는 메커니즘(증폭 경로)으로 β 세포에서 분비되는 인슐린양이 크게 증폭됩니다.

GLP-1은 이자에서 글루카곤이 분비되지 못하도록 억제하는 중요한 작용도 합니다. 그리고 β 세포의 증식을 활발하게 만들 뿐만 아니라 위에 작용해서 내용물을 배출시키거나 위산의 분비를 억제하고, 신경계에 작용해서 식욕을 떨어뜨리기도 합니다.

세포 표면의 수용체에 결합해서 글루코스의 흡수를 자극하는 인슐린

이자에서 분비된 인슐린은 피를 타고 온몸을 순환해서 세포 표면의 **인슐린 수용체**에 결합합니다. 인슐린 수용체는 간, 골격근, 지방 조직, 신경 세포 등에서 발현되는 막 단백질로, 인슐린과 결합해서 세포에 신호를 전달하며 최종적으로 **GLUT4라는 글루코스 수송체 단백질을 세포 표면에 내보냅니다**(칼럼 참조).

간과 근육 세포로 흡수된 글루코스는 글리코젠이나 중성 지방의 형태로 축적됩니다. 남는 당분을 다른 형태로 변환해서 저장함으로써 우리는 영양이 고갈되었을 때 조금씩 에너지를 꺼내 쓸 수 있습니다. 건강한 사람은 인슐린의 작용으로 혈당이 일정 범위 내로 유지되지만, 인슐린 분비량이 부족하거나 인슐린이 제대로 작용하지 않으면 혈당이 떨어지지 않고 높은 상태가 계속됩니다. 이 상태를 **고혈당**이라고 하며, 당뇨병으로 이어질 가능성도 있습니다.

인슐린에 의한 글루코스 흡수 메커니즘

인슐린 수용체는 세포막을 사이에 둔 형태로 바깥쪽에 인슐린 결합 부위가, 세포 안쪽에는 타이로신 인산화 효소 활성 부위가 존재하며, 인슐린이 결합하면 세포 안의 특정 타이로신 잔기를 스스로 인산화해서 활성화합니다(23장 참조). 활성화된 수용체가 세포 안에 존재하는 인슐린 수용체 기질(IRS)이라는 단백질을 인산화하면 IRS는 지질인 PIP_2를 인산화해서 PIP_3로 만듭니다. 그리고 Akt라는 단백질은 PIP_3에 결합한 상태에서 PDK1이라는 인산화 효소가 작용하면 활성화됩니다. 활성화된 Akt는 GLUT4를 포함한 세포 내막 소포가 세포막에 융합하도록 자극해서 세포막의 GLUT4가 증가하도록 유도합니다. 이렇게 인슐린의 신호가 GLUT4의 세포 표면으로 변환되면 세포는 세포 바깥의 글루코스를 세포 안으로 받아들입니다.

글리코젠은 몸에 당을 저장하는 주역

글리코젠은 **몸에 당질을 저장하는 형태**라는 중요한 역할을 맡고 있습니다. 70kg인 성인 남성이 몸에 저장하는 당질은 약 300~500g인데, 그 대부분이 글리코젠입니다. 우리가 하루에 식사로 섭취하는 당질은 평균 400g이므로 하루 분량밖에 저장할 수 없습니다. 따라서 지방이 없으면 우리는 하루만 식사를 걸러도 굶어 죽고 맙니다. 체지방을 1% 이하까지 극단적으로 줄인 보디빌더들은 건강이 나빠져 음식을 먹을 수 없게 되면 며칠 만에 굶어 죽을 위험성을 안고 사는 셈입니다.

글리코젠 합성 반응을 살펴볼까요? 글리코젠은 해당 과정 중 **글루코스-6-인산**에서 분기되어 만들어집니다. 식후 글루코스 수치가 높은 상태이거나 에너지 과다로 당 신생 합성(12장 참조)이 진행되는 동안, 글루코스-6-인산은 **당 변위 효소**에 의해 **글루코스-1-인산**으로 바뀝니다. 그리고 유리딘 이인산(UDP) 글루코스를 거쳐 글리코젠의 비환원 말단인 네 번째 자리의 하이드록시기와 글리코사이드 결합을 이룹니다. 이 과정을 반복하면서 글리코젠의 가지가 길게 이어집니다. 동화 반응이 일어나려면 에너지 공급이 필요하다는 내용, 기억하고 있나요? 유리딘 삼인산(UTP)과 반응해서 활성화된 글루코스-1-인산은 **UDP 글루코스**로 바뀝니다. **글리코젠 생성 효소**는 UDP-글루코스의 글루코스 잔기를 글리코젠의 비환원 말단에 붙입니다(α-1,4-글리코사이드 결합). 글리코젠은 글루코스의 잔기가 12개가 될 때까지 이 반응을 반복하며 가지를 뻗습니다. 이때 분지 효소가 가지의 7번째 잔기를 잘라 옆 가지와 α-1,6-글리코사이드 결합으로 연결합니다. 그 결과, 가지가 분기한 글리코젠이 합성됩니다(그림 2-5 참조).

글리코젠 분해 반응에서는 **글리코젠 가인산 분해 효소**가 글리코젠의 비환원 말단에서 글루코스-1-인산을 가수 분해로 떼어냅니다. 떨어져 나온 글루코스-1-인산은 **인산 당 변위 효소**에 의해 글루코스-6-인산으로 변환된 다음 해당 과정에 합류합니다. 단, 글리코젠에서 글루코스를 떼어내는 과정에는 ATP 같은 에너지가 필요하지 않다는 점을 유의해야 합니다. 이 때문에 **글리코젠부터 시작하는 해당 과정에서 만들어지는 ATP는 3개**입니다(글루코스부터 시작하면 2개).

글리코젠 생성 효소에 의한 글리코젠 합성과 글리코젠 가인산 분해 효소에 의한 글리코젠 분해 과정은 몸속의 다양한 요인에 의해 조절됩니다. 이는 글리코젠이 당질 저장의 주역이라는 점과 깊은 관련이 있습니다. **글리코젠 생성 효소의 기능을 조절하는 탈인산화 효소**(글리코젠 생성 효소 탈인산화 효소)**는 인슐린에 의해 제어됩니다.** 인슐린에 의해 활성화된 탈인산화 효소는 글리코젠 생성 효소를 탈인산화해서 활성형으로 변환합니다. 이 메커니즘 덕에 근육에서는 혈당이 상승하면 세포가 혈액에서 글루코스를 흡수해서 글리코젠으로 합성하는 일련의 경로가 활성화됩니다. 한편, 간에서는 글루코스를 인산화하는 **당 인산화 효소**

(그림 5-2의 육탄당 인산화 효소와 같은 기능)가 인슐린의 작용으로 활성화되면 글루코스-6-인산의 합성 속도가 빨라지고, 결과적으로 글리코젠 생성 효소는 활성화되는 동시에 글리코젠의 농도가 높아지는 방향으로 작용합니다.

혈당이 잘 오르지 않는 음식은 비만 방지에 효과가 있을까?

인공 감미료는 당이 아니므로 해당 과정에서 분해되지 않고, 결과적으로 에너지로도 활용할 수 없다는 내용을 앞에서 배웠습니다(6장 참조). 한편, 당이 함유된 음식을 먹어도 식후 혈당 상승 속도는 음식마다 크게 다릅니다.

8장에서 설명했다시피 식물마다 전분을 저장하는 형태가 다르므로 이를 섭취했을 때 우리의 몸속에서 분해되는 데 필요한 시간도 제각기 다릅니다. 그리고 가열이나 발효로 이미 전분 중 일부가 말토스를 거쳐 글루코스로 변환될 수도 있습니다. 프럭토스 같은 전분 이외의 단당류는 소장 세포에서 흡수된 다음 글루코스로 바뀌므로 혈당 상승 속도가 느린 축에 속합니다.

소장 상피 세포에서 흡수되는 속도도 음식마다 크게 다릅니다. 고구마, 감자와 채소류처럼 식이섬유가 많은 음식은 기껏 전분을 분해해서 글루코스를 만들어도 식이섬유가 엉켜 있거나 둘러싸여 있는 탓에 장관 상피에서 잘 흡수되지 않습니다. 따라서 이러한 음식은 당이 들어 있어도 GI 지수(칼럼 참조)가 낮습니다. 이를 응용한 것이 바로 **난소화성 덱스트린**이라는 건강 기능 식품입니다. 셀룰로스처럼 소화되지 않는 식이섬유가 들어 있어 식사와 함께 먹으면 당의 흡수를 억제하고 혈당이 오르는 속도를 늦추는 효과가 있습니다.

같은 열량을 섭취해도 혈당이 천천히 오르면 인슐린 분비량이 적고 비만이 될 위험성도 낮습니다. 고GI 식품을 먹었을 때가 저GI 식품을 먹었을 때보다 비만이 되기 쉬운 이유는 이 때문입니다. 하지만 인슐린을 비롯한 호르몬의 작용은 아직도 완전히 밝혀지지 않았을 정도

GI 지수

GI(Glycemic Index) 지수, 다른 말로 혈당 지수는 음식에 함유된 당질의 흡수도를 나타내는 지표로, 당질의 최소 단위인 글루코스를 기준치 100으로 잡습니다. GI 지수가 70 이상이면 고GI 식품, 56~69면 중GI 식품, 55 이하면 저GI 식품으로 분류합니다. 저GI 식품은 당질이 소화, 흡수되는 속도가 느려 혈당이 급격히 오르지 않으므로 당뇨병 예방에 도움이 된다고 알려져 있습니다. 쌀이나 밀가루로 만든 가공식품은 비교적 GI 지수가 높고, 채소와 과일은 GI 지수가 낮은 경향을 보입니다.

로 매우 복잡합니다. 마찬가지로 체내 에너지 순환의 메커니즘 역시
아직 모르는 부분이 많기에 저GI 식품을 먹으면 절대 살찌지 않는다
고 단언할 수는 없습니다.

19 장

아무것도 안 했는데 피곤한 이유
: 기초 대사로 소비되는 에너지

18장에서는 에너지의 수입, 즉 우리가 식사로 몸에 영양을 공급할 때 일어나는 화학 반응을 배웠습니다. 이번 장에서는 에너지의 지출 과정을 따라가 보려 합니다. 17장에서 소개했다시피 에너지의 지출은 크게 세 종류(기초 대사, 운동 대사, 식사 대사)로 나뉩니다. 각 활동에서 기능하는 기관, 조직, 세포, 단백질은 크게 다르지만, 생화학적으로는 세포 내 단백질(효소)이 ATP를 사용해서 화학 반응을 촉진한다는 공통점이 있습니다. 제일 먼저 배울 내용은 기초 대사입니다. **생명 유지에 필요한 에너지**란 무엇일까요?

기초 대사란 무엇일까?

기초 대사는 생명 활동을 유지하는 데 필요한 최저 에너지로, **제대로 근(불수의근)의 운동, 세포막에서 일어나는 이온의 능동 수송, 동화 반응에 의한 효소의 촉매 작용**이 대부분을 차지합니다. 하지만 이렇게 나열해도 얼마나 생명 유지에 중요한 작용들인지 와닿지 않을지도 모릅니다.

제대로근의 운동은 심장 박동에 필요한 심근의 운동, 소화 기관과 혈관이 활동하는 데 필요한 민무늬근의 운동을 가리킵니다. 의미를 알고 나니 생명 유지에 필요한 운동이라는 점이 이해되지 않나요?

세포막에서 일어나는 이온의 능동 수송은 세포가 다양한 영양소를 세포 안으로 흡수하고 배출하는 과정에 중요한 운동이지만, 왜 필수인지 이해하는 사람은 그리 많지 않을 텐데요. 이 에너지를 대부분 소비하는 주체는 세포막에 존재하는 **소듐 펌프**입니다. 소듐 펌프가 기초대사의 에너지를 절반 가까이 소비한다고 해도 과언이 아닙니다.

동화 반응에 의한 효소의 촉매 작용에는 당 신생 합성, 글리코젠 합성, 광합성, 지방산 합성 등 지금까지 배운 다양한 동화 반응이 포함됩니다. 그뿐만 아니라 유전자 정보를 복제, 계승, 발현하는 데 필요한 DNA 복제, RNA 합성, 단백질 합성에 쓰이는 에너지 역시 기초 대사에 속합니다.

이제 세 가지 에너지 대사를 자세히 들여다볼까요?

소듐 펌프가 만드는 이온 농도 기울기

동물 세포의 세포막에 존재하는 소듐 펌프는 ATP의 가수 분해 에너지로 이온을 능동 수송하는 막 단백질입니다. ATP 분자 하나당 소듐

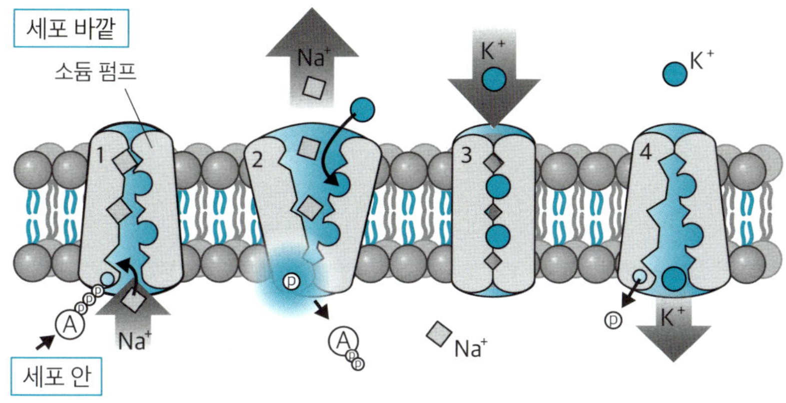

이온 3개를 세포 밖으로 내보내고 포타슘 이온 2개를 세포 안으로 들여보냅니다(그림 19-1). 이로써 세포 안쪽은 언제나 소듐 농도가 낮고 (12mmol, 밀리몰) 포타슘 농도가 높은(140mmol) 상태를 유지합니다. 소듐 펌프는 거의 모든 세포에 발현되어 항상 이온을 수송하므로 몸은 언제나 에너지를 대량으로 소비합니다.

소듐 펌프가 소듐 이온을 능동 수송할 때 이온 또는 ATP의 결합, 자가 인산화 등으로 일련의 구조 변화가 일어납니다(그림 19-1). 세포질에서 ATP와 소듐 이온 3개가 펌프의 결합 부위에 결합하면 펌프 자체의 ATP 분해 능력으로 ATP γ 자리의 인산기가 펌프 내 특정 아스파트산 잔기로 이동합니다(자가 인산화). 이로써 단백질의 구조 변화가 유도되면서 소듐 이온의 결합 부위가 세포 바깥쪽을 향해 열린 형태로 바뀝니다. 그 결과, 소듐 이온이 세포 밖으로 방출되면서 이번에는 포타슘 이온 2개가 펌프의 결합 부위에 결합합니다. 그렇게 되면 인산기가 떨어져 펌프가 원래 구조로 돌아오면서 포타슘 이온이 세포 안쪽으로 방출됩니다.

다양한 물질 수송에 이용되는 농도 기울기

문제 소듐 이온과 포타슘 이온의 농도 기울기가 왜 필요할까?

세포막은 인지질로 구성되어 있으므로 보통 이온 같은 하전 입자는 물론이고 친수성 분자는 통과하기 힘듭니다. 반대로 소수성 분자는 세포막을 원활하게 통과하므로 막의 수송체가 필요하지 않습니다. 18장에서 소개했듯이 장관 상피 세포는 장에서 글루코스를 흡수하기 위해 GLUT4라는 통로를 이용하는데, 그 이유는 친수성인 글루코스가 세포막을 통과하지 못하기 때문입니다.

통로(channel)는 농도 기울기를 따라 특정 물질을 수동 수송하지만, 농도 기울기를 거스르지는 못합니다. 그래서 세포막에는 다른 분자의 수동 수송과 결합해서 특정 분자를 능동 수송하는 **공동 수송체**(transporter)가 존재합니다(그림 19-2). 그리고 공동 수송체가 이용하는 수동 수송의 에너지는 소듐 이온의 농도 기울기입니다. 즉, **공동 수송체는 세포 활동에 필요한 당이나 아미노산을 세포 안으로 능동 수송할 때 소듐**

세포막의 공동 수송체는 두 종류입니다. 소듐 이온을 항상 세포 바깥에서 세포 안으로 들여보내려 하는 것처럼 세포 안으로 물질을 능동 수송하는 수송체를 **동방향 수송체**(symporter), 세포 바깥으로 수송하는 수송체를 **역방향 수송체**(antiporter)라고 합니다(그림 19-2). 그리고 공동 수송체가 매개하는 능동 수송을 가리켜 **2차 능동 수송**이라고도 합니다.

동방향 수송체에는 세포 바깥에서 세포 안으로 글루코스를 수송하는 소듐-글루코스 공동 수송체, 아미노산을 수송하는 소듐-아미노산 공동 수송체, 염화 이온을 수송하는 소듐-염소 공동 수송체 등이

그림 19-2 동방향 수송체와 역방향 수송체의 메커니즘

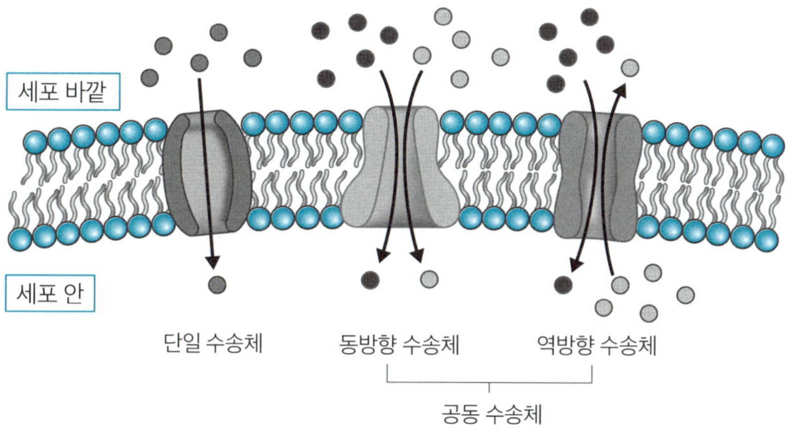

있습니다. 소듐-글루코스 공동 수송체는 소장, 신장 등에 존재하며, 소듐 이온의 수동 수송과 글루코스의 능동 수송을 동시에 진행합니다(18장 참조). 이 작용은 각각 소장에서 음식물의 당을 흡수하고 신장에서는 오줌 속의 당을 혈액으로 재흡수하는 반응의 중심적인 역할을 맡고 있습니다. 그리고 세포는 아미노산을 적극적으로 흡수할 때도 소듐 이온의 농도 기울기를 이용합니다. 소듐 이온의 농도 기울기가 없으면 이 모든 영양소는 세포 안으로 들어가지 못하기에 세포는 금세 죽고 맙니다.

소듐 역방향 수송체는 칼슘 이온(소듐-칼슘 교환 수송체), 수소 이온(소듐-수소 교환 수송체) 등을 운반하는 단백질입니다. 소듐-칼슘 교환 수송체는 주로 신경 세포에 발현해서 활동 전위 이후 세포질에서 칼슘 이온을 빠르게 제거합니다.

공동 수송체의 장점

문제 **왜 세포는 소듐 이온의 화학 농도 기울기를 이용해서 물질을 능동 수송하는 번거로운 구조로 진화했을까?**

특정 물질을 능동 수송하려면 ATP를 사용하는 펌프가 진화하는 쪽이 더 좋지 않았을까요? 가령 세포막에 발현한 칼슘 펌프는 항상 칼슘 이온을 세포 밖으로 내보냅니다. 그런데 왜 소듐-칼슘 교환 수송체가 필요할까요?

사실 펌프와 공동 수송체는 물질을 운반하는 속도가 크게 달라, 상황에 맞게 구분해서 쓰인답니다(칼럼 참조). 예를 들어, 신경 세포에서 칼슘 신호를 전달할 때 활동 전위를 연속해서 발생시키려면 세포질에서 칼슘 이온만 빠르게 내보내야 합니다. 세포막이나 소포체막의 칼

펌프와 공동 수송체의 역할 구분

펌프가 이온을 수송할 때는 일련의 구조 변화를 포함한 반응 회로가 작동합니다. 단백질 안에는 특정한 이온에 대한 친화성이 높은 부위가 존재하므로 이온의 농도가 낮더라도 결합할 수 있습니다. 그 대신, 일련의 반응 회로가 전부 완료되기까지 오래 걸립니다. 칼슘 펌프는 매초 최대 50주기로 칼슘 이온을 50개 운반합니다.

한편, 소듐-칼슘 교환 수송체는 ATP와 결합하거나 일련의 구조 변화를 거치지 않아도 되고, 매초 최대 5,000개의 칼슘 이온을 수송할 수 있습니다. 펌프의 무려 100배지요. 그러나 칼슘 이온의 친수성이 낮아 농도가 낮은 칼슘 이온을 수송하기에는 적합하지 않습니다. 소듐-칼슘 교환 수송체는 신경 세포에 발현해서 활동 전위 후 칼슘 이온을 빠르게 배출하는 중요한 역할을 맡고 있습니다.

슘 펌프도 칼슘 이온을 내보내지만, 속도가 느려 활동 전위를 연속해서 빠르게 일으키기에는 어울리지 않지요. 그래서 칼슘 이온을 한 번에 대량으로 수송할 때는 소듐-칼슘 교환 수송체가 활약합니다.

이처럼 펌프와 공동 수송체와 통로는 각각 성질이 다릅니다. **일정하게 이온을 수송하는 펌프와 달리 통로와 공동 수송체는 상황 변화에 대응해 빠르게 수송하는 데 특화되어 있습니다.** 세포가 다양한 상황에서 신속하게 반응할 수 있는 이유는 소듐 펌프가 항상 소듐 이온과 포타슘 이온의 화학 농도 기울기를 만들어내기 때문입니다.

제대로근의 구조와 작용

다음은 **기초 대사의 일부인 심근과 민무늬근**의 구조와 기능을 배울 차례입니다.

근육은 구조와 기능에 따라 보통 **골격근, 심근, 민무늬근** 등 세 가지로 나뉩니다(그림 19-3). 모두 ATP 에너지를 소비해서 수축한다는 공통점이 있지만, 수축 메커니즘과 제어 체계는 확연히 다릅니다. 골격근은 우리가 의도적으로 움직일 수 있는 **맘대로근(수의근)**이지만, 심근과 민무늬근은 마음대로 움직이지 못하는 **제대로근**입니다. 골격근에서 소비되는 에너지는 운동 대사로 분류되지만, 제대로근에서 소비되는 에너지는 **기초 대사**로 분류됩니다. 골격근은 다음 장에서 자세하게 다

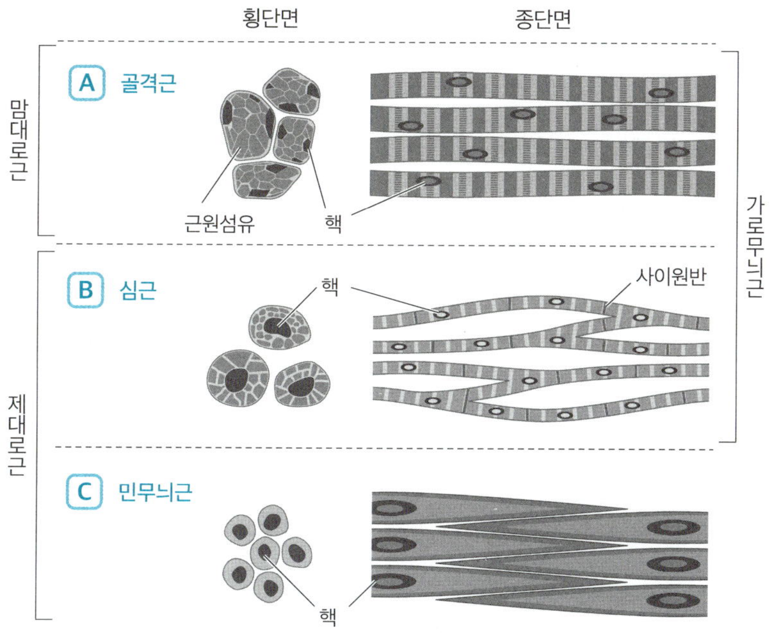

루기로 하고, 지금은 기초 대사에 집중해 봅시다.

심장을 구성하는 중요한 근육인 심근은 주기적인 심장 박동을 일으 킵니다. 심근과 골격근에는 근육의 축과 수직인 줄무늬가 있어, 조직 학에서는 두 근육을 **가로무늬근**이라고 부릅니다. 골격근은 운동 신경 의 자극을 받고 수축하지만, 심근은 신경을 통해 자극이 전달되지 않 아도 자발적으로 운동합니다. 심근에는 자발적인 활동 전위를 발생시 키는 **페이스메이커 세포**가 있는데, 심장 외부 신경의 지배를 차단해도 자율적으로 수축합니다. 페이스메이커 세포를 비롯한 일부 세포의 신호를 받고 함께 협동하며 작용하는 세포 집단을 **합포체**라고 합니다.

민무늬근은 혈관과 내장을 비롯한 속 빈 장기(장, 기관, 자궁, 난관, 요관 등)의 벽을 구성하는 근육입니다. 긴장과 수축으로 이 장기들의 기능을 유지하지요. **이를테면 혈관의 민무늬근이 수축하면 혈압이 높아지고, 위와 장에서 꿈틀 운동이 일어납니다.** 그리고 자궁을 수축시켜 분만을 유도하는 중요한 역할도 맡고 있습니다.

ATP를 소비해서 수축하는 근육

근육의 종류와 상관없이 근육 세포는 화학 자극, 전기 자극, 기계 자극 등을 받으면 흥분해서 **활동 전위**를 발생시킵니다. 이 활동 전위가 근육 세포의 세포막을 따라 이동하면 칼슘 이온이 세포 안으로 유입됩니다.

활동 전위가 발생하고 칼슘 이온이 유입되는 원리는 근육의 종류에 따라 다릅니다. 골격근에서는 **운동 신경 말단에서 아세틸콜린이 방출**되면 근육 세포의 세포막에서 활동 전위가 일어납니다(23장 참조). 한편, 심근에서 그 역할을 맡은 세포는 페이스메이커 세포입니다. 페이스메이커 세포는 심장 박동을 지휘하는 사령탑 같은 세포로, 약 100억 개의 심근세포 중 겨우 1%밖에 존재하지 않습니다. 우심방의 굴심방결

절에 존재하며, 매우 약한 전기 신호를 규칙적으로 발생시켜 심근세포
에 움직임을 지시합니다. 이 기능이 제대로 작동하지 않으면 부정맥이
일어나지요. 칼슘 이온이 유입되어 근수축이 일어나는 구조는 골격근
이든 심근이든 같은데, 이는 20장에서 자세히 설명하겠습니다. 지금
은 민무늬근을 살펴봅시다.

민무늬근의 수축

골격근과 심근에서는 주로 칼슘 이온이 근소포체에서 세포질로 유입
되는데, 근소포체가 발달하지 않은 민무늬근에서는 주로 세포 바깥
에서 칼슘 통로를 통해 세포질로 들어옵니다. 세포질에는 칼슘 이온
결합 단백질인 **칼모듈린**이 존재하는데, 칼슘 이온이 결합하면 활성화
되어 **미오신 가벼운 사슬 인산화 효소**(MLCK)를 활성화합니다(그림 19-4).
활성화된 MLCK는 미오신 머리 부분을 인산화합니다. 그로써 ATP 분
해 능력이 활성화된 미오신은 액틴과 상호작용하고, 결과적으로 근
육이 수축합니다. 액틴과 미오신이 미끄러지듯 겹쳐 일어나는 근수축
은 골격근과 같은데, 이는 20장에서 자세히 설명하겠습니다. 이 세포
들이 골격근이나 심근과 다른 점은 세포 안의 칼슘 이온이 **트로포닌 C**
와 결합해야 비로소 수축이 일어난다는 점입니다. 세포 내 칼슘 이온
농도가 낮아지면 칼슘 이온-칼모듈린 복합체가 분리되어 MLCK가 비

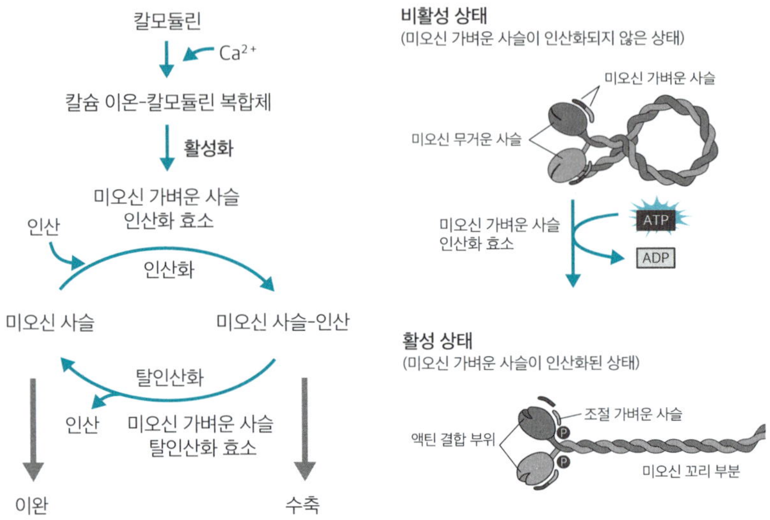

활성화되고, 미오신이 탈인산화되면서 민무늬근이 이완됩니다.

이처럼 우리 몸에 필요한 장기가 움직이려면 심근과 민무늬근이 수축해야 합니다. 기초 대사에 속한 에너지는 대체로 근육 수축에 쓰입니다.

동화 반응의 에너지 이용

기초 대사의 마지막 요인인 **동화 반응**에서 효소의 촉매 작용도 살펴볼까요? 동화 반응은 지금까지 많이 등장했으니 짧게 다루겠습니다. 화학 결합을 잘라 에너지를 끌어내는 이화 반응과 달리 동화 반응은 에너지를 사용해서 화학 결합을 만드는 반응입니다. 피루브산으로 글루코스를 만드는 당 신생 합성(12장 참조), 글루코스-6-인산으로 글리코젠을 합성하는 반응(12장 참조), 광합성 중 이산화탄소로 글루코스를 합성하는 반응(8장 참조), 아세틸-CoA로 지방산을 합성하는 반응(10장 참조) 등이 모두 동화 반응입니다.

이뿐만 아니라 우리 몸은 유전 정보를 유지, 계승, 발현할 때도 대량의 에너지를 소비합니다. 이러한 동화 반응에는 DNA 합성(복제), RNA 합성(전사), 단백질 합성 등이 있습니다. 자세한 내용은 제4부에서 설명하겠습니다.

우리 몸은 아무런 운동을 하지 않아도 생명을 유지하기 위해 심장과 다른 장기를 움직여야 하고, 유전 정보를 발현하는 단백질(효소)을 계속 만들어내야 합니다. 그리고 세포 수준에서도 세포막의 이온 농도 기울기를 만들어 필요한 물질을 세포 안으로 들여보내지 않으면 세포는 죽고 맙니다. 이것이 기초 대사의 정체입니다. 다음 장부터는 운동 대사를 배워 보겠습니다.

 장

운동의 주역, 골격근
: ATP를 소비하는 운동

12장에서 소개했듯이 ATP를 만드는 시스템은 ① 해당 과정의 혐기성 반응 경로를 통해 글루코스(또는 글리코젠)로 피루브산 또는 젖산을 만드는 반응, ② 미토콘드리아에서 진행되는 TCA 회로와 전자 전달계의 호기성 반응입니다. 당질, 지질, 단백질은 이러한 경로에서 대사되어 ATP로 형태가 바뀝니다. 이번 장에서는 기초 대사, 운동 대사, 식사 대사에서 모두 중요한 역할을 하는 **근육**에 초점을 맞추어 운동 대사에 쓰이는 에너지가 어떻게 관리되는지 배워 봅시다.

근육의 구조

처음으로 배울 구조는 운동의 주역인 골격근입니다. 골격근은 여러 개의 **근육 다발**이 결합 조직으로 연결되어 있습니다(**그림 20-1**). 그리고 그 말단은 **힘줄**을 통해 뼈로 이어집니다. 근육 다발은 여러 개의 근섬유(근육 세포)로 이루어져 있고, 그 사이를 무수히 많은 모세혈관이 지납

▶ 『理学改訂第2版』(麻見直美, 川中健太郎 /編), 羊土社, 2024(오미 나오미·가와나카 겐타로 엮음, 『운동생리학 개정판 제2판』, 요도샤, 2004)를 바탕으로 작성.

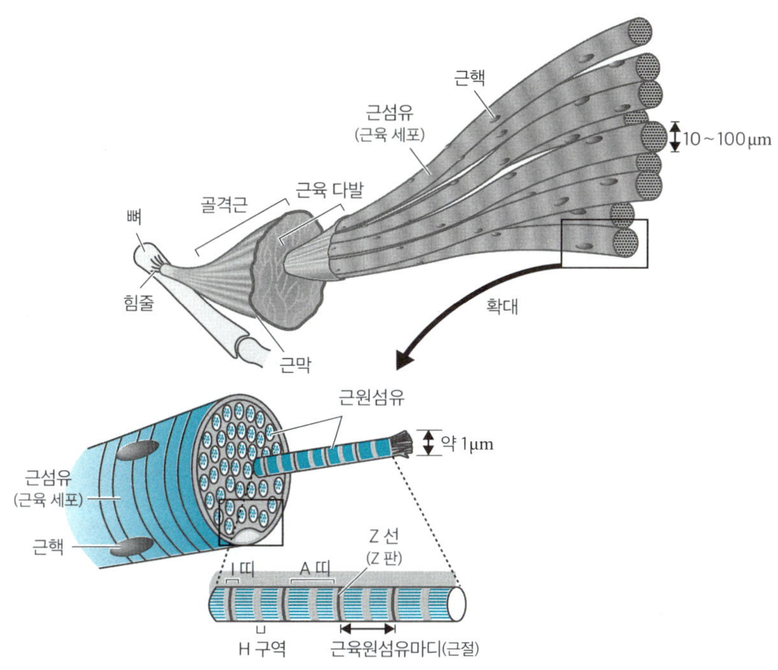

니다. 근육 세포는 지름이 10~100μm이고 내부에 **근원섬유**가 빽빽하게 들어차 있으며, 미토콘드리아와 핵이 여러 개 존재하는 **다핵세포**입니다.

근육 세포를 현미경으로 관찰하면 섬유를 따라 어두운 부분과 밝은 부분이 번갈아 나타나는 줄무늬를 볼 수 있습니다(그림 20-1). 어두운 부분을 **A 띠**, 밝은 부분을 **I 띠**라고 합니다. 뒤에서 설명하겠지만 어

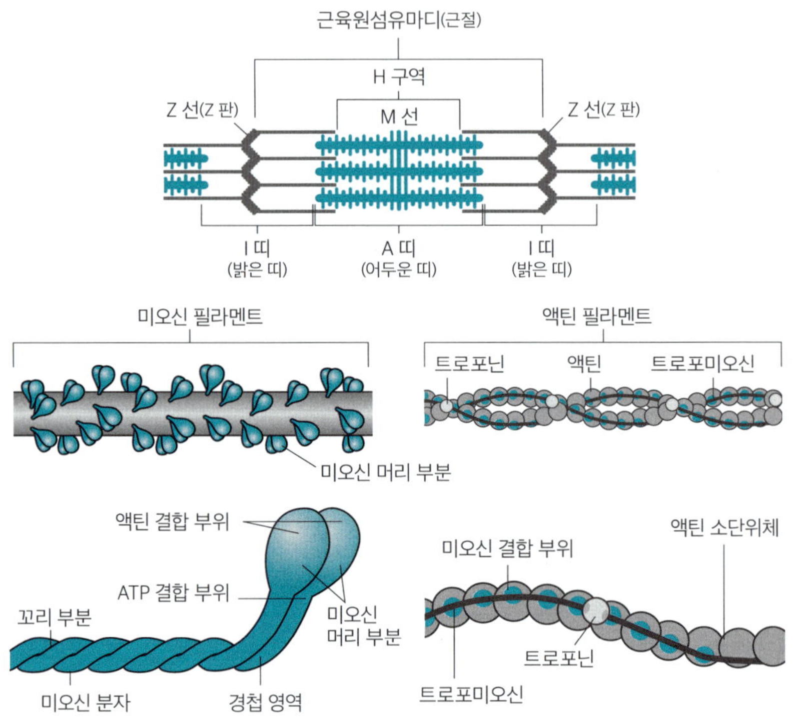

두운 A 띠는 두 종류의 서로 다른 근섬유(굵은 섬유인 미오신 필라멘트와 가는 섬유인 액틴 필라멘트)가 겹쳐져 있으며, 밝은 I 띠는 가는 액틴 필라멘트로만 이루어져 있습니다. I 띠 가운데에는 액틴 필라멘트가 붙은 **Z 선(Z 판)**이 있고, Z 선과 Z 선 사이를 **근육원섬유마디**라고 합니다. 그리고 굵은 미오신 필라멘트만 존재하는 부분을 **H 구역**이라고 합니다.

근육 세포에 줄무늬가 나타나는 원인인 **근원섬유**는 지름이 약 1μm

이며, 근육 세포 하나에 수백~수천 가닥의 근원섬유가 들어 있습니다. 근원섬유는 **액틴 필라멘트**와 **미오신 필라멘트**로 이루어져 있습니다(**그림 20-2**). 미오신은 머리 부분과 꼬리 부분으로 구분되는 길고 가느다란 구조로, 꼬리 부분을 통해 이량체를 형성합니다. 그리고 꼬리 부분을 통해 미오신이 여러 개 모여 하나의 굵은 섬유를 형성합니다. 이때 머리 부분은 섬유 표면에 배치되면서 꼬리 부분이 형성하는 굵은 섬유의 표면에 머리 부분이 나란히 놓이는 구조가 만들어집니다. 한편, 액틴 필라멘트는 **액틴**, **트로포미오신**, **트로포닌** 등의 단백질로 구성됩니다. 구 형태인 액틴은 겹쳐지면서 섬유 형태가 됩니다. 액틴 섬유 2개가 나선을 그리며 만나 액틴 필라멘트의 골격을 이룹니다. 이 골격을 따라 트로포미오신이 결합함으로써 섬유는 더욱 견고해집니다. 트로포닌은 액틴, 미오신, 칼슘 이온과 결합하는 소단위체로 구성된 삼량체 단백질로, 액틴과 미오신을 연결하는 중요한 단백질입니다.

근육이 힘을 만드는 원리

액틴 필라멘트와 미오신 필라멘트가 힘을 발휘하는 구조에서는 **미오신의 머리 부분의 ATP 분해 능력과 칼슘 이온이 중요한 역할을 합니다.** 신경에서 전달된 신호가 도달하면 근육은 수축합니다. 현미경으로 보면 근육원섬유마디가 수축해서 H 구역이 사라지고 Z 판 사이의 거리가 줄어드는 현상을 볼 수 있습니다. 이때 세포 안에서는 **액틴 필라멘트와 미오신 필라멘트가 미끄러져 근원섬유끼리 겹치는 부분이 길어집니다.**

뇌에서 보내온 신호가 신경과 근육의 접합부에 도달해서 근육이 수축하기까지의 상세한 메커니즘에는 아직 밝혀지지 않은 부분이 있지만, 다음과 같이 정리됩니다.

① 뇌와 척수의 몸 운동 신경에서 발생한 전기적 흥분이 운동 신경 섬유를 따라 근육과 맞닿은 말단에 도달한다.

② 신경 말단에서 아세틸콜린이라는 신경 전달 물질이 방출된다.

③ 아세틸콜린이 근육 세포의 세포막에 존재하는 수용체형 이온 통로에 결합해서 통로가 열리면 소듐 이온이 세포 안으로 들어온다.

④ 소듐 통로가 열리면서 만들어진 **근육 활동 전위**가 세포막과 가로세관을 따라 세포 안으로 전도된다.

⑤ 세포막과 근소포체막의 접합부를 통해 활동 전위가 소포체로 전달되면 전위 의존성 칼슘 통로가 열리고, 칼슘 이온이 근소포체에서 세포질로 방출된다.

⑥ 세포질로 들어온 칼슘 이온이 액틴과 결합하고 있던 트로포닌 분자와 결합하면서 액틴의 미오신과 결합하는 부위가 노출된다.

⑦ 미오신의 머리 부분은 ATP를 ADP와 인산으로 가수 분해해서 활성화된다.

⑧ 미오신의 꼬리 부분이 경첩 영역에서 꺾이면서 액틴 필라멘트와

미오신 필라멘트가 미끄러진다.

⑨ 미오신 머리 부분은 ADP와 인산을 떼어내고, 이후 새로운 ATP가 결합하면 액틴에서 떨어진다.

⑩ ①~⑨ 과정이 반복되면서 Z 판과 Z 판의 거리가 가까워지고 근육이 수축한다.

일단 ①~⑤ 과정부터 살펴볼까요? 신경을 따라 신경과 근육의 접합부에 도달한 활동 전위는 신경 말단에서 아세틸콜린이 방출되도록 유도합니다(23장 참조). 지금은 **아세틸콜린**이 신경 세포와 근육 세포 사이의 틈새로 방출된다는 사실만 기억하면 충분합니다. 근육 세포 표면에는 아세틸콜린이 결합하면 통로를 여는 **수용체형 소듐 통로**가 있어, 농도 기울기를 따라 소듐 이온이 근육 세포 안으로 들어옵니다. 이로써 근육 세포에도 활동 전위(**근육 활동 전위**)가 발생해서 세포막에 전파됩니다(23장 참조).

근육 세포의 세포막은 일정한 간격으로 세포 안에 함입되어 **가로세관** 또는 **T 관**으로 불리는 가느다란 관을 형성합니다. 신경과 근육의 접합부에서 발생한 활동 전위는 이 가로세관을 따라 세포 안으로 전파됩니다. 가로세관은 세포 안에서 근소포체와 맞닿아 있으므로 전위의 변화는 근소포체막에도 전달됩니다. 이에 따라 근소포체막의 전위 의존성 칼슘 통로가 열리고, 소포체 안에 축적되어 있던 **칼슘 이온**이 세포질로 방출됩니다. 소포체에는 세포질의 약 1만 배나 되는 농도

(1mmol)의 칼슘 이온이 축적되어 있는데, 칼슘 통로가 열리면 농도 기울기를 따라 이 이온이 한 번에 세포질로 들어갑니다. 그 결과, 세포질의 칼슘 이온 농도는 순식간에 10배 이상 높아집니다.

세포질의 칼슘 이온 농도가 낮으면 트로포미오신이 액틴과 미오신 머리 부분의 상호작용을 물리적으로 방해하므로 액틴과 미오신은 상호작용하지 못합니다(그림 20-2). 신경 세포를 통해 전달된 자극을 받고 세포질로 방출된 칼슘 이온은 트로포닌의 소단위체(트로포닌 C)에 결합해서 구조 변화를 유발하고 트로포미오신의 방해를 제거함으로써 액틴과 미오신 머리 부분의 상호작용을 가능하게 합니다(그림 20-3 A ①). ATP가 존재하면 미오신 머리 부분은 ATP를 가수 분해해서 ADP와 인산을 품은 활성형 상태로 액틴과 결합합니다. 액틴과 결합하면 ADP와 인산은 미오신에서 떨어져 나가고, 미오신 꼬리 부분이 꺾이면서 액틴 필라멘트와 미오신 필라멘트가 조금씩 미끄러지게 됩니다(그림 20-3 A ②). 그다음에 새로운 ATP가 미오신 머리 부분에 결합하면 미오신과 액틴이 떨어져 나가고(그림 20-3 A ③), 최종적으로 미오신과 액틴이 약간 틀어진 위치에서 반응이 끝납니다(그림 20-3 A ④). 미오신 머리 부분은 ATP를 가수 분해해서 ADP와 인산을 결합한 활성형이 되고, 머리 부분이 원래 각도로 돌아간 상태로 다시 액틴과 결합합니다(그림 20-3 A ①). 이 과정이 반복되면서 액틴 필라멘트와 미오신 필라멘트는 한 방향으로 미끄러집니다. 근육 세포 전체로 보면 근육원섬유

그림 20-3 근수축의 원리

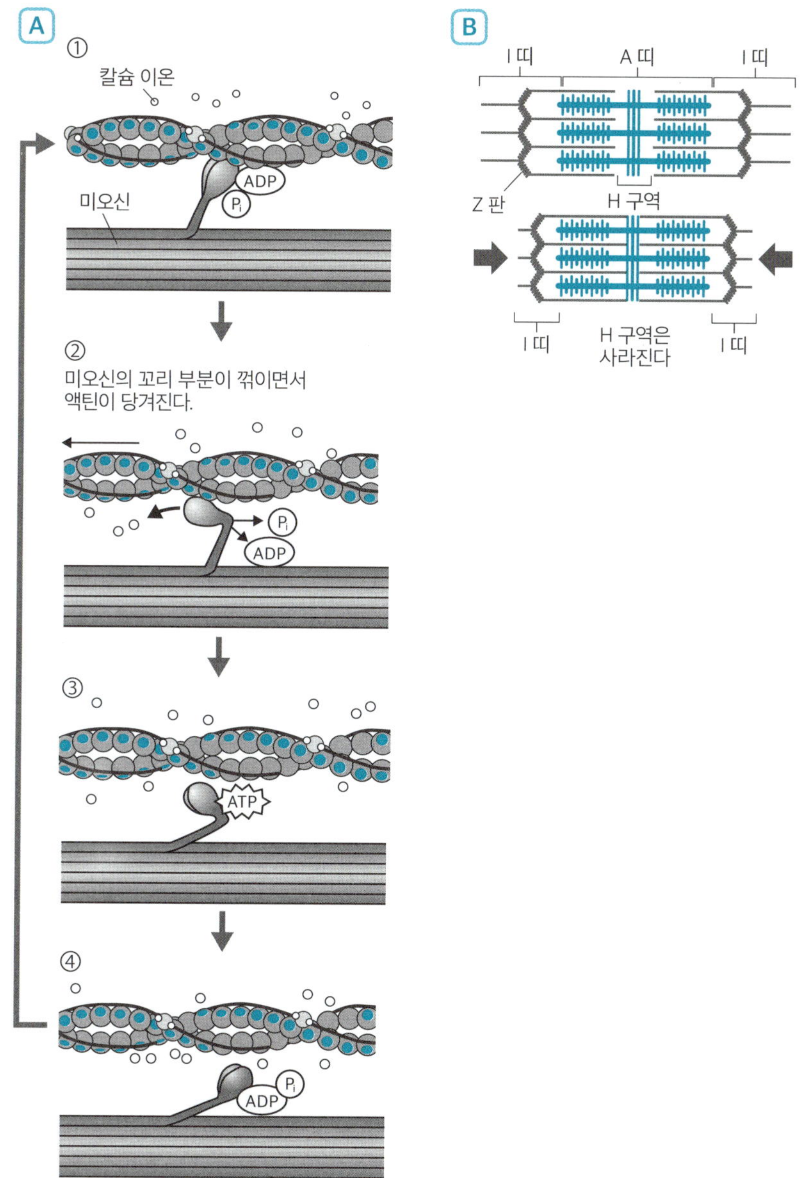
A
①
칼슘 이온
미오신
ADP
Pi
②
미오신의 꼬리 부분이 꺾이면서
액틴이 당겨진다.
Pi
ADP
③
ATP
④
ADP
Pi
B
I 띠
A 띠
I 띠
Z 판
H 구역
I 띠
H 구역은
사라진다
I 띠

마디가 짧아지고 H 구역은 사라지며, I 띠도 짧아집니다(그림 20-3 B).

마지막으로 근육이 이완할 때도 살펴봅시다. 신경에서 발생한 활동 전위가 사라지면 근육 세포 내 칼슘 이온 농도가 낮아집니다. 전위 의존성 칼슘 통로가 닫히고, 칼슘 펌프가 ATP를 사용해서 칼슘 이온을 세포질에서 근소포체로 퍼 올리기 때문입니다. 칼슘 이온 농도가 낮으면 미오신은 액틴에서 떨어진 상태로 존재하고, 액틴 필라멘트와 미오신 필라멘트는 원래 위치로 돌아갑니다.

이처럼 근육의 수축과 이완은 액틴과 미오신 같은 단백질뿐만 아니라 이를 조절하는 단백질과 칼슘 이온까지 수많은 요소가 상호작용하며 이루어지므로 실제로는 매우 복잡합니다.

다음 장부터는 근육의 활동을 에너지 측면에서 접근하고자 합니다. 제2부에서 배운 당질과 지질의 대사가 근육의 운동을 어떻게 뒷받침하고 있는지 배워 봅시다.

21 장

에너지는 고갈되지 않는다
: 무산소 호흡과 운동

20장에서는 근육이 수축, 이완하는 원리를 액틴과 미오신을 비롯한 단백질의 작용에 초점을 맞추어 소개했습니다. 이번 장에서는 다시 생화학적 관점으로 돌아와 근육에서 일어나는 ATP 합성과 소비를 **에너지 관리** 측면에서 들여다보겠습니다.

근육의 에너지 관리

세포에 ATP가 존재하는 한, **근육**은 계속 수축과 이완할 수 있습니다. 하지만 안타깝게도 ATP를 대량으로 저장할 수 없기에 무한정 힘을 발휘할 수는 없지요. 돈은 은행이나 금고에 많이 쌓아둘 수 있지만, 세포질의 ATP 농도는 거의 일정하게 유지되므로 근육은 ATP를 대량 축적할 수 없습니다. **ATP는 세포의 에너지 화폐**입니다. 근수축 외에도 다양한 효소 반응에서 ATP가 쓰이므로 ATP 농도가 극적으로 높아지는 현상은 세포의 항상성 면에서 그리 좋은 신호는 아닙니다. 근육 세포의 ATP는 근육의 건조 중량 1kg당 약 35mmol입니다. 최대한의 힘으로 수축하면 겨우 2초 만에 고갈되는 양이지요.

근육은 이러한 에너지 문제를 해결하기 위해 ADP를 빠르게 제거하고 새로 ATP를 공급하는 시스템을 다수 갖추고 있습니다. ① **크레아틴 인산**에 의한 ATP 재생, ② 글루코스 또는 글리코젠의 혐기성 이화 반응(**해당 과정**), ③ 미토콘드리아의 호기성 호흡(**TCA 회로, 산화적 인산화**) 등 세 가지입니다. ②과 ③의 생화학적 원리는 앞에서 배웠지요. 운동 강도와 지속 시간에 따라 세 가지 ATP 생산 과정이 차례대로 활성화되어 ATP를 공급합니다. 일반적으로 다음 순서대로 활성화됩니다(괄호 안은 지속 시간, **그림 21-1**).

⓪ 운동하기 전부터 근육 세포에 있던 ATP(0~수 초)

① 근육 세포에 있던 크레아틴 인산과 ADP가 반응해서 재생된 ATP(0~10초, ~15mmol/kg 건조 중량/초)(**첫 번째 화살**)

② 근육 세포에 저장되어 있던 글루코스와 글리코젠이 혐기성 해당 과정에서 피루브산과 젖산으로 변환되는 과정에서 합성된 ATP(10초~수 분, 11mmol/kg 건조 중량/초)(**두 번째 화살**)

③ 산소가 풍부한 조건에서 피루브산이 미토콘드리아 안에서 산화되어 만들어진 ATP(수 분~수 시간, 2.5mmol/kg 건조 중량/초)(**세 번째 화살**)

22장에서 자세히 설명하겠지만, 근육만으로는 보충할 수 없을 만큼 ATP가 필요해지면 간에서 당질(글루코스 또는 글리코젠)과 지질(주로 지방

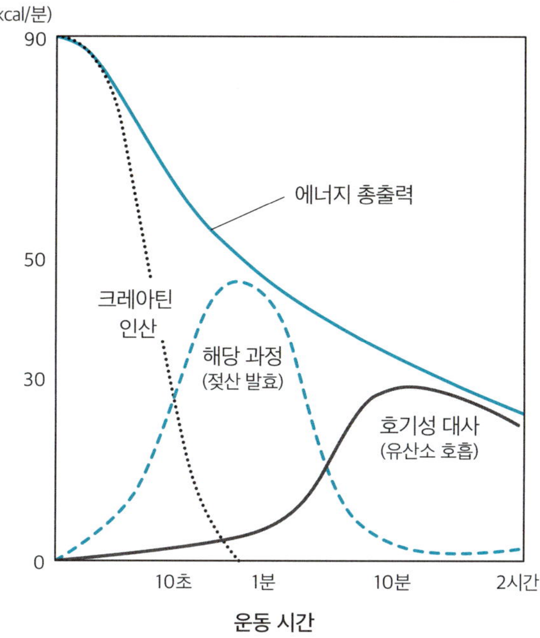

산)을 근육으로 보내 운동을 계속할 수 있게 합니다(네 번째 화살). 그런데도 여전히 ATP가 부족하면 온몸의 지방 조직에서 간으로 지방을 운반해서 지방산으로 분해한 다음 근육으로 보냅니다(다섯 번째 화살). 이처럼 우리 몸에는 근육에만 몇 중으로 대비가 되어 있을 뿐만 아니라 간과도 연계해서 온몸에 축적된 에너지를 끊임없이 근육으로 공급하는 치밀한 시스템까지 준비되어 있습니다. 이제 각 시스템을 하나하나 살펴볼까요?

크레아틴 인산의 ATP 재생(첫 번째 화살)

크레아틴 인산은 운동이 시작된 근육에서 가장 먼저 반응을 일으켜 ATP 농도가 떨어지지 않게 막아줍니다. 그 대신 10초 만에 고갈되고 혐기성 해당 과정으로 차례를 넘길 만큼 지속성이 낮습니다.

운동이 시작되어 근육 세포의 ATP 농도가 낮아지는(ADP 농도가 높아지는) 동시에 크레아틴 인산은 가수 분해되어 인산기를 ADP로 전달합니다. 그 결과 ATP가 재생됩니다(그림 21-2). 크레아틴 인산이 가수 분해되면서 생기는 자유 에너지 변화는 9kcal/mol로, ATP 가수 분해의 자유 에너지 변화(7.4kcal/mol)보다 크므로 반응이 진행됩니다. ATP의 인산 결합에는 에너지가 축적되어 있다고 배우는데, 이는 세포 안에 더 큰 에너지를 축적하는 인산 결합이 존재하기 때문입니다. 놀랍지 않나요? 게다가 근육에 축적된 크레아틴 인산은 70~80mmol/kg 건조 중량으로, **ATP보다 몇 배나 많습니다.** 크레아틴과 크레아틴 인산을 합하면 125mmol/kg 건조 중량인데, 이는 표준 남성 기준 120g에 해당하는 양입니다.

크레아틴 인산과 ADP가 신속하게 반응한 덕에 운동을 시작한 근육의 **ATP 농도는 낮아지지 않고 거의 일정하게 유지되며, 오히려 시간이 지나면서 크레아틴 인산의 양이 감소합니다.** 따라서 크레아틴 인산의 가수 분해 속도는 운동 시작 직후가 가장 높고, 갈수록 큰 폭으로 감소해

서 20~30초 후에는 개시 직후의 수 %까지 떨어집니다. 그때는 해당

과정에서 혐기성 ATP 합성 반응이 시작되므로 크레아틴 인산은 해당

과정이 시작되기 전의 신속한 반응에 특화되어 있다고 할 수 있습니

다(그림 21-1).

건강 기능 식품과 운동

근육의 크레아틴양은 건강 기능 식품이나 운동을 통해 어느 정도 늘릴 수

있습니다. 일반적으로는 평균 125mmol/kg 건조 중량이지만, 크레아틴을

섭취하면 최대 145~160mmol/kg 건조 중량까지 높아집니다. 단기간에 운

동 능력을 올릴 수 있어 많은 사람이 건강 기능 식품으로 크레아틴을 섭취

하기도 합니다.

크레아틴 인산의 가수 분해로 만들어진 크레아틴은 운동 후 근육 세포 내 ATP 농도가 회복되면 **크레아틴 인산화 효소**에 의해 인산화되어 다시 크레아틴 인산으로 돌아갑니다. 근육 세포에서는 여러 종류의 크레아틴 인산화 효소가 발현되는데, 근육의 종류에 따라 발현 유형이 다릅니다. 그 때문에 근육마다 크레아틴 인산이 재생되는 빈도도 다릅니다.

혐기성 해당 과정의 ATP 합성(두 번째 화살)

크레아틴 인산이 ATP 감소를 막는 동안 **해당 과정**이 작동해서 **ATP**를 합성합니다. 우리 몸은 당질을 대부분 글리코젠의 형태로 축적하는데, 몸무게가 70kg인 성인 남성이라면 몸속의 글리코젠양은 300~500g입니다. 간에 80~100g이 축적되어 있고, 나머지는 거의 모두 근육에 존재합니다.

해당 과정에서 글루코스가 분해되어 피루브산이 되는 반응은 5장에서 설명했습니다. 비환원 말단의 글루코스 잔기 중 α-1,4-글리코사이드 결합을 **글리코젠 가인산 분해 효소**가 가수 분해해서 글루코스-1-인산을 잘라내는 반응이었지요. 그렇게 떨어져 나간 글루코스-1-인산은 당 변위 효소에 의해 글루코스-6-인산으로 변환된 다음 해당 과정에 들어갑니다(**그림 21-3**, 18장 참조).

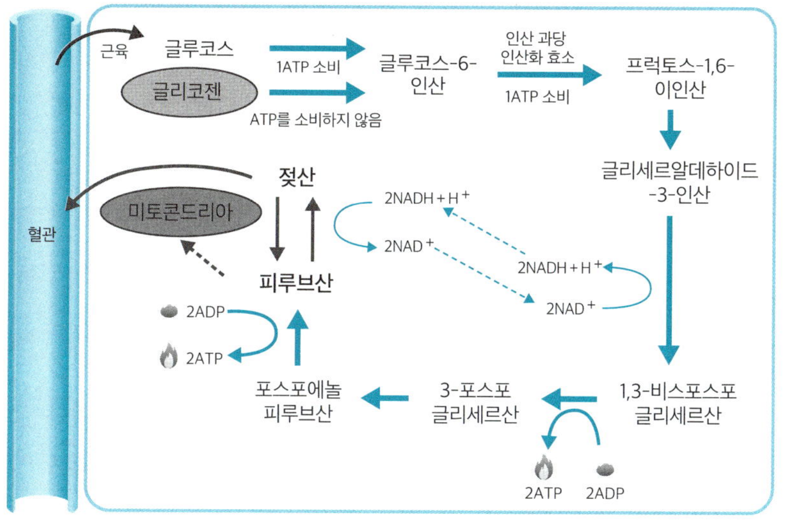

글루코스가 해당 과정을 거쳐 피루브산까지 대사되면 합성되는 ATP는 글루코스 한 분자당 1~2분자이지만, 글리코젠이 기점일 때는 ATP가 3분자 합성됩니다(18장 참조). 두 경우 모두 미토콘드리아의 호기성 대사와 비교하면 합성되는 ATP가 적다고 느낄지도 모릅니다. TCA 회로와 산화적 인산화에서 글루코스 한 분자당 ATP 36분자가 합성되니까요. 하지만 이용할 수 있는 글리코젠이 많고 반응 속도가 빠르므로 **운동 중인 근육에서는 해당 과정으로 얻는 ATP가 중요한 역할을 합니다.** 예를 들어, 800m 달리기처럼 수 분 동안 격한 운동을 하면 글리코젠 약 100g(글루코스 550mmol)이 대사되어 젖산으로 바뀝니다. 이

때 그 3배의 ATP(약 1,650mmol)가 합성됩니다. 이는 크레아틴 인산의 총량보다도 큰 값으로, 총에너지 소비량의 약 60%를 차지합니다.

해당 과정의 반응 속도를 높이는 장치

15장에서도 언급했다시피 혐기성 조건에서 해당 과정의 빠른 반응 속도를 끌어내려면 **피루브산으로 젖산을 만드는 반응**이 중요합니다. 해당 과정의 속도 결정 단계 중 하나는 글리세르알데하이드-3-인산으로 1,3-비스포스포글리세르산을 만드는 반응입니다(12장 참조). 이 과정에서 NAD^+로 NADH를 합성하는데, 세포 안의 NAD^+ 농도는 0.2~0.5mmol로 매우 낮으며 이는 근육 1kg당 0.8mmol 정도입니다. 따라서 해당 과정의 반응 속도를 높이려면 NADH에서 NAD^+로 재생하는 시스템이 필요합니다.

피루브산을 젖산으로 환원하는 반응이 이 역할을 담당합니다. 운동 중인 근육도 젖산 발효처럼 혐기성 환경이므로 해당 과정에서 만들어진 NADH와 피루브산이 반응해서 젖산을 만듭니다(그림 21-3). 이 산화 환원 반응은 효소가 없어도 진행된다는 장점이 있습니다. 피루브산을 환원하는 데 쓰인 NADH는 NAD^+가 되어 글리세르알데하이드-3-인산을 1,3-비스포스포글리세르산으로 만드는 반응에 사용됩니다. 이처럼 NAD^+와 NADH의 순환이 경로에서 성립하고 혐기성 해당 과정의 속도가 빨라지는 데는 피루브산을 젖산으로 환원하는 반응이 중요한 역할을 합니다.

단시간 운동의 이야기는 여기까지 하고, 다음 장에서는 세 번째 화살인 장시간 운동(지구력 운동, 유산소 운동)의 에너지 관리를 살펴보겠습니다.

근육 피로의 원인

고강도 운동을 계속하면 근육의 출력은 점점 낮아집니다. 여러분도 팔굽혀펴기를 했을 때 처음에는 순조롭게 횟수를 올리다가 점점 힘이 빠지며 한계를 느낀 경험이 있을 텐데요. 하지만 몇 분만 쉬어도 근력은 다시 팔굽혀펴기할 수 있을 만큼 회복됩니다.

비교적 짧은 시간에 근력이 떨어지는 이유는 크레아틴 인산의 가수 분해(첫 번째 화살)와 해당 과정(두 번째 화살)이 끝났기 때문입니다. 고강도 운동을 계속하면 결국 한계에 부딪히게 됩니다. 운동 강도에 따라 근력 저하 속도는 다르지만, 일정 강도 이상의 운동을 하다 보면 결국 ATP는 도중에 고갈되고 맙니다.

젖산의 축적 또한 근육 피로의 원인으로 추정됩니다. 젖산은 근육에 축적되어 있다가 혈액으로 방출된 다음 온몸 구석구석 보내지는데요. 젖산이 증가하면 세포질의 pH가 낮아져 근육의 작용에 방해가 되는 것으로 추정되지만, 상세한 메커니즘은 아직 밝혀지지 않았습니다.

장기적으로 보면 근육에서 만들어진 젖산은 혈액으로 방출된 후 간에 모입니다. 간은 이 젖산을 사용해서 당 신생 합성(12장 참조)으로 글루코스와 글리코젠을 합성합니다. 그리고 그렇게 만든 당을 혈액으로 보내 근육에 글루코스를 공급합니다(**코리 회로, 그림**). 당 신생 합성은 간에서만 일어나며, 몸 전체의 에너지를 관리하는 반응의 핵심입니다.

그림 코리 회로로 젖산을 재이용하는 과정

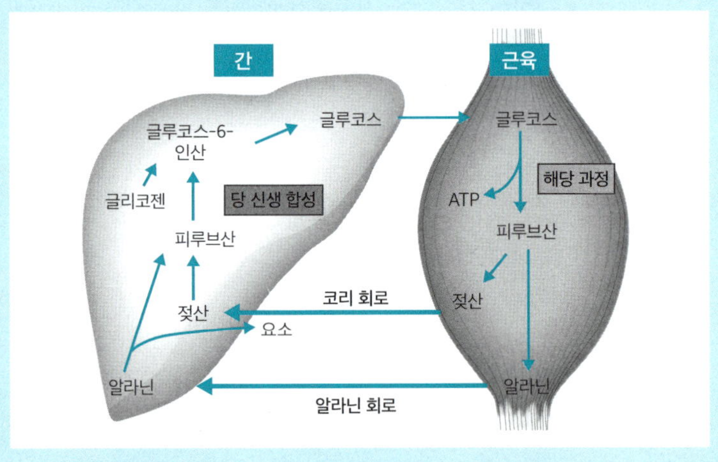

22 장

지구력 경기의 한계
: 산소 호흡과 운동

21장에서는 운동할 때 근육에서 에너지를 관리하기 위해 시작하는 ATP 합성 반응 중 **크레아틴 인산의 가수 분해**(첫 번째 화살)와 **해당 과정**(두 번째 화살)을 배웠습니다. 이번 장에서는 세 번째 화살, 마지막 ATP 합성 반응인 **호기성 대사**(유산소 호흡)를 이해할 차례입니다. 나아가 당질(네 번째 화살)뿐만 아니라 지질을 이용하고, 간과 연계하는 과정(다섯 번째 화살)을 통해 몸 전체에서 에너지를 어떻게 관리하고 있는지 배워 봅시다.

혐기성 대사와 호기성 대사

앞에서 짧은 시간 동안 고강도로 하는 운동을 배웠는데, 낮은 강도로 오래 하는 운동은 어떨까요? 30분~수 시간씩 할 수 있는 가벼운 조깅이나 장거리 달리기, 등산처럼요. 모두 **유산소 운동**이라는 말 그대로 산소를 이용하는 운동입니다. 산소를 이용하는 부분은 물론 세포 내

호기성 대사 경로입니다. 주로 미토콘드리아에서 진행되는 TCA 회로와 산화적 인산화(5장 참조), 그리고 지방산의 β 산화(9장 참조)가 이에 속합니다.

21장에서 배운 단시간 고강도 운동은 **혐기성** 대사, 그리고 장시간 저강도 운동은 **호기성** 대사입니다. **표 22-1**은 운동 시간과 강도에 따른 혐기성 대사와 호기성 대사의 비율을 나타낸 것입니다. 혐기성 대사는 100m 달리기(지속 시간 약 10초)에서 90%를 차지하지만, 800m 달리기(지속 시간 수 분)에서는 40%까지 떨어집니다. 그리고 혐기성 대사의 비율이 1%까지 떨어진 마라톤(42.195km)은 거의 모든 에너지를 호기성 대사로 얻는 운동입니다.

표 22-1 운동 시간이 다른 운동별 호기성 대사와 혐기성 대사의 비율

거리	시간※(분:초)	호기성 대사 비율	혐기성 대사 비율
100m	9.58	10	90
400m	43.03	30	70
800m	1:40.91	60	40
1,500m	3:26.00	80	20
5,000m	12:35.36	95	5
10,000m	26:11.00	97	3
42.195km	120:35	99	1

※ 시간은 2025년 6월 1일 기준, 남자 육상 경기의 실외 세계 기록.

당을 산화하는 유산소 운동(세 번째 화살)

가벼운 조깅 같은 저강도 장시간 운동에 필요한 ATP는 약 2.5mmol/kg 건조 중량/초입니다. 당의 호기성 대사(산화)로만 2.0~2.8mmol/kg 건조 중량/초의 ATP를 충당할 수 있으므로 **산소가 충분하면 유산소 운동은 영원히 할 수 있습니다.** 11mmol/kg 건조 중량/초의 ATP를 공급하는 대신 수 분밖에 지속할 수 없는 혐기성 대사(크레아틴 인산＋해당 작용, 21장 참조)와 대조적이지요.

그렇다면 근육에 축적된 당질(글리코젠)만으로는 유산소 운동을 얼마나 할 수 있는지 계산해 볼까요(**표 22-2**)? 18장에서 배웠다시피 **근육은 우리 몸에서 가장 큰 당질 저장고**이며, 건조 중량당으로 환산하면 글

표 22-2 근육의 ATP 합성 속도 비교

	저장량※	혐기성 대사 속도 (mmol/kg 건조 중량/초)	호기성 대사 속도 (mmol/kg 건조 중량/초)	고갈되기까지 걸리는 시간
당질 (근육)	350g (350mmol/kg)	11		수십 초~수 분
			2.0~2.8	~90분
당질 (간)	80g		1.0	~45분
지질	10,500g		1.0	

※ 몸무게 70kg, 체지방률 15%인 성인 기준

루코스 단위로 약 350mmol/kg 건조 중량을 저장합니다. 근육의 호기성 대사 속도를 2.5mmol/kg 건조 중량/초로 계산하면 글루코스 한 분자당 38ATP를 합성할 수 있으므로(5장 참조) 글루코스의 소비 속도는 $2.5 \div 38 \cong 0.066$(mmol/kg 건조 중량/초)이 되고, 당질을 전부 소비하기까지 걸리는 시간은 $350 \div (2.5 \div 38) \cong 5320$(초), 약 89분입니다. 며칠씩 금식하는 등 에너지가 간에서 공급되지 않는 상황에서도 **90분 정도는 가벼운 운동을 할 수 있다**는 뜻이지요(표 22-2). 물론 그렇게 위험한 상황에 놓였을 때 운동을 하지는 않겠지만, 근육에 저장된 에너지가 어느 정도인지는 다들 이해하셨겠죠? 하지만 반대로 생각하면 근육의 에너지에도 한계가 있다는 뜻이 됩니다. 이 때문에 운동을 오래 하려면 간에서 에너지가 꾸준히 공급되어야 합니다.

간의 당질 공급(네 번째 화살)

간은 근육 다음으로 당질을 많이 저장하는 기관입니다. 근육의 당질이 감소하면 간은 혈액에 당(글루코스 또는 글리코젠)을 방출해서 근육에 공급합니다. 간에서 유래한 당질에서 합성되는 ATP는 약 1.0mmol/kg 건조 중량/초입니다(표 22-2). 간에 축적되는 글리코젠의 양은 약 80g이고, 역산하면 약 45분 동안 유산소 운동을 할 수 있는 에너지입니다. 따라서 근육과 간에 저장된 당질을 전부 사용하면 유산소 운동을 2

시간 넘게 할 수 있습니다. 마침 마라톤 세계 기록이 이와 비슷한데, 과연 우연의 일치일까요?

지질의 산화(다섯 번째 화살)

산소가 충분히 공급되는 상황에서는 당질 외에 다른 물질도 에너지원으로 이용할 수 있습니다. **지질**도 중요한 에너지원입니다. 지방산의 산화(9장 참조)로 큰 에너지를 끌어낼 수 있지만 분해 속도가 느리다는 단점이 있습니다. 근육에서 지방산의 산화로 합성되는 ATP는 1.0mmol/kg 건조 중량/초로, 당 산화(2.0~2.8mmol/kg 건조 중량/초)의 절반이 채 안 됩니다(표 22-2).

하지만 근육의 당질이 감소하고 에너지 생산을 간에서 유래한 당질에 의존하게 되면 지질 산화의 기여도가 커집니다. 총 2.0mmol/kg 건조 중량/초로 ATP를 합성하므로 근육에서 유래한 당을 산화할 때보다 약간 느립니다. 게다가 **지질은 당질보다 공급량이 많습니다.** 따라서 운동 시간이 길어질수록 지질 산화의 중요성이 커집니다. 물론 근육의 당질이 완전히 고갈된 다음 간에서 유래한 당질과 지질의 산화가 시작되는 게 아니므로 근육의 당질을 고갈시키지 않고 균형 있게 유지하는 것이 장시간 운동의 에너지 관리에 중요한 포인트입니다.

당질과 지질 산화의 균형

당과 지질의 산화는 어떻게 균형을 유지할까요? 당 대사 과정에는 몇 가지 중요한 조절 단계가 있습니다. 우리 몸의 호르몬과 몇몇 대사 산물은 **육탄당 인산화 효소, 인산 과당 인산화 효소**(그림 5-2 참조), **글리코겐 가인산 분해 효소**(18장 참조)를 복잡하게 제어합니다. 당 산화에서 첫 번째 속도 결정 단계는 피루브산이 탈카복실화되어 아세틸-CoA가 되는 반응으로, **피루브산 탈수소 효소**(PDH)가 촉매합니다(**그림 22-1**). 지방산 대사로 만들어지는 아세틸-CoA는 당 대사와 지방산 대사의 교차점이라는 중요한 의미를 지니는 물질이기도 합니다(12장 참조). PDH는

그림 **22-1** 피루브산 탈수소 효소의 제어

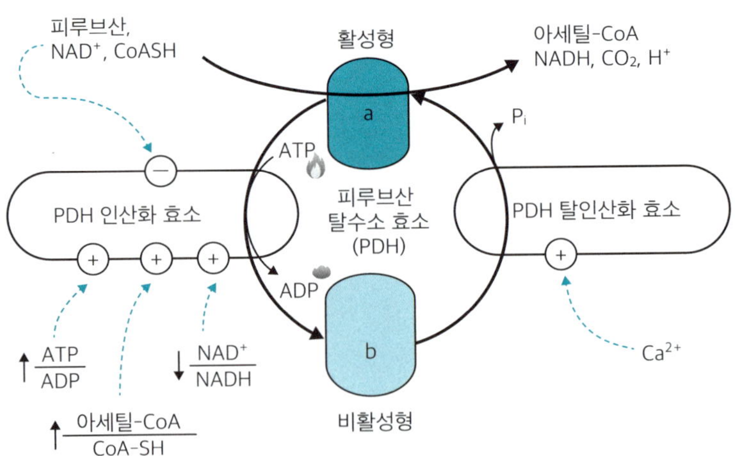

서로 다른 세 가지 촉매 기능을 갖춘 효소 복합체로, 미토콘드리아 내막에 존재합니다. 이 효소에 초점을 맞추어서 당 대사와 지질 대사의 조절 과정을 따라가 봅시다.

PDH의 촉매 기능은 인산화에 의해 조절됩니다(그림 22-1). **PDH 인산화 효소**는 PDH를 인산화해서 비활성 상태로 만들고, **PDH 탈인산화 효소**는 PDH를 탈인산화해서 활성 상태로 만듭니다. 이 조절 단백질의 촉매 기능은 ATP/ADP, NAD^+/NADH, 아세틸-CoA 등에 영향을 받습니다. 그리고 PDH 탈인산화 효소는 칼슘 이온에 의해 활성화되므로 근육이 수축하면 PDH가 활성화되어 아세틸-CoA 농도가 높아집니다. 한편, 지방산이 산화되면 아세틸-CoA와 NADH가 증가하고 PDH 인산화 효소가 활성화되어 PDH가 비활성화되므로 당 산화가 억제됩니다.

운동 능력을 키우는 식사

어떻게 하면 장시간 운동 능력을 효율적으로 키울 수 있을까요? 지금까지 배웠다시피 운동의 지속성을 결정하는 요인에는 ① **근육에서 당이 산화되는 속도**, ② **간에서 근육으로 당질이 공급되는 속도**, ③ **근육에서 지질이 산화되는 속도**, ④ **근육과 장에 저장되는 당질의 양** 등이 있습니다. ①과 ③의 대사 속도를 높이려면 그만큼 산소가 많이 공급되어야 한다는 점은 두말할 필요도 없지요. 지구력은 혈중 헤모글로빈양과 밀접한 관련이 있습니다. 따라서 지구력을 단련하면 효과적으로 헤모글로빈을 늘릴 수 있습니다.

그렇지만 오로지 그것만을 위해 지구력을 단련하기란 쉽지 않은데요. 앞에서 소개한 대로 근육은 우리 몸의 가장 큰 당질 저장고입니다. 실제로 계산해 보니 근육에 저장된 당질만으로 약 90분 동안 멈

그림 22-2 운동 전 근육의 글리코젠 함량과 몸이 피로해지기까지 운동 시간의 관계

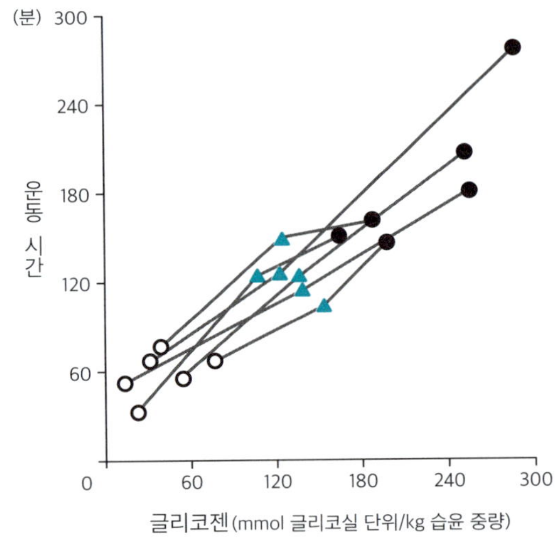

피험자 6명은 몸이 피로해지는 75% VO₂max*의 자전거 운동을 10일 동안 세 번 수행했다. 첫 번째는 3일 동안 일반식을 섭취한 후(▲)에, 두 번째는 3일 동안 저당질 식단을 섭취한 후(○)에, 세 번째는 고당질 식단을 섭취한 후(●)에 수행했다.

▶ Bergström J, et al. Acta Physiol Scand. 1967;71(2):140-50을 바탕으로 작성.

• VO₂max: 우리 몸이 1분 동안 단위 체중당 소비하는 최대 산소량(ml/kg/분). 사람의 유산소 운동 능력을 평가하는 척도다. - 옮긴이

추지 않고 운동할 수 있었지요. 사실 이 저장량을 손쉽게 늘리는 방법이 있답니다. 바로 **카보로딩**(carbohydrate loading)인데요. 방법은 간단합니다. 운동하기 며칠 전부터 당질이 많은 음식을 먹으면 됩니다. 근육의 당질이 증가하면서 운동 능력도 높아집니다. 사람의 근육에 존재하는 당질은 식단(영양소의 종류와 양)에 관계없이 기본적으로 일정(350mmol/kg 건조 중량)하게 유지됩니다. 하지만 **고당질 식단을 며칠 먹으면 근육에 저장하는 양이 증가합니다.** 그리고 운동과 카보로딩을 조합하면 그 효과는 더욱 늘어나지요(칼럼 참조).

식사와 운동을 병행해서 운동 능력 키우기

비교적 강도가 높은 운동으로 근육의 당질을 고갈시킨 다음 카보로딩을 하면 근육의 당질 저장량이 극적으로 증가합니다. 최고 900mmol/kg 건조 중량까지 증가하므로 평균 2.5배가 증가한 셈이지요. 일반 식사로도 당질 저장량을 올릴 수 있지만, 고당질 식단일수록 효과적입니다. 반대로 지질 중심의 식단은 효과를 떨어뜨립니다. 이 메커니즘은 완전히 밝혀지지 않았지만, 근육을 단련하면 근육이 늘어나는 것과 마찬가지로 당질이 고갈되는 위기 상황에 노출되었을 때 똑같은 상황에 빠지지 않도록 몸이 미리 준비하는 게 아닐까 여겨집니다.

일반적으로 운동에 따른 근육의 당질양과 운동 능력(일의 양) 사이에는 밀접한 상관관계가 있습니다(그림 22-2). 이를 봐도 근육에 축적된 글리코젠이 얼마나 중요한지 알 수 있습니다. 꾸준한 단련도 당연히 중요하겠지만, 이제 중요한 경기를 앞둔 선수들은 자연스럽게 카보로딩을 하게 되었습니다. 여러분도 운동회나 스포츠 경기에서 좋은 성적을 거두고 싶을 때는 카보로딩을 실천해 보면 어떨까요?

23 장

세포의 소통
: 세포 간 신호 전달

앞에서 당질, 지질, ATP가 몸의 각 기관에서 어떻게 대사되는지 배웠습니다. 우리 몸은 여러 기관과 조직으로 이루어져 있고, 이 기관과 조직들은 혈액을 통해 서로 소통합니다. 세포도 개체 안에서 생존하려면 서로 신호를 주고받아야 합니다. 마치 우리가 사회나 가족이라는 집단에서 다른 사람들과 소통하며 살아가는 것처럼요. 인간뿐만 아니라 세포도 마찬가지로 주위 환경에서 다양한 자극과 신호를 받아 자신이 해야 할 행동을 결정합니다. 우리는 말로 의사소통을 하는데, **세포는 어떻게 서로 소통할까요?** 이번 장에서는 세포가 주변 환경으로부터 자극(예: 다른 세포의 신호)을 받고, 세포 내 신호로 변환해서 전달하는 원리를 배워 봅시다.

세포와 세포의 소통

사람들이 서로 소통하듯이 세포도 서로 소통을 합니다. 세포의 소통은 크게 두 종류로 나뉩니다. 첫 번째는 **서로 맞닿은 세포 사이의 소통**입니다. 세포 표면의 단백질끼리는 직접 접촉(상호작용)해서 다양한 정보를 주고받습니다. 가령 분열을 반복하는 상피 세포는 최종적으로 평평한 층이 되어 분열을 멈춥니다. 이때 세포 사이의 소통이 원활하지 않으면 분열이 멈추지 않으면서 평평한 층이 아니라 크게 뭉친 덩어리가 되고 맙니다. 상피 세포는 층 형태를 유지하면서 평면으로 넓어지고, 일정 밀도를 넘으면 분열을 멈춥니다. 이 과정에서 맞닿은 세포 사이의 소통이 필수입니다. 세포막에 존재하는 단백질의 상호작용으로 세포 내부에 전달된 신호는 분열을 멈추라는 명령으로 이어지기 때문입니다. 세포와 세포의 접촉에 의한 소통은 면역 세포 사이의 항원 제시와 신호 전달 과정에서도 중요하게 작용합니다.

세포의 또 다른 소통 방식은 **멀리 떨어진 세포 사이의 신호 전달**입니다. 22장에서 배운 간과 근육의 소통은 여기에 해당합니다. 물리적으로 떨어져 있는 세포는 넓은 의미로 **호르몬**에 속하는 물질을 통해 소통합니다. 사람처럼 수많은 세포, 조직, 기관으로 이루어진 개체에서는 특히 호르몬을 통한 세포의 소통이 중요합니다. 우리 몸에는 호르몬을 분비하는 세포가 있고, 여기서 분비되는 호르몬은 혈액이나 림프액을 타고 몸 이곳저곳으로 운반됩니다. 18장에서 소개한 **인슐린**이 대표적입니다. 간에서 분비되어 혈액을 타고 온몸을 순환하는 인슐린은 간, 골격근, 지방 조직, 신경 세포에 도달해서 당의 흡수 속도를 높입니다. 표적 세포 표면에는 호르몬과 특이적으로 결합하는 **수용체**가 있고, 호르몬이 이 수용체에 결합하면 신호가 세포 내로 전달됩니다(후술).

호르몬은 아미노산으로 구성된 **펩타이드 호르몬**과 그 밖의 저분자 화합물로 나뉩니다. 펩타이드 호르몬은 정보를 부호화하는 유전자를 바탕으로 리보솜에서 만들어지지만, 저분자 화합물은 특별한 합성 경로가 필요합니다. 호르몬은 극히 소량으로도 기능을 발휘하는 경우가 많아 검출하기 힘든 물질이기도 합니다. 곤충들이 개체끼리 소통할 때 사용하는 **페로몬** 역시 호르몬의 일종으로 추정되는데, 매우 낮은 농도로도 멀리 떨어진 개체(세포)에 작용합니다.

다세포생물만 세포끼리 소통하는 것은 아닙니다. 박테리아와 균류 같은 단세포생물 중에도 주변 환경으로부터 자극을 받고, 세포끼리 정보를 주고받으며 집단으로 생활하는 종이 있습니다.

세포 바깥의 정보를 세포 안으로 전달하는 방법

세포가 주변의 정보를 받아들이는 메커니즘을 살펴봅시다. 개체 수준에서는 눈, 코, 귀 등의 감각 기관으로 정보를 얻지만, 세포는 **수용체**가 감각 기관의 역할을 합니다. 수용체는 **세포 표면에 존재하는 유형**과 세포 내 **세포질에 존재하는 유형**으로 분류됩니다(그림 23-1 A). 수용체에 결합하는 물질을 **기질**이라고 하며, 효소와 기질처럼 수용체와 기질 역시 특이성이 높습니다. 세포는 다양한 수용체를 세포 표면에 발현하므로 세포의 종류에 따라 수용체의 종류도 다양합니다. 화학 물질, 펩타이드, 단백질을 인식하는 수용체 외에도 **기계적인 자극을 받는 수용체나 온도를 감지하는 수용체**도 존재한다는 사실이 최근 연구로 밝혀졌습니다.

기질과 결합한 수용체는 기질의 정보를 세포 안으로 전달합니다. 수용체는 세포막을 관통하므로 세포 바깥 영역과 세포 안쪽 영역으로 구분됩니다(그림 23-1 B, C). **막 관통 부위**는 지질 이중 층에 묻혀 있고, **소수성 아미노산 잔기가 많습니다.** 막을 한 번 관통한 수용체도 있고 네 번에서 일곱 번까지 관통하거나 일부가 지질 막을 찌르는 형태의 수용체도 있는 등, 기질이 다양한 만큼 수용체의 형태도 각양각색입니다.

심지어 세포막 위에서 수용체끼리 다량체를 형성하기도 합니다. 같은 수용체끼리 만나기도 하고 서로 다른 수용체끼리 만나기도 하므로 기능적인 다양성이 커집니다. 수용체의 세포 바깥 영역에 기질이 결합하면 세포 안 영역이 변합니다. 이렇게 구조가 변하면 다른 단백질과의 상호작용이 바뀔 수도 있습니다. 혹은 세포 안 영역의 효소(특히 인산화 효소) 활성 부위가 활성화 또는 비활성화되기도 합니다.

G 단백질 결합 수용체는 세균부터 인간까지 수많은 종의 세포에 존재

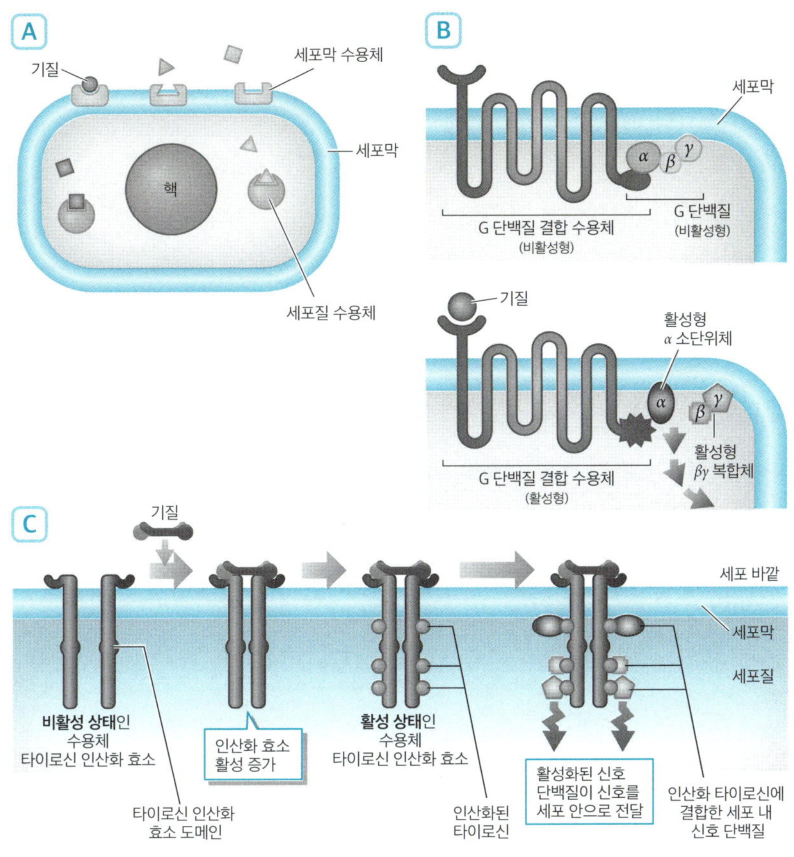

하는 세포막 수용체로, 막 관통 영역이 7개이고 세포 안 영역에서 G 단백질과 결합합니다(그림 23-1 B). 세포 바깥 영역에 기질이 결합하면 G 단백질이 수용체의 세포 안 영역에서 떨어져 세포질 내부로 신호를 전달합니다. 미각 수용체는 대체로 G 단백질 결합 수용체입니다. 그리고 **호르몬 수용체**는 대부분 막 관통 영역이 하나이며, 인산화 작용을 하는 부위가 세포 안 영역에 존재합니다(그림 23-1 C). 기질과 결합하면서 수용체 2개가 세포막에서 만나 **상대의 타이로신 잔기를 서로 인산화**하고, 이것이 신호로 세포 안에 전달됩니다.

세포 내 신호

인산화는 세포 내 신호 전달 과정에서 가장 중요한 신호 중 하나입니다. 인산화는 단백질 곁사슬의 하이드록시기가 인산과 에스터 결합을 만드는 반응으로, 이 반응을 촉매하는 효소가 **인산화 효소**입니다. 인산화 효소는 ATP 중 가장 멀리 떨어진 인산기를 단백질의 하이드록시기로 옮기는데(그림 23-2), 이때 ADP가 만들어집니다. 곁사슬에 하이드록시기가 있는 아미노산은 타이로신, 세린, 트레오닌 등 세 가지인데, 인산화 효소는 **타이로신형**과 **세린·트레오닌형**으로 분류됩니다. 세포막의 수용체형 인산화 효소는 대부분 타이로신 인산화 효소입니다(그림 23-1). G 단백질 결합 수용체에서 떨어져 나간 G 단백질은 세린·트레오닌형 인산화 효소 A(PKA)를 활성화합니다. 동물의 세포에는 **500여 종의 인산화 효소가 존재**하며, 저마다 특이적으로 기질을 인산화합니다. 인산화를 제어하는 반응에는 전사, 복제, 복구, 세포 주기 등이 있습니다. 인산화 효소와 마찬가지로 기질을 인산화하는 효소로 **가인산**

분해 효소가 있습니다. 인산화 효소가 ATP를 사용해서 인산기를 붙이는 효소라면 가인산 분해 효소는 떨어져 나온 인산을 기질로 옮겨 붙이는 효소입니다.

인산화 효소나 가인산 분해 효소와 달리 인산기를 떼어내는 효소는 **탈인산화 효소**라고 합니다. 탈인산화 효소는 인산 에스터 결합을 가수 분해해서 인산기를 떼어냅니다. 기질 특이성은 인산화 효소보다 낮으며, 세포 안에 존재하는 탈인산화 효소는 약 150종에 불과합니다. 종류는 세린·트레오닌형, 타이로신형, 이중형* 등 세 가지입니다.

---

* 세린·트레오닌형과 타이로신형을 모두 갖추고 있어 양쪽 잔기를 모두 기질로 이용하는 탈인산화 효소를 가리킵니다.

이처럼 단백질의 인산기 변형은 인산화 효소와 탈인산화 효소에 의해 엄격하게 제어됩니다.

통로를 통한 물질의 이동

세포막에 존재하는 단백질은 수용체뿐만이 아닙니다. 여러 물질을 세포 안으로 들여보내거나 세포 밖으로 배출하는 데 이용하는 **통로, 공동 수송체, 펌프** 등이 있습니다. 생체막 안쪽의 환경은 소수성이므로 생체 고분자처럼 큰 분자(당, 아미노산, 단백질)나 크기가 작아도 전하를 띠는 이온 같은 분자는 바로 통과할 수 없습니다. 그래서 이온, 아미노산, 당, 지질 등의 분자를 세포막 너머로 보낼 때는 통로, 공동 수송체, 펌프 등의 수송 단백질이 활약합니다. 펌프와 공동 수송체는 19장에서 자세히 설명했으니 지금은 통로에 집중해 봅시다.

통로는 한가운데에 수송할 분자가 통과하는 구멍이 있는 단백질로, 농도 기울기를 따라 분자를 **수동 수송**[*]합니다. 특히 이온 통로는 특정 이온만 통과시키며, 세포 활동에 필요한 막전위와 신경 전달에 필요한 활동 전위를 일으킬 때 핵심 역할을 합니다.

이온 통로를 통한 물질의 이동은 신경과 근육에서 특히 중요합니다.

---

[*] 수동 수송은 에너지가 큰 쪽에서 작은 쪽으로 기울기를 따라 분자를 옮기는 방법입니다. 농도 차이는 곧 에너지 차이이므로 분자는 농도가 높은 쪽에서 낮은 쪽으로 자연스레 이동합니다.

근육이 수축할 때는 신경 세포에서 근육으로 자극이 전달되고, 이 신호는 근육 세포 안에서 단백질의 작용으로 변환됩니다(20장 참조). 이제 이 메커니즘을 분자 수준으로 들여다볼 차례입니다.

신경 세포의 신호란 주로 **막전위의 변화**입니다. 세포막에서는 **소듐 펌프**가 작용하므로 세포 안은 소듐 이온 농도가 낮고 포타슘 이온 농도가 높게 유지됩니다(그림 23-3 A). 세포막에 존재하는 **포타슘 통로**를 통해 포타슘 이온이 농도 기울기를 따라 조금씩 세포 밖으로 새어 나갑니다. 이 때문에 세포막 표면 부근에서는 전하가 한쪽으로 치우치면서 세포 바깥쪽이 (+) 전하, 세포 안쪽이 (−) 전하를 띠는 **휴지 전위**의 형성으로 이어집니다. 휴지 전위는 세포의 종류에 따라 약간 다른데, 동물 세포는 세포 안쪽이 바깥쪽보다 약 60mV 낮습니다. 이처럼 세포막에 전위가 존재하는 상태를 **분극**이라고 합니다.

신경 세포와 근육 세포가 자극을 받으면 막전위가 크게 바뀌면서 신호를 전달합니다. 세포막에 존재하는 **수용체형 소듐 통로**에 기질이 결합하면 통로가 열려 소듐 이온이 세포 바깥에서 안으로 들어오면서 일시적으로 막전위가 높아집니다(탈분극). 세포막에 있는 **전위 의존성 소듐 통로**가 탈분극을 감지해서 열리면 소듐 이온이 더 많이 들어옵니다(그림 23-3 B). 하지만 이 탈분극은 오랫동안 이어지지 않습니다. 세포막의 **전위 의존성 포타슘 통로**가 뒤늦게 열려 포타슘 이온이 세포 바깥으로 빠져나가면서 막전위가 다시 마이너스(휴지 전위)로 돌아오기

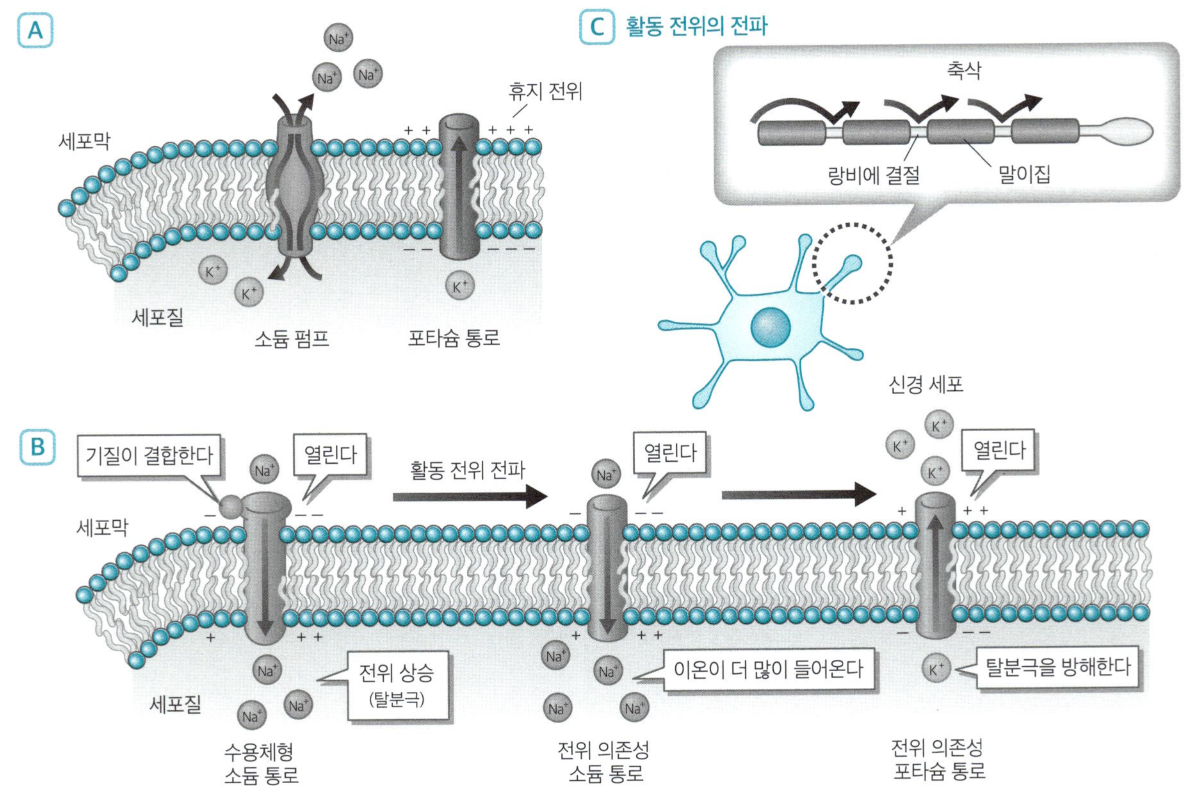

A
세포막
세포질
Na+
휴지 전위
소듐 펌프
포타슘 통로
K+

C 활동 전위의 전파
축삭
랑비에 결절
말이집

B
기질이 결합한다
열린다
활동 전위 전파
열린다
신경 세포
K+
열린다
세포막
Na+
세포질
전위 상승 (탈분극)
수용체형 소듐 통로
이온이 더 많이 들어온다
전위 의존성 소듐 통로
탈분극을 방해한다
전위 의존성 포타슘 통로

때문입니다. 이 일시적인 전위 변화를 **활동 전위**라고 합니다. 활동 전위는 신경 세포 축삭의 세포막을 따라 전파됩니다(**그림 23-3 C**). 축삭 표면은 말이집으로 덮여 있어 세포막이 띄엄띄엄 노출되어 있습니다. 활동 전위는 이 노출된 부분(**랑비에 결절**)만 건너뛰면서 전파되기에 신호가 빠르게 전달됩니다.

축삭 말단에 도달한 탈분극의 파동을 기다리고 있는 것은 다음 신경 세포 또는 근육 세포입니다. 세포끼리 맞닿아 있다고 설명했지만, 세포막이 이어져 있지는 않으므로 탈분극 파동은 축삭 말단에서 끝납니다. 따라서 신경의 신호는 세포와 세포 사이의 틈새(**시냅스**)를 뛰어넘어야 합니다. 축삭 말단에는 **전위 의존성 칼슘 통로**가 있어 탈분극 파동이 말단에 도달하면 칼슘 이온이 세포 안으로 들어오고, 이를 신호로 신경 전달 물질이 세포 사이로 방출됩니다. 지금까지 밝혀진 신경 전달 물질로는 **글루탐산**과 γ**-아미노뷰티르산**(GABA) 같은 아미노산, 그리고 펩타이드와 아민 등이 있습니다. 방출된 신경 전달 물질은 틈새 너머 다음 세포의 세포막에 존재하는 수용체형 이온 통로에 결합해서 다시 탈분극 신호로 변환됩니다. 근육 세포의 경우, 탈분극된 다음 전위 의존성 칼슘 통로가 열려 칼슘이 들어오면 근섬유가 수축합니다. 그 원리는 20장에서 자세하게 소개했으니 기억나지 않는다면 다시 돌아가서 읽어 주세요.

세포 안의 주요 신호 분자

신경 세포와 근육 세포에서 전위 의존성 칼슘 통로를 통해 들어온 칼슘 이온은 다양한 반응을 일으키며, 다른 세포에서도 반응을 제어하는 중요한 이온입니다. 보통 세포질의 칼슘 이온 농도는 수 nmol(나노몰) 정도의 매우 낮은 수준으로 유지됩니다. 이는 **세포막의 칼슘 펌프**와 **소포체막의 칼슘 펌프**가 ATP 에너지를 사용해서 항상 세포질의 칼슘 이온을 가져오기 때문입니다. 이로써 칼슘 이온 농도가 세포에서는 낮고 소포체 안에서는 높게 유지됩니다. 이 때문에 **소포체는 칼슘의 저장고**라고도 합니다.

전위 의존성 칼슘 통로가 열려 칼슘 이온이 세포질로 들어오면 세포 안에 존재하는 칼슘 센서 단백질이 반응해서 활동하기 시작합니다. 세포질에는 칼슘 이온에 결합하는 **칼모듈린**이라는 단백질이 있는데, 세포질의 칼슘 이온 농도가 높아지면 칼모듈린이 다양한 신호를 전달합니다. 칼모듈린에는 칼슘 이온과 결합하는 부위가 두 군데 있는데, 여기에 칼슘 이온이 결합하면 상호작용할 수 있도록 단백질의 구조가 변합니다. 근육 세포에서는 **트로포미오신**이라는 칼슘 센서가 칼슘 이온과 반응해서 근섬유의 수축을 일으킨다는 사실은 앞에서 배웠지요(20장 참조).

세포 안에서 발생한 신호가 목적지에 도달하면 ① **효소 기능 조절**(활성화·비활성화), ② **유전자 발현 조절**, ③ **단백질 분해** 등의 작용이 일어납니다. 단백질을 인산화시켜 효소 기능을 제어하기도 하고, 단백질 사이의 상호작용을 바꾸어 다른 신호로 변환하기도 합니다. 그 대상 중에는 **전사 인자**(26장 참조)도 있습니다. 전사 인자가 변형되면 유전자 발현 패턴이 바뀌어 세포의 성질이 크게 바뀔 수도 있습니다. 호르몬으로 세포의 분화를 유도하는 반응 역시 세포 내 신호 전달계를 통해 유전자 발현 패턴에 변화가 생겨 일어납니다. 그리고 외부 스트레스에 노출된 세포는 특정 유전자의 발현량을 늘리거나 줄여 스트레스에 적응하는 능력을 획득하기도 합니다. 세포 주기를 제어하는 메커니즘에서는 단백질의 인산화와 분해가 중요한 역할을 한다는 사실이 밝혀졌습니다.

유전자

 장

DNA와 유전자와 염색체는 같은 물질일까?
: DNA로 이해하는 생명의 신비

앞에서는 주로 단백질의 관점에서 생명 활동을 소개했습니다. 각 효소가 어떻게 대사 반응을 촉매·제어하고, 생명 활동에 필요한 에너지를 만들어내며, 나아가 항상성을 유지하는지를 세포 수준과 개체 수준에서 들여다보았는데요. 이번 장에서는 관점을 바꾸어 DNA를 중심으로 생명 활동을 바라보고자 합니다. 생화학 교과서의 절반 가까이가 DNA에 관한 내용일 정도로 DNA는 중요한 주제입니다. 먼저 DNA가 유전 물질이라는 증거가 밝혀지기까지의 역사적인 흐름을 살펴본 다음 DNA의 구조와 복제 메커니즘을 배워 봅시다.

유전 물질의 정체는 무엇일까?

부모의 형질이 자식에게 이어지는 현상을 **유전**이라고 합니다. 하지만 그 원리는 20세기까지 하나도 밝혀지지 않았습니다. 부모의 몸속에 있는 어떤 물질이 자식에게 전해지면서 형질 또한 전해진다고 여겨질

뿐이었지요. 1900년대 전반에는 (오늘날 유전자로 밝혀진) 유전 물질의 정체를 밝히려는 연구가 활발하게 이루어졌습니다.

유전자의 정체가 핵산이라는 것을 발견하기까지 있었던 중요한 역사적 사건들을 시간순으로 따라가 봅시다. 제일 먼저 알아볼 사건은 영국의 세균학자 **프레더릭 그리피스**가 1928년에 진행한 폐렴 쌍구균 실험입니다. 그리피스는 폐렴 쌍구균의 균주가 S형과 R형이라는 두 종류라는 점에 주목했습니다. 감염성이 있는 S형 균을 쥐에 주사하면 바이러스가 몸속에서 증식하므로 쥐는 죽게 됩니다. 한편, R형 균은 감염성이 없으므로 쥐에 주사해도 증식하지 않고, 쥐도 죽지 않습니다. 그리고 S형 균을 가열하면 바이러스가 사멸하므로, 가열한 다음 쥐에 주사하면 쥐는 죽지 않습니다. 여기까지는 당연한 결과입니다. 그런데 그리피스의 실험에서 한 가지 재밌는 결과가 나왔습니다. 가열한 S형 균과 아무 처리도 하지 않은 R형 균을 섞어서 쥐에 주사했더니 쥐가 죽은 것이지요. 혼자서는 감염성이 없는 R형 균을 S형 균과 섞으면 감염성이 생긴다니, 0+0=1이 된 셈입니다. 흥미롭지 않나요?

그리피스의 발표 이후로도 유전자의 정체를 밝히려는 연구는 계속되었고, 유전 물질의 후보는 핵산과 단백질로 좁혀졌습니다. 둘 다 세포 안에 풍부하고 핵산은 5종, 단백질은 20종의 단량체로 구성된 고분자이므로 방대한 유전 정보를 유지·운반하기에 적합했습니다. 정보량 면에서는 아미노산 20종의 중합체인 단백질이 압도적으로 우수했지만, 화학적인 안정성을 따지면 핵산(특히 DNA)이 유리했습니다.

1944년, 미국의 의사 **오즈월드 에이버리**는 그리피스와 같은 방식의 실험으로 DNA가 유전 물질임을 증명했습니다. 에이버리는 S형 균을 분해해서 RNA, DNA, 단백질, 지질, 당질을 분리한 다음 각각 R형 균과 섞어 쥐에 주사했고, R형 균의 감염성을 살리는 데 필요한 성분은 DNA로 밝혀졌습니다.

그리고 1952년, 미국의 **앨프리드 허시**와 **마사 체이스**는 박테리아에 감염하는 박테리오파지라는 바이러스를 사용해서 DNA가 유전 물질임을 다시 한번 증명했습니다(칼럼 참조). 그리피스에서 허시와 체이스로 이어진 연구로 **유전자의 정체는 단백질이 아니라 핵산(DNA)**이라는 결론에 이르렀습니다. 이어서 1953년, 왓슨과 크릭이 DNA의 이중 나선 구조를 발견하면서 분자생물학의 시대가 열렸습니다. 정말이지 파란만장한 역사입니다.

DNA 이중 나선 구조의 규명

제임스 왓슨과 **프랜시스 크릭**은 핵산이 유전 정보를 복제해서 자손에게 전달하는 원리를 이해하는 데 결정적인 단서를 제공한 인물입니다. 두 사람은 DNA의 결정 구조와 당시 알려진 정보들을 검토했고, DNA의 뉴클레오타이드 사슬 두 가닥이 나선 구조를 이루는 모형을

허시와 체이스의 실험

허시와 체이스는 박테리아에 감염하는 바이러스인 박테리오파지(T2 파지)가 거의 단백질과 DNA로만 이루어져 있다는 사실에 착안해서 둘 중 어떤 물질이 감염한 세포로 전해지는지 분석했습니다. DNA와 단백질에 각각 특이적인 원소인 인과 황을 활용해서 두 원소의 방사성 동위원소(^{32}P, ^{35}S)를 파지에 표지로 붙이는 발상은 당시 매우 혁신적이었습니다. 두 사람은 이렇게 만든 파지를 대장균에 감염시킨 다음 잘게 갈아서 세포 표면에 남아 있는 파지 성분을 제거했습니다. 그다음 원심 분리로 세포를 한데 모아 세포에 흡수된 파지 성분만 분리했습니다. 그리고 ^{32}P와 ^{35}S가 남아 있는지 확인한 결과, 검출된 물질은 물론 ^{32}P였습니다. 이 결과는 파지의 DNA만 대장균 안으로 들어가고, 단백질은 들어가지 못했음을 시사합니다. 허시는 이 공적을 인정받아 1969년 노벨 생리학·의학상을 받았습니다.

고안했습니다. 이 모형은 후대 연구자들의 논의를 거쳐 오늘날 우리가 아는 **이중 나선** 구조로 완성되었습니다.

이들의 발견이 위대한 업적으로 평가받는 이유는 DNA가 자신과 완전히 같은 사본을 만드는(복제하는) 원리를 화학 물질의 구조로 설명했기 때문입니다. 두 가닥의 사슬이 나선 구조를 형성할 때 염기끼리 쌍을 이루는데, 반드시 A는 T와, G는 C와 결합하는 법칙 역시 유전 물질의 구조에서 비롯되었습니다. 이 법칙이 성립하는 한 한쪽 사슬의 염기 서열이 정해지면 다른 쪽의 서열도 자동으로 정해지고 **복제**도 가능해집니다. 이러한 복제 방식을 **반보존적 복제**라고 합니다.

DNA 이중 나선 구조의 해부

핵산의 구성단위를 **뉴클레오타이드**라고 합니다. 뉴클레오타이드는 **염기**, **당**, **인산**이라는 세 요소로 구성되어 있는데, 저마다 여러 종류가 있습니다. 염기는 **아데닌**, **구아닌**, **사이토신**, **타이민**, **유라실** 이렇게 5종류(**그림 24-1**), 당은 **리보스**와 **데옥시리보스** 2종류, 인산은 일인산, 이인산, 삼인산이라는 3종류가 있습니다. 하지만 모든 요소를 자유롭게 조합할 수는 없고, 제한이 있습니다. 예를 들어, DNA의 당은 데옥시리보스이고 염기는 A, G, C, T 4종류입니다. 반면에 RNA의 당은 리보스이고 염기는 A, G, C, U 4종류입니다.

당의 첫 번째 자리(1′) * 에 염기가 결합한 물질을 **뉴클레오사이드**라고 하며, 아데닌과 리보스의 조합은 아데노신, 구아닌과 리보스의 조

---

* 뉴클레오타이드를 구성하는 리보스 또는 데옥시리보스의 탄소 원자 번호는 숫자 뒤에 ′를 붙여서 나타냅니다. 이는 뉴클레오타이드의 염기 쪽이 우선순위가 높아 염기 내 원자에 1부터 숫자를 매기기 때문입니다. 리보스는 그다음에 숫자가 붙는데, 염기의 종류에 따라 당의 원자 번호가 바뀌면 번거롭기에 리보스는 별도로 1′, 2′……와 같이 숫자 뒤에 ′를 붙입니다. 따라서 염기가 결합하는 탄소는 1′, 인산기가 결합하는 탄소는 5′이 됩니다.

그림 24-1 뉴클레오타이드의 염기

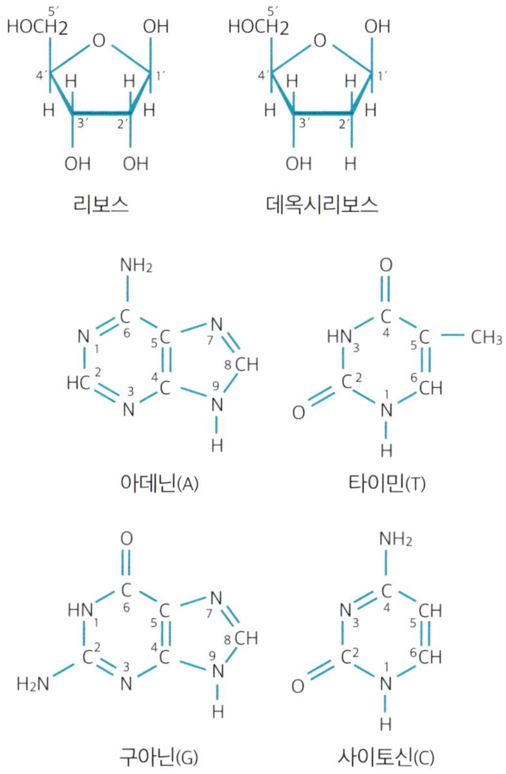

합은 구아노신이라는 식으로 명명합니다. 우리 몸에서 에너지 화폐로 쓰이는 **ATP**의 정식 명칭은 **아데노신 삼인산**입니다. 그러니까 이름을 보면 ATP의 정체가 아데노신(아데닌+리보스)에 인산이 3개 결합한 화합물임을 알 수 있습니다. 마찬가지로 구아닌과 리보스와 이인산이 결합한 물질은 구아노신 이인산(GDP)이라고 합니다.

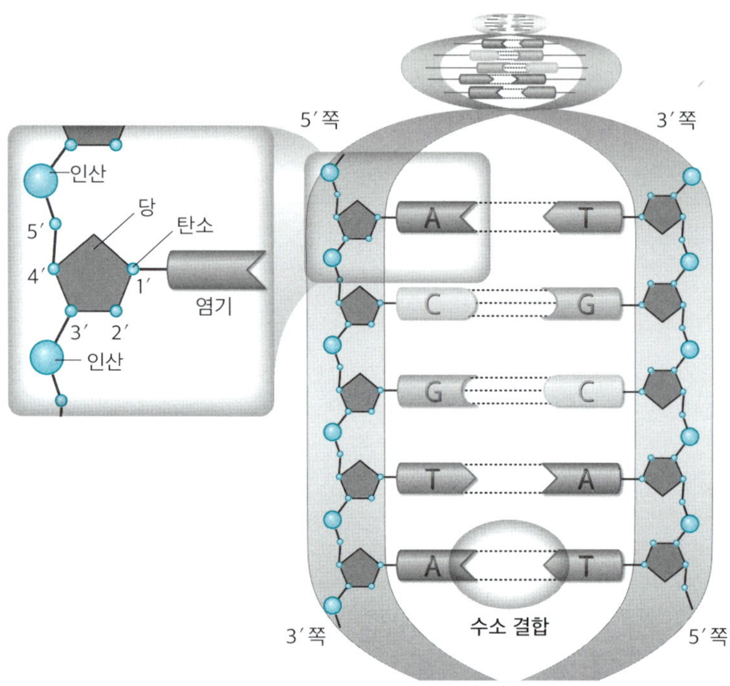

A-T 쌍은 2개, G-C 쌍은 3개의 수소 결합을 이룬다.

DNA와 RNA의 사슬은 뉴클레오타이드가 한 줄로 결합해서 만들어진 중합체입니다. 뉴클레오타이드는 당의 **세 번째 자리(3′) 하이드록시기**와 **다섯 번째 자리(5′) 인산기** 사이에 에스터 결합(인산 다이에스터 결합)이 형성되어 한 줄로 이어집니다(**그림 24-2**). 하지만 뉴클레오타이드를 상온 수용액에 넣어도 에스터 결합은 만들어지지 않습니다. 뉴클레오타이드 중합 반응이 일어나려면 뉴클레오사이드 삼인산에 중합 효소를 비롯한 효소가 작용해야 하기 때문입니다(후술).

뉴클레오타이드 사슬이 이중 나선을 만들 때는 두 가닥의 사슬이 염기를 통해 결합합니다. 염기에는 산소와 질소 같은 원소가 많이 들어 있습니다. 이 원소들이 수소 결합을 형성하면서 염기끼리 쌍(염기 쌍)을 만듭니다. 수소 결합이 쌍을 이루는 패턴은 염기 구조와 원자 서열에 따라 정해지고, DNA는 A와 T, G와 C, 그리고 RNA는 A와 U, G와 C가 쌍을 이룹니다. 이중 나선 구조의 DNA는 인산과 당의 에스터 결합 부위가 바깥쪽, 쌍을 이룬 염기 부위가 안쪽을 향한 상태로 수용액에 존재합니다. 일반적인 DNA 이중 나선 한 바퀴의 길이는 3.4nm인데, 그 안에 뉴클레오타이드(염기)가 10개 들어 있습니다.

DNA의 복제

많은 세포에서 세포 분열 한 번당 DNA 복제가 한 번 일어납니다. 특히 진핵세포에서는 세포 주기 중 S기일 때만 DNA 복제가 일어나도록 제어됩니다. 한편, 활발하게 분열하는 대장균에서는 세포 분열과 DNA 복제 사이에 밀접한 연결고리가 없어 하나의 세포가 여러 유전체를 가지는 경우도 많습니다. 앞에서 설명했다시피 뉴클레오타이드가 중합되어 새로운 DNA 사슬을 합성하려면 **DNA 중합 효소**의 도움이 필요합니다. DNA 중합 효소는 DNA 주형 가닥(template strand)의 염기 서열을 읽어 들여 복제합니다.

복제할 DNA 역시 이중 나선 구조이므로 염기는 분자 안쪽에 숨어 있습니다. 그 상태 그대로는 DNA 중합 효소가 주형 가닥에 결합해서 작용할 수 없습니다. 따라서 복제는 **복제 원점**이라는 유전체의 특정 지점에서 시작되며, 원핵생물의 복제 원점은 특정 염기 서열에 의해 정해집니다. 그리고 진핵생물은 거대한 유전체를 효율적으로 복제하기 위해 복제 원점(영역)이 여러 군데 존재하며, 명확한 서열은 없습니다. 복제 원점에 **복제 개시 인자**라는 단백질이 결합해서 이중 나선을 살짝 열어젖히면 복제가 시작됩니다. 이어서 **헬리케이스**라는 효소가 DNA의 이중 가닥을 풀어서 염기를 드러냅니다(그림 24-3). 이 과정을 거쳐야 비로소 DNA 중합 효소가 나설 차례가 됩니다.

DNA 중합 효소는 벌어진 DNA 단일 가닥에 결합해서 염기 서열을 읽어 들이는 동시에 상보적인 서열의 폴리뉴클레오타이드 사슬을 합성합니다. 이때 재료로 사용하는 물질이 바로 **뉴클레오사이드 삼인산**입니다. DNA 중합 효소는 합성되는 사슬의 3′ 말단에 존재하는 하이드록시기와 새로운 뉴클레오타이드의 5′ 말단에 존재하는 삼인산 사이에 인산 다이에스터 결합을 만듭니다(그림 24-3). 이 반응은 절대 반대 방향으로 진행되지 않으므로 새로 합성되는 사슬은 반드시 데옥시리보스의 5′에서 3′쪽으로 길어집니다.

합성 사슬이 3′ 방향으로만 길어진다면 맨 처음 뉴클레오타이드는

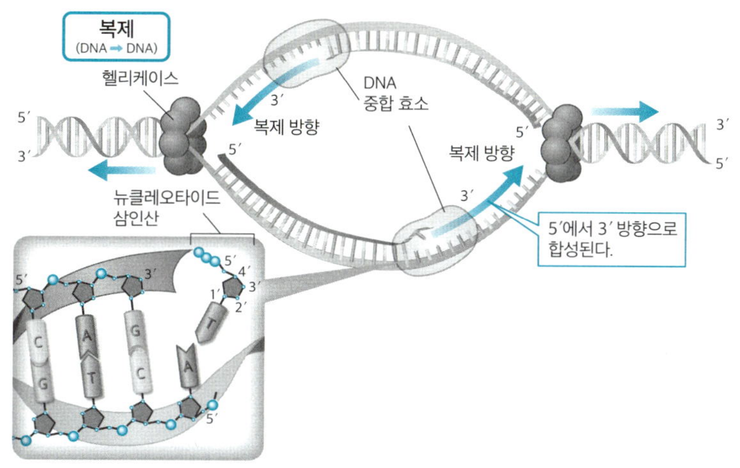

어떻게 해야 할까 하는 의문이 생기는데요. 사실 DNA 합성이 시작될 때는 **RNA 프라이머**라는 짧은 RNA가 주형 DNA에 결합해서 DNA 중합 효소가 작용을 시작하는 발판이 됩니다. DNA 중합 효소가 한 방향으로만 작용한다면, **그림 24-4**에서도 알 수 있다시피 두 가닥의 주형 DNA 사슬 중 반드시 한쪽은 헬리케이스와 반대 방향으로 합성이 진행될 수밖에 없습니다. 헬리케이스와 같은 방향으로 합성되는 사슬(**선도 가닥**)은 문제없지만, 반대 사슬(**지연 가닥**)에서 합성이 진행되려면 헬리케이스와 함께 새로운 RNA 프라이머와 DNA 중합 효소가 주형 사슬에 결합해야 합니다. 따라서 지연 가닥에서 DNA 중합 효소는 직전에 합성된 DNA 사슬의 5′ 말단에 존재하는 RNA 프라이머에 도달합

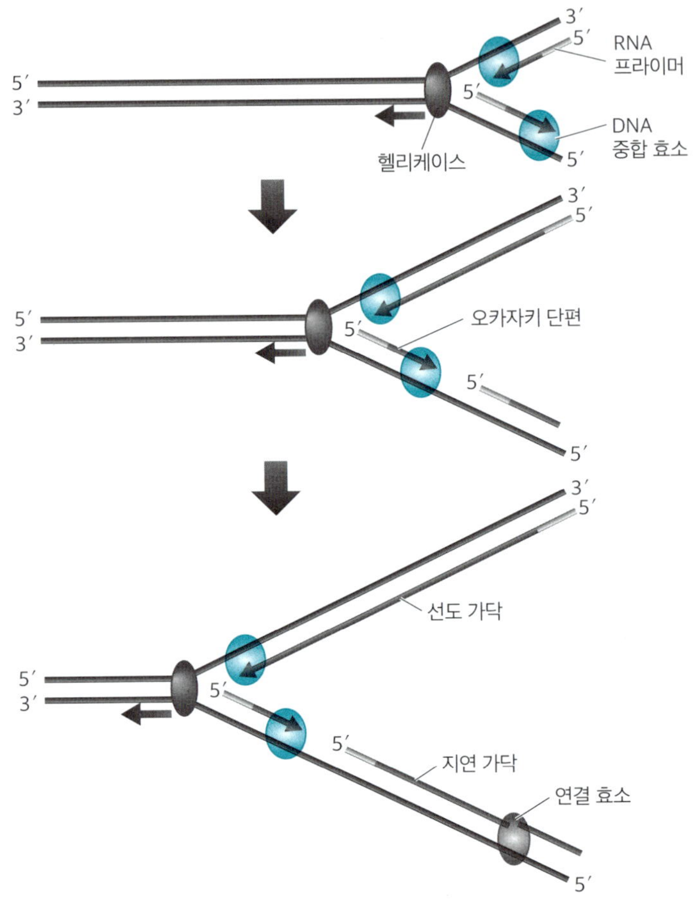

니다(그림 24-4). DNA 중합 효소는 RNA 프라이머를 제거하고 합성 반

응을 진행한 끝에 DNA 사슬의 5′ 말단에 도달합니다. 그러면 **연결 효**

소가 인산 다이에스터 결합을 만들어 마지막으로 남은 틈새를 메우면

서 DNA 합성 과정을 마무리합니다. 지연 가닥에서 일시적으로 생기는 짧은 DNA 단편을 발견자의 이름을 따 **오카자키 단편**이라고 합니다.

DNA의 염기 서열은 무슨 일이 있어도 정확히 복제되어야 합니다. 복제 도중에 오류가 발생하면 유전 정보가 바뀌기 때문이지요. DNA 중합 효소는 복제 중에 잘못 합성된 뉴클레오타이드를 발견해서 복구할 수 있습니다. 그 덕분에 복제 도중 생긴 오류의 비율은 1000만분의 1로 억제됩니다. 자세한 내용은 25장에서 설명하겠습니다.

DNA = 유전자?

DNA에 기록된 '유전 정보'의 정체는 무엇일까요? 고등학교에서 생명 과학을 배웠다면 DNA의 염기 서열이 단백질의 아미노산 서열을 부호화한다는 내용도 배웠을 텐데요. DNA의 염기 서열 정보는 최종적으로 단백질의 아미노산 서열 정보로 변환됩니다. 이 정보의 흐름을 **중심 원리**(central dogma)라고 합니다(26장 참조). DNA가 단백질의 아미노산 서열을 부호화하는 유전 물질이라면, DNA와 유전자는 같다고 봐도 될까요? 아쉽지만 엄밀히 따지면 둘은 서로 다른 의미로 쓰이는 개념입니다. **DNA는 데옥시리보핵산이라는 화학 물질**의 이름입니다. 그리고 유전자의 의미는 시대와 함께 조금씩 바뀌어 왔는데요. 처음에는 정체를 알 수 없는 유전 물질을 뜻하는 말이었지만, DNA의 이중

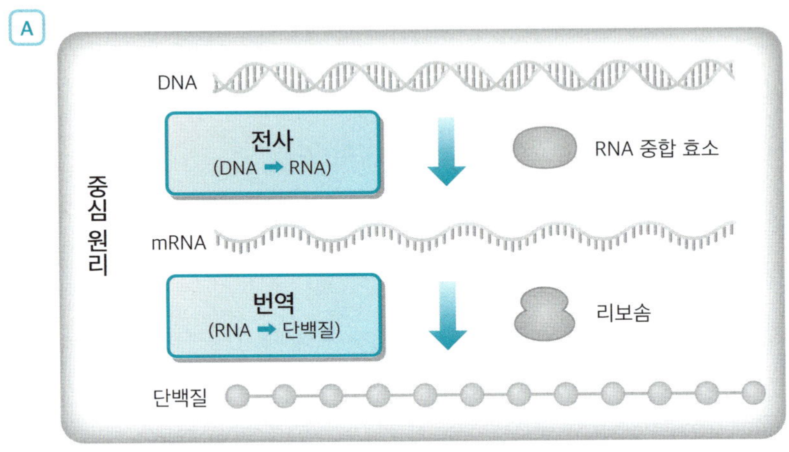

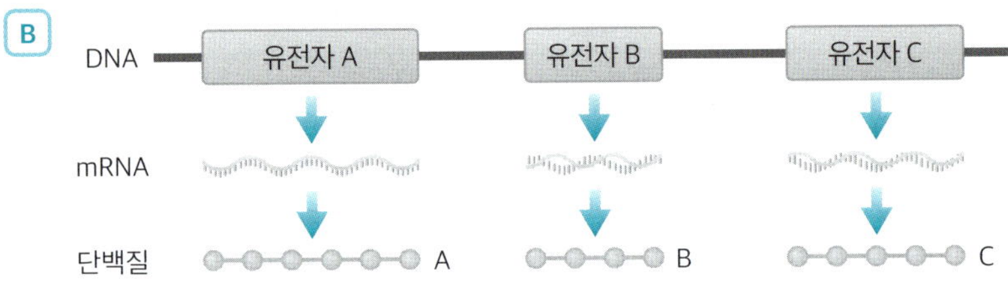

나선 구조가 밝혀지고 메커니즘이 규명된 오늘날 **유전자란 DNA 사슬을 구성하는 단백질 하나하나를 부호화하는 특정 영역**을 가리킵니다(그림 24-5). 이는 조지 비들과 에드워드 테이텀이 붉은빵곰팡이 실험을 근거로 주장한 **1유전자 1효소설**의 요지이기도 합니다.

하지만 세포에 존재하는 DNA의 모든 영역이 유전자라고는 할 수 없습니다. 인간이 지닌 60억 염기쌍의 전체 DNA(유전체) 중 '유전자'

가 차지하는 비율은 얼마나 될까요? 사실 **인간 유전체 중 유전자는 겨우 1%밖에 안 된답니다.** 나머지 99%는 단백질을 부호화하지 않는 DNA 이지요. 대장균은 유전체의 88%가 유전자이므로 낭비되는 부분이 인간보다 훨씬 적어 보이지만, 여전히 단백질을 부호화하지 않는 부분이 12%나 된다니 놀라울 따름입니다. 인간은 오랜 진화를 거치며 수많은 DNA를 외부에서 받아들였는데, 활용할 수 있는 부분은 유전자로 남았지만 변이로 기능을 잃은 부분은 도태된 끝에 서열만 염색체에 남게 되었습니다. 25장에서 자세히 다루겠습니다.

DNA는 핵 안에서 어떤 형태로 존재할까?

인간의 세포 하나에 들어 있는 DNA를 똑바로 펴면 약 2m가 됩니다. 믿기지 않겠지만 사실이랍니다. 인간 세포의 평균 크기가 수십 μm이고, 핵의 평균 크기는 10μm이니 DNA가 얼마나 말도 안 되게 긴지 알 수 있지요. 비유하자면 **20km짜리 끈이 10cm짜리 야구공 안에 들어 있는 것이나 마찬가지**니까요. 그냥 마구잡이로 쑤셔 넣으면 DNA가 엉켜 전사나 복제가 제대로 이루어지지 않을 테고, 분열기에 염색체를 정확하게 분배할 수도 없게 됩니다. 그래서 진핵세포에는 DNA를 핵에 올바르게 집어넣는 메커니즘이 존재합니다.

DNA는 **히스톤**이라는 단백질에 약 2번 감긴 **뉴클레오솜**이라는 구조

단위를 형성합니다(그림 24-6). 실이 감긴 작은 실패를 생각해 보면 이해하기 쉽겠군요. 뉴클레오솜 하나에는 염기쌍 200여 개만큼의 DNA가 감겨 있고, DNA 전체를 보면 뉴클레오솜이 수없이 늘어서 있습니다. 실제로 진핵세포에서 DNA를 추출해서 고해상도 현미경으로 관찰하면 DNA 위에 줄지어 늘어선 뉴클레오솜을 볼 수 있습니다. 뉴클레오솜은 다시 접혀서 형성된 **크로마틴**이라는 형태로 핵에 들어갑니다. 염색체라고 하면 X자 형태를 떠올리기 쉽지만, X자 염색체는 세포 분열기에만 나타나는 응축된 형태입니다. 분열기에는 크로마틴이 더 많이 접혀 응축된 **염색체**가 됩니다. 인간의 염색체는 46개이므로 DNA도 46개입니다.

그림 24-6 진핵세포의 크로마틴 구조

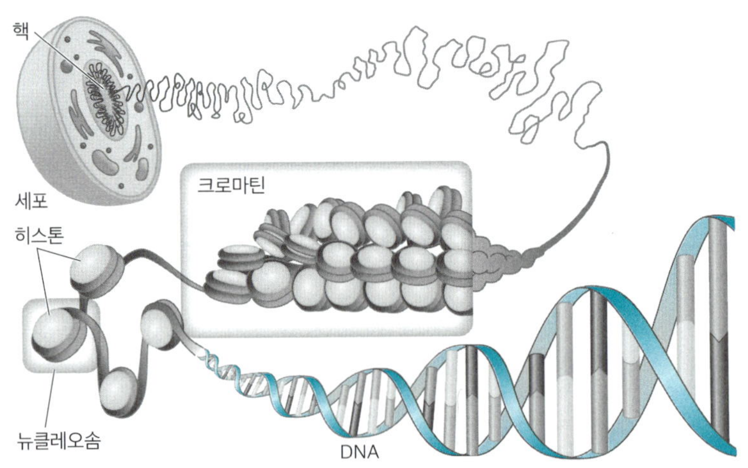

DNA, 유전자, 유전체, 염색체라는 용어에는 저마다 역사가 있고, 의미도 시대에 따라 바뀌어 왔습니다. 1800년대 중반, 스위스의 식물학자 카를 네겔리는 식물 세포의 세포 분열을 관찰하다가 세포가 분열할 때 핵이 사라지고 염색액에 잘 흡수되는 막대 형태가 나타나 딸세포로 분배되는 현상을 발견했습니다. 그리고 그는 이 막대 형태의 물질을 '염색체'라고 불렀습니다. 이후 독일의 에두아르트 슈트라스부르거와 발터 플레밍이 세포마다 염색체의 수와 크기가 다르다는 사실을 발견하면서 염색체가 유전 물질을 포함하고 있다는 인식이 자리잡혔

유전체 크기

생물 종마다 유전체의 크기는 가지각색입니다. 고등 동물일수록 유전체가 큰가 하면 꼭 그렇지는 않습니다. 그리고 유전체 크기와 유전자 수에도 명확한 상관관계가 없는 듯합니다. 세포가 살아가는 데 필요한 유전자의 수는 종마다 다르지만, 어느 정도 비슷하게 수렴합니다. 그러나 유전체 크기는 종이 살아온 환경에 달려 있으므로 종마다 차이가 큽니다. 최근 연구에 따르면 단백질을 부호화하지 않는 DNA 영역도 다양하게 작용한다고 합니다. 단순한 흔적으로 여겨졌던 DNA는 현재 생명과학의 흥미로운 주제로 다시금 주목받고 있습니다.

습니다. 하지만 이 당시 염색체가 DNA라는 물질로 이루어져 있다고 생각한 사람은 없었을 테고, 염기 서열이 단백질의 아미노산 서열을 부호화한다고는 꿈에도 생각지 못했을 테지요. 우리 주변의 첨단 의료와 농업, 식품 산업 등은 모두 200년이 넘는 유전과 세포에 관한 연구 끝에 완성되었답니다.

 장

인간과 침팬지
: DNA의 변화와 진화

24장에서는 DNA가 유전 물질이며, 생물의 설계도임을 배웠습니다. 설계도에 적힌 정보는 단백질의 아미노산 서열인데, 이 정보의 차이가 개체의 형질 차이를 만들어내지요. 그 대표적인 사례가 바로 멘델의 완두콩 실험입니다. 그렇다면 다음과 같은 의문도 떠오를 법한데요.

문제 **유전자의 염기 서열 정보가 얼마나 다르면 형질은 얼마나 달라질까?**

인간 유전체의 전체 염기쌍은 60억 개이며, 46개의 염색체에 나뉘어 들어갑니다. 어쩌면 여러분 중에는 한 사람 한 사람의 생김새가 다르니까 염기 서열 역시 사람마다 다르다고 생각하는 분이 있을지도 모릅니다. 그러나 인간 유전체 프로젝트가 완료된 2005년경, 인간과 침팬지의 염기 서열이 99% 일치한다는 연구 결과가 발표되면서 전 세계는 경악에 빠졌습니다. 인간과 침팬지는 생김새는 물론 행동과 지능도 크게 다른데, 왜 DNA 수준은 겨우 1%밖에 차이가 나지 않는 걸까요? 이번 장에서는 DNA와 형질의 관계를 탐구해 봅시다.

DNA는 변한다

24장에서 DNA는 화학적으로 안정되어 있고 유전에 적합한 물질이며, DNA 중합 효소의 작용으로 정확하게 복제된다는 내용을 배웠습니다. 하지만 DNA는 여러 요인에 의해 변합니다. 유전 정보가 변한다니 불안하게 들리지만, 사실 생물의 진화는 유전적 변이가 쌓이면서 이루어졌답니다.

DNA 염기 서열의 변화는 ① **DNA 중합 효소의 복제 과정에서 일어나는 오류**, ② **외부 요인에 의한 변이와 손상**으로 나뉩니다. ②를 일으키는 요인에는 화학 물질, 자외선과 방사선 등의 전자기파, 바이러스를 비롯한 외래 DNA의 삽입 등이 있습니다. 이러한 외부 요인을 **돌연변이원**이라고 하는데, 우리는 언제나 돌연변이원에 노출되어 있습니다. 우선 DNA의 변화가 어떻게 생기고 어떻게 복구되는지 알아볼까요?

DNA 중합 효소의 차이

DNA 중합 효소가 관여하는 DNA 복제 반응에서 일어나는 오류와 이를 복구하는 메커니즘을 배워 봅시다. DNA 중합 효소도 사실 가끔 실수하기도 합니다. 빈도는 **수천~수만 염기쌍당 한 번**꼴인데요. 낮다고 생각하시나요, 아니면 높다고 생각하시나요? 인간의 유전체에 포함된 염기쌍은 60억 쌍입니다. 만약 복제할 때 수만 번에 한 번꼴로 오류가 생기면 어떻게 될까요? 세포 분열이 한 번 일어날 때 오류가 수천~수백만 번 일어납니다. 이를 고치지 않고 세포가 수십 번 분열하면 유전체의 염기 서열은 완전히 달라지겠지요. 따라서 **DNA 중합 효소에는 오류를 복구하는 기능이 탑재되어 있습니다.**

복제할 때 낮은 빈도로 잘못 들어간 뉴클레오타이드는 자체 **교정 (proofreading) 기능**이 있는 DNA 중합 효소가 발견, 제거합니다. 자신이 저지른 실수를 직접 발견해서 수정한다니, 멋진 능력이네요. 여러분도 컴퓨터로 타자를 하다가 생긴 오타나 잘못 쓴 표현을 발견하고 수정한 적이 있을 텐데요. 그렇게 해도 한 페이지를 채우고 나중에 찬찬히 읽어 보면 미처 발견하지 못한 오타가 두어 개 남아 있는 법이지요. 프로 타자원도 250자에 한 글자꼴로 실수한다고 합니다. 그런데 DNA 중합 효소의 오류는 수만 염기쌍에 하나밖에 안 된다니, 그것만으로도 놀라운데 복제 과정의 오류를 한층 억제하는 자체 교정 기능까지 갖춘 것이지요.

잘못된 염기쌍을 올바른 염기쌍으로 복구하는 가장 기본적인 메커니즘은 DNA 중합 효소가 갖춘 두 가지 효소 기능(**3′ → 5′ 핵산 외부 가수 분해 효소와 5′ → 3′ 중합 효소**)에 의존합니다. DNA 합성 과정에서 염기가 잘못 들어가면 효소 반응이 멈추고 효소는 뉴클레오타이드를 제거하며 뒤로 돌아가 합성 반응을 다시 시작합니다. 이것이 DNA 중합 효소의 교정 기능입니다. DNA 중합 효소의 뉴클레오타이드 중합 반응은 정확도 면에서는 이미 충분하지만, 이 교정 메커니즘 덕에 뉴클레오타이드를 잘못 인식할 확률이 **100만분의 1~1000만분의 1**까지 떨어집니다.

DNA의 손상

DNA 염기 서열은 복제 도중에만 오류가 생기는 게 아니라 자연계의 여러 요인 때문에 손상되거나 변하기도 합니다. 아질산염은 **산화적 탈아미노 반응**으로 염기의 구조를 아미노기에서 카보닐기로 변형시킵니다. 그 결과, 사이토신은 아데닌과 쌍을 이루는 유라실로, 아데닌은 사이토신과 쌍을 이루는 하이포잔틴으로 바뀝니다(그림 25-1 A). 염증이나 공해 물질 때문에 발생하는 일산화 질소 역시 탈아미노 반응을 일으켜 아데닌을 하이포잔틴으로, 사이토신을 유라실로, 구아닌을 잔틴으로 바꿉니다(그림 25-1 A). 이때 잔틴은 사이토신과 쌍을 이루므로 이 변이는 돌연변이를 유발하지 않습니다.

알킬화제는 뉴클레오타이드의 여러 위치에 알킬기(주로 메틸기)를 붙이는 물질입니다(그림 25-1 B). 알킬화제는 암세포에 타격을 주고 증식을 억제하는 효과가 뛰어나 항암제로 이용됩니다. 보통 구아닌이나 타이민의 수소 결합에 관여하는 산소가 알킬화되면 염기는 정상적인 수

그림 25-1 외부 요인에 의한 뉴클레오타이드의 손상

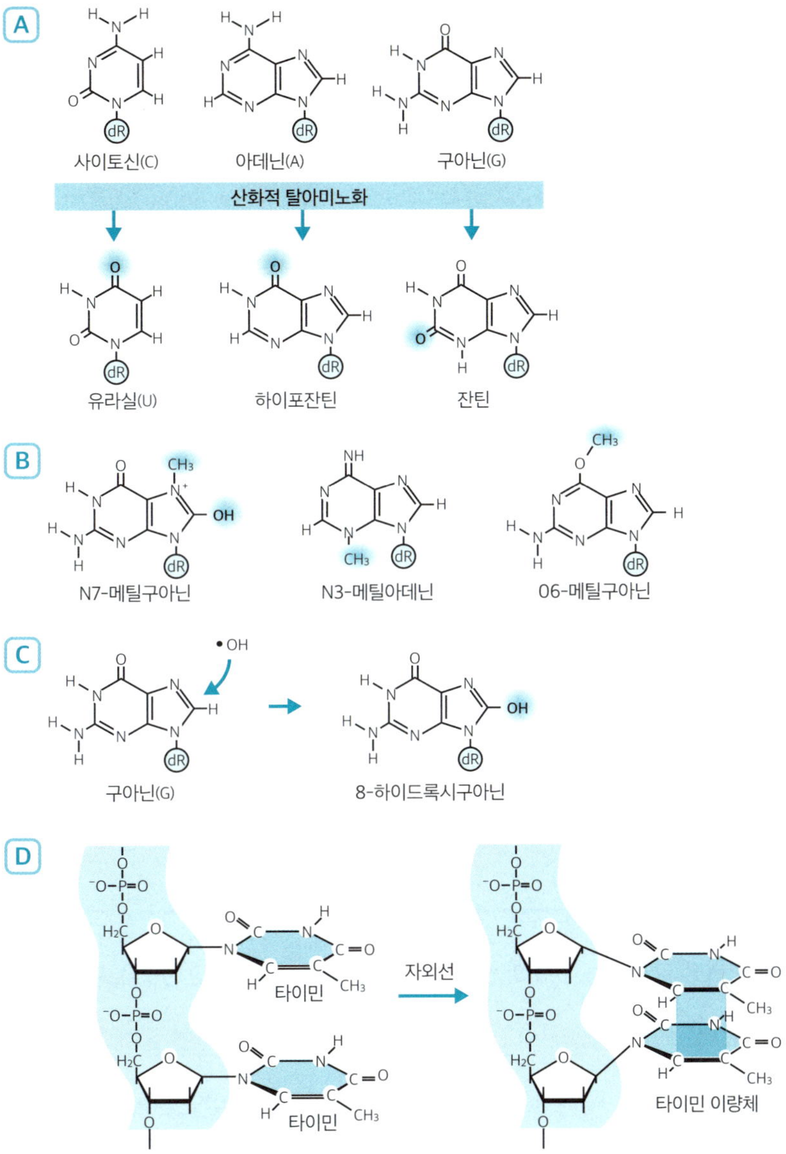

소 결합을 형성할 수 없게 됩니다. 그 결과 퓨린 염기끼리, 피리미딘 염기끼리 각각 바뀌는 **전이**(transition)가 일어나 A-T 염기쌍과 G-C 염기쌍이 각각 G-C 염기쌍과 A-T 염기쌍으로 바뀝니다.

활성 산소 또한 주요 돌연변이원입니다. 활성 산소종에 의해 만들어진 8-하이드록시구아닌(**그림 25-1 C**)이 아데닌과 쌍을 이루면 **전위** **(transversion)**라는 변이가 일어납니다. 퓨린 염기와 피리미딘 염기가 서로 바뀌므로 G-C 염기쌍은 A-T 염기쌍으로, A-T 염기쌍은 G-C 염기쌍으로 바뀝니다.

열과 산은 염기를 자르고, 전리 방사선(β선, X선 등)과 항암성 항생 물질(블레오마이신 등)은 DNA 사슬의 인산 다이에스터 결합을 자릅니다. 그리고 자외선은 **피리미딘 이량체**(예: **타이민 이량체, 그림 25-1 D**)의 형성을 촉진해서 복제와 전사를 억제하고, 쌍을 이루는 염기 -A-A-가 -G-G-로 잘못 복제되도록 만듭니다.

DNA 손상의 복구

복제 도중 생기는 오류와 달리 외부 요인에 의한 손상은 DNA 중합 효소로 복구할 수 없습니다. 탈아미노화는 하루에 100여 군데에서 일어난다고 합니다. 이러한 외부 요인에 의한 DNA 손상은 **복구 효소**가 발견해서 제거, 복구합니다. DNA 손상의 종류가 다양한 만큼 세포의 복구 메커니즘 또한 각양각색입니다.

타이민 이량체를 비롯한 비정상 염기쌍을 제거하는 메커니즘은 **뉴클레오타이드 제거 메커니즘**입니다. 비정상 염기 때문에 망가진 DNA 사슬을 인식한 **복구 핵산 내부 가수 분해 효소**는 염기쌍을 포함한 주변 영역을 사이에 끼우듯이 인산 다이에스터 결합을 가수 분해해서 DNA 사슬을 자릅니다. 이렇게 잘리는 부분의 $3'$ 하이드록시기를 인식한 DNA 중합 효소는 $5' \rightarrow 3'$ 핵산 외부 가수 분해 효소 활성으로 타이민 이량체를 포함한 이중 가닥 단편을 제거하는 동시에 새로운 DNA 사슬을 합성합니다.

뉴클레오타이드 제거 메커니즘 외에도 알킬화 염기가 섞인 비정상 염기쌍처럼 미세한 손상을 올바른 염기쌍으로 복구하는 **DNA 불일치 복구 메커니즘**과 **광 회복 메커니즘**이 있습니다. 방사선, 열, 산 등으로 이중 가닥이 잘렸을 때는 **이중 가닥 절단 복구 메커니즘**이 작용합니다. 핵산을 가수 분해하는 효소가 단일 가닥 사슬 $3'$ 말단을 만들고, 이 부분과 상동인 DNA 사슬을 찾아 단일 가닥 DNA를 교환합니다. 이 **상동 재조합**은 우리의 염색체는 한 쌍(2n)이기에 가능한 메커니즘입니다. 만약 하나씩밖에 없었다면 불가능했겠지요. 여러 쌍의 염색체가 유전 정보의 안전성에 얼마나 중요한지 알 수 있습니다. 상동 염색체 사이에 교차가 형성되면 헬리케이스처럼 기능하는 효소의 작용으로 교차점이 이동합니다. 그 사이에 이중 가닥 DNA의 틈새가 복구, 합성됩니다. 마지막으로 상동 염색체가 떨어지면 이중 가닥 절단이 복구된 DNA가 완성됩니다.

DNA의 변이와 진화

앞에서 알아본 바와 같이 우리의 DNA는 언제나 보호받고 있으며, 최종적인 오류율은 **10억분의 1**까지 억제됩니다. 한 번의 복제로 60억 염기쌍의 유전체 전체에서 생기는 오류는 수 개밖에 안 되는 셈이지요. 하지만 여전히 변화는 일어납니다. 우리 몸을 이루는 세포는 37조 개나 되기에 세포 안에서 DNA는 조금씩 변할 수밖에 없습니다. **체세포의 변화는 후대로 계승되지 않지만, 생식 세포의 DNA에 생긴 변화는 자손에게 계승됩니다.** 이번에는 천천히 일어나는 DNA 변화의 긍정적인 면과 부정적인 면을 진화적 관점에서 생각해 보겠습니다.

DNA 서열의 변화는 유전체 전체 영역에서 같은 빈도로 일어나지 않습니다. 24장에서 대장균은 유전체의 88%가 단백질을 부호화하지만, 인간은 유전체 중 단백질을 부호화하는 영역이 1%밖에 안 된다고 설명했는데요. 사실 DNA 서열이 변하는 속도는 유전자보다 유전자 외 영역이 압도적으로 빠릅니다.

유전체 서열에는 생물의 진화 과정이 기록되어 있으므로 이를 해독하면 진화 과정을 조금이나마 엿볼 수 있습니다. 우리 유전체의 99%가 이른바 정크 DNA로 채워지게 된 이유는 무엇일까요?

그림 25-2는 인간과 쥐의 β 글로빈 유전자 자리에 해당하는 유전자 영역(단백질을 부호화하는 영역)을 나타낸 모식도입니다. 글로빈은 혈액의 적혈구 내부에 존재하며, 효소를 유지하는 역할을 하는 단백질입니다. 발생 시기에 따라 β, γ, δ, ε 등 다양한 글로빈이 만들어집니다. 이 글로빈 유전자군의 배치를 보면 글로빈 유전자는 여기저기 흩어져 있고, 대부분 유전자 외 영역임을 알 수 있습니다. 이 유전자 외 영역에는 **트랜스포존**이라는 서열이 많이 존재합니다.

그림 25-2 인간과 쥐의 β 글로빈 유전자 자리 구조

▶ 『Essential Cell Biology(4th edition)』(Alberts B, et al), Garland Science, 2014를 바탕으로 작성.

인간 β 글로빈 유전자 자리

쥐 β 글로빈 유전자 자리

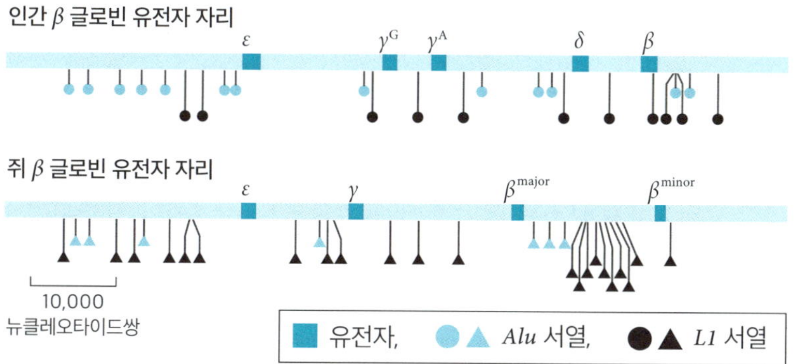

트랜스포존은 이동성 유전인자라고도 하며, 자신이 부호화한 단백질의 작용으로 **유전체 위를 이동할 수 있는** 특수한 서열입니다. 자기 서열을 유전체에서 잘라내어(잘라내기) 유전체의 다른 장소로 삽입(붙여넣기)하거나, 원래 위치의 서열을 복제(복사)한 다음 다른 장소에 삽입(붙여넣기)할 수도 있습니다. 이 잘라내기·붙여넣기와 복사·붙여넣기 기능 덕에 트랜스포존 서열은 유전체 안에서 복제를 늘리며 이동하는 성질이 있습니다.

그림 25-2에 표기한 *Alu*와 *L1*이라는 트랜스포존 서열의 위치를 보면 인간과 쥐의 패턴이 전혀 다릅니다. 이는 인간과 쥐가 진화 도중 분기한 1200만~2400만 년 전 이후 트랜스포존이 움직였음을 의미합니다. 하지만 인간이든 쥐든 **글로빈 유전자 내부에 트랜스포존이 거의 존재하지 않았습니다. 왜 트랜스포존은 유전자 영역을 피했을까요?**

진화 중립설에 따르면, 돌연변이처럼 뉴클레오타이드 수준의 작은 변화부터 트랜스포존처럼 큰 규모의 변화까지 모든 DNA 변이는 불규칙하게 일어납니다. 그렇다면 트랜스포존은 유전자 안에도 들어갈 수 있다는 말인데요. 하지만 그렇게 되면 글로빈 유전자가 파괴되어 정상적인 글로빈 단백질이 만들어지지 않을 가능성이 매우 큽니다. 이 단백질은 적혈구가 산소를 옮기는 데 필요하므로, 글로빈이 만들어지지 않으면 그 개체는 살아남지 못할 가능성이 크지요. 즉, 이 개체가 자손을 남기지 못하면서 트랜스포존이 삽입된 글로빈 유전자도 후대에 계승되지 않았던 것입니다.

유전체 중 어딘가에서는 항상 유전자의 변화가 일어납니다. 하지만 **유전자 외 영역에 일어난 변화는 개체에 큰 영향을 미치지 않으므로 방치되고, 그대로 자손에게 계승되어 진화 과정에도 남게 됩니다.** 이는 유전자 외 영역의 염기 서열 변화가 유전자 내 변화보다 빠른 이유 중 하나입니다. 유전자 외 영역에서 염기 1개가 치환되거나 트랜스포존이 삽입되는 변화에는 도태압이 작용하지 않으므로 이 영역은 계속 자유롭게 변합니다.

한편, 유전자 영역의 변화 중에도 단백질의 기능을 강화하거나 개체의 생존에 유리한 방향으로 작용하는 변화도 극히 드물게 있습니다. 이런 변화가 생기면 그 개체는 생존율이 높아지고, 변이 또한 자손에게 계승될 확률이 높아집니다. 이처럼 생명체는 오랜 시간에 거쳐 진화해 왔습니다. DNA의 변이는 진화의 원동력이지만, 변이가 생긴 위치에 따라 의미가 다릅니다. **개체의 생존과 관련된 변이**(유전자 내 변이)**에는 집단과 환경의 도태압이 작용하므로**, 그 압력을 이겨낸 변이만이 살아남습니다. 한편, 개체의 생존과 상관없는 변이(유전자 외 영역의 변이)는 도태압이 작용하지 않으므로 비교적 자유롭게 축적됩니다.

이번 장 첫머리에서 인간과 침팬지의 염기 서열이 99% 같다는 연구 결과를 소개했습니다. 하지만 내막을 살펴보면, 인간과 침팬지의 유전체에서 서열이 유사한 26억 개의 염기쌍만 추출해서 비교했을 때

99%가 같다는 의미였습니다(칼럼 참조). 조금 안심이 되었을까요?

인간과 침팬지의 비교

두 가지 이상의 유사성을 정량적으로 비교하려면 그 대상이 어느 정도 비슷하다는 전제가 필요합니다. 전혀 비슷하지 않은 대상을 숫자로 비교할 수는 없으니까요. 사과와 양상추의 유사성을 숫자로 표현할 수는 없지요. 인간의 염색체는 46개, 침팬지의 염색체는 48개로 염색체 수부터 다른 데다, 유전체 중 일부는 비교할 수조차 없을 만큼 차이가 큽니다. 앞에서 소개한 연구는, 인간 유전체의 25%와 침팬지 유전체의 16%는 유사한 부분이 거의 없으므로 이를 무시하고 비교적 유사한 영역만 추출해서 비교한 결과입니다. 단백질의 아미노산 서열을 비교하면 인간과 침팬지는 99% 이상이 상동이고, 단백질(유전자)의 29%는 아미노산 서열이 완전히 같습니다.

개체의 차이

인간과 침팬지는 생김새(형질)가 매우 다릅니다. 따라서 그 설계도인 DNA의 염기 서열이 다르다는 점은 직관적으로 이해할 수 있습니다.

모든 사람의 생김새는 서로 다르므로 유전체의 염기 서열 또한 다를 텐데요. 두 사람의 염기 서열 차이는 약 0.1%라고 합니다. **전체 유전체로 따지면 60억 염기쌍 중 600만 개**가 차이 나는 셈입니다. 상당히 많군요. 물론 대부분 유전자 외 영역에 존재하므로 단백질 수준의 차이는 그렇게 크지 않습니다. 한편, 이 차이를 이용하면 개개인을 특정하기도 쉽습니다. 인간 유전체 프로젝트가 종료되기 전부터 사람마다 염기 서열이 다른 유전체 중 일부 위치가 확인되었고, 이는 범인을 특정하거나 친자를 확인하는 데 이용되었습니다.

개개인의 유전체 서열을 해독하게 되면 사람마다 질병에 걸릴 위험성을 어느 정도 예측할 수도 있게 됩니다. 지금도 기업에서는 클릭 한 번으로 살 수 있는 유료 서비스를 제공하고 있습니다. 개인의 유전체 서열과 질병의 관계를 입증하는 데이터가 지금보다 축적되면 기계 학습으로 해석해서 질병에 걸릴 위험성을 더 정확하게 예측할 수도 있을 것입니다. 개인의 유전체 서열은 궁극의 '개인 정보'입니다. 제공하는 사람에게는 휴대전화 번호나 집 주소보다도 훨씬 위험한 정보가 될 수 있기에 **법률을 제정해서 취급과 보호에 힘써야 합니다.** 발병 위험성을 알고 앞으로의 인생을 의미 있게 보내려는 사람도 있을 테고, 자신의 미래는 절대 알고 싶지 않은 사람도 있을 테지요. 모든 사람의 의사를 존중해서 정보가 멋대로 퍼지지 않는 사회를 만들어야 합니다.

인간 유전체 해독

인간 유전체를 해독하는 글로벌 프로젝트는 1990년에 시작되었습니다. 전 세계에서 선발된 50명의 염기 서열을 각국의 연구 기관이 분담해서 해독하는 데 나섰고, 2003년에 프로젝트가 완료되면서 비로소 인간 유전체의 윤곽이 드러났습니다. 그러나 이 프로젝트는 50명의 평균적인 염기 서열을 분석했을 뿐, 개개인의 유전체 서열을 해독한 것은 아니었습니다. 당시에는 한 사람의 유전체 서열을 해독하는 데 수년씩 걸렸기에 개개인의 전체 유전체를 비교하려면 엄청나게 많은 시간과 비용이 필요했습니다.

이후 차세대 시퀀서 같은 기술이 개발되면서 오늘날에는 시료를 준비하는 시간을 제외하면 약 하루 만에 한 사람의 유전체를 읽어 들일 수 있게 되었습니다. 비용도 수백만 원 상당까지 줄었습니다. 이로써 사람 사이의 유전체 서열을 비교하기도 쉬워졌고, 다양한 생물과 바이러스의 유전체를 해석하는 속도가 한층 빨라졌습니다.

설계도로 몸을 만드는 과정
: DNA → RNA → 단백질

우리는 앞에서 유전체 DNA가 우리 몸을 만드는 데 필요한 정보를 기록한 설계도임을 배웠습니다. 집을 지을 때도 설계도가 필요하지만, 설계도만으로는 집을 지을 수 없지요. 설계도를 바탕으로 집을 짓는 인부와 자재가 필요합니다. 그리고 설계도를 보고 무엇을 어떤 순서로 만들어야 할지 판단하고, 필요한 자재와 인력을 조달해서 지시를 내릴 사람도 있어야 합니다. 집의 뼈대도 갖추어지지 않았는데 배관공을 불러봤자 할 일이 없으니까요. 하지만 무엇을 어떤 순서로 만들지까지 설계도에 쓰여 있으면 오류도 줄어들겠지요. 이번 장에서는 DNA에 기록된 유전 정보를 이용해서 세포가 만들어지는 과정을 살펴보겠습니다.

중심 원리에 따른 정보의 흐름

전체적인 중심 원리를 살펴볼까요? **그림 26-1 A**는 진핵세포 내 유전

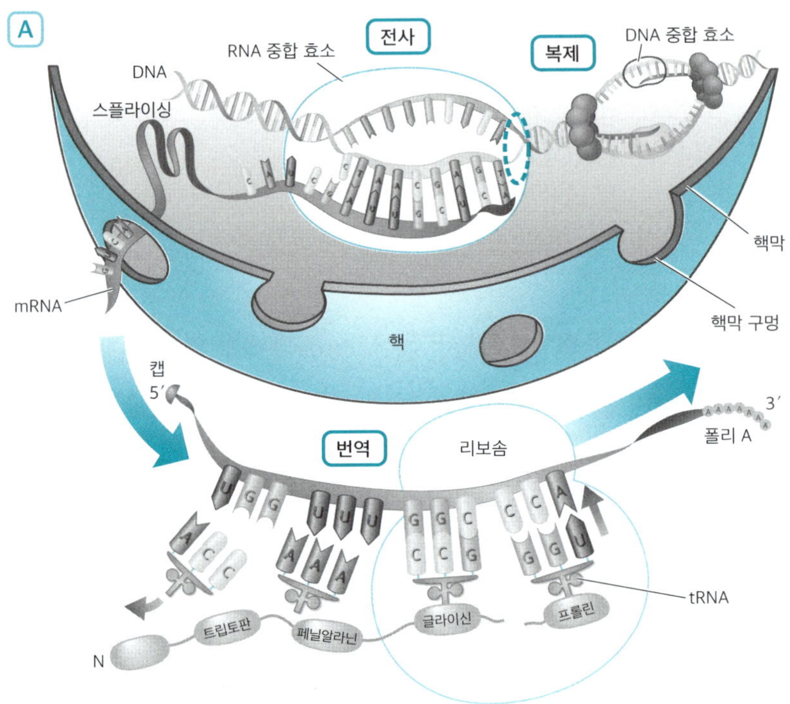

B

	복제	전사	번역
주형	DNA	DNA (안티센스 가닥)	mRNA
효소	DNA 중합 효소	RNA 중합 효소	리보솜
구성단위	데옥시리보 뉴클레오타이드 (dNTP)	리보 뉴클레오타이드 (NTP)	아미노산 (tRNA)
합성 방향	5′→3′	5′→3′	N 말단→C 말단
세포 내 장소 (진핵세포)	핵	핵	세포질

정보의 흐름을 세포 내 공간에 나타낸 모식도입니다. 24장에서 DNA 복제의 메커니즘을 배웠습니다. DNA는 크로마틴이라는 형태로 핵 안에 들어 있으므로 복제 역시 핵 안에서 이루어집니다. RNA 중합 효소는 필요한 상황이 되면 유전자의 DNA 염기 서열을 RNA로 복제합니다(**전사**). 진핵세포의 경우, 이 RNA 중 부호화하지 않는 영역(**인트론**)을 제외하고 단백질을 부호화하는 영역(**엑손**)만 연결합니다(**스플라이싱**). 그리고 동시에 5′ 말단에 캡, 3′ 말단에 폴리 A 꼬리가 붙어 **메신저 RNA(mRNA)**가 완성됩니다. 여기까지가 핵 안에서 일어나는 반응입니다.

mRNA는 여러 단백질의 도움을 받아 핵막에 있는 구멍(**핵막 구멍**)을 지나 세포질로 이동합니다. 이 mRNA를 잡은 **리보솜**은 **아미노아실 tRNA**를 재료로 mRNA 염기 서열에 대응하는 아미노산을 중합합니다(**번역**). 이때 mRNA 위의 염기 3개(**코돈**)가 아미노산 1개에 대응합니다. 복제, 전사, 번역 반응을 **그림 26-1 B**와 함께 자세히 비교해 봅시다.

망망대해 위의 작은 유전자를 찾아내는 메커니즘

25장에서 설명했다시피 인간 유전체 중 실제로 단백질을 부호화하는 부분은 전체의 1%에 불과합니다. 그리고 DNA의 유전 정보는 일단 RNA로 전사되는데요.

 RNA 중합 효소는 어떻게 방대한 유전체 속에서 유전자를 찾아낼까요?

DNA는 화학 물질이므로 단백질의 부호화 여부와 관계없이 모두 같은 4종의 뉴클레오타이드로 이루어져 있습니다. 유전자에 표식이 될 만한 게 있는 걸까요? RNA 중합 효소가 헤매지 않고 유전자를 발견해서 전사를 시작하는 메커니즘을 살펴봅시다.

유전자에는 아미노산을 부호화하는 영역 바로 가까이에 반드시 **프로모터**라는 영역이 존재합니다. 프로모터는 전사 조절 영역이라고도 하며, **유전자가 근처에 있다는 신호를 보내는 역할**을 합니다. 프로모터는 특정 염기 서열로 이루어져 있으므로 그 서열을 인식하는 단백질이 결합하면 RNA를 만들라는 명령이 RNA 중합 효소에 전달됩니다. 이 단백질을 **전사 인자**라고 합니다.

세포 안에는 각자 대응하는 프로모터 서열에 결합해서 RNA 중합 효소의 전사 반응을 스위치처럼 제어하는 전사 인자가 수백 종이나 있습니다. 스위치를 끄는 전사 인자도 있고, 유전자 하나를 여러 전사 인자가 제어하기도 합니다. 어느 유전자든 RNA를 합성하는 주체는 RNA 중합 효소입니다. 하지만 그 스위치를 결정하는 요소는 전사 인자입니다.

전사 인자가 전사 개시(유전자 발현)를 제어한다는 말은 즉, **유전체**(유전자)**가 같아도 전사 인자의 조합에 따라 만들어지는 세포의 성질이 크게 달**

라진다는 뜻입니다. 예를 들어, 수정란 하나가 반복해서 분열하며 개체로 성장하는 과정(발생)에서는 유전자의 발현 패턴이 차례차례 바뀌며 다양한 형태와 성질의 세포가 만들어집니다. 이처럼 **전사 인자는 유전자가 발현하는 위치와 시간을 엄밀하게 제어합니다.**

RNA를 합성하는 RNA 중합 효소

전사 인자의 도움으로 유전자의 시작 위치를 알게 된 **RNA 중합 효소**가 실제로 RNA를 합성하는 과정을 따라가 봅시다. 전사 인자와 결합해서 스위치가 켜진 유전자의 프로모터에서는 RNA 중합 효소가 전사 반응을 시작합니다. 전사는 전사 인자가 결합한 위치보다 약간 뒤(3′쪽)에서 시작됩니다. 이때 DNA 복제와 마찬가지로 먼저 주형 DNA의 이중 나선이 풀려야 합니다. DNA 중합 효소는 헬리케이스의 도움을 받아 이중 나선을 풀지만, RNA 중합 효소에는 헬리케이스와 같은 작용을 하는 소단위체가 있습니다. 즉, RNA 중합 효소는 서로 다른 작용을 하는 여러 단백질로 이루어진 전효소(16장 참조)입니다.

RNA 중합 효소가 새로운 RNA 사슬을 합성하는 과정은 DNA 중합 효소가 DNA 사슬을 합성하는 과정과 비슷합니다. 주형 DNA 염기에 상보적인 뉴클레오사이드 삼인산과 합성 사슬의 3′ 말단 하이드록시기 사이에 에스터 결합을 만드는 것이지요(그림 26-2). DNA 복제와 마찬가지로 새 사슬은 5′에서 3′ 방향으로 합성됩니다. DNA를 구성하는 뉴클레오타이드는 데옥시리보뉴클레오타이드이지만, RNA는 **리보 뉴클레오타이드**로 구성됩니다. DNA와 달리 두 번째 자리 탄소에도 하이드록시기가 달려 있습니다. 그리고 DNA를 구성하는 뉴클레오타이드는 A, T, G, C이지만 RNA를 구성하는 뉴클레오타이드는 **A**, **U**, **G**, **C**, 즉 T(타이민) 대신 U(유라실)를 사용합니다. 따라서 DNA : RNA 염기쌍은 A : U, T : A, G : C, C : G로 짝지어집니다.

DNA 복제와 달리 RNA 중합 효소가 주형으로 이용하는 DNA 사슬은 이중 가닥 중 한쪽뿐입니다. 주형 사슬은 프로모터의 방향에 따라 결정됩니다. **프로모터의 방향이 곧 유전자의 방향**인 셈입니다. 유전체의 유전자 방향이 각자 다르므로 유전자마다 주형 사슬도 다릅니다. 합성될 RNA와 염기 서열이 같은 DNA 사슬을 **센스 가닥**(sense strand), 반대로 RNA 중합 효소의 주형 사슬을 **안티센스 가닥**(antisense strand)이라고 합니다(**그림 26-2**).

전사가 시작되는 위치가 프로모터에 따라 정해진다면, 끝나는 위치는 어떻게 정해질까요? 전사의 마지막을 결정하는 요소 역시 특정 염기 서열입니다. 이 염기 서열을 **터미네이터**(종결자)라고 합니다. 프로모터와 달리 터미네이터는 서열이 정해져 있지는 않습니다. 전사의 시작은 프로모터에 의해 엄밀하게 제어되지만, 끝은 비교적 느슨하게 마무리됩니다.

그림 26-2 RNA 중합 효소가 진행하는 전사

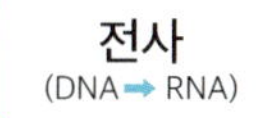

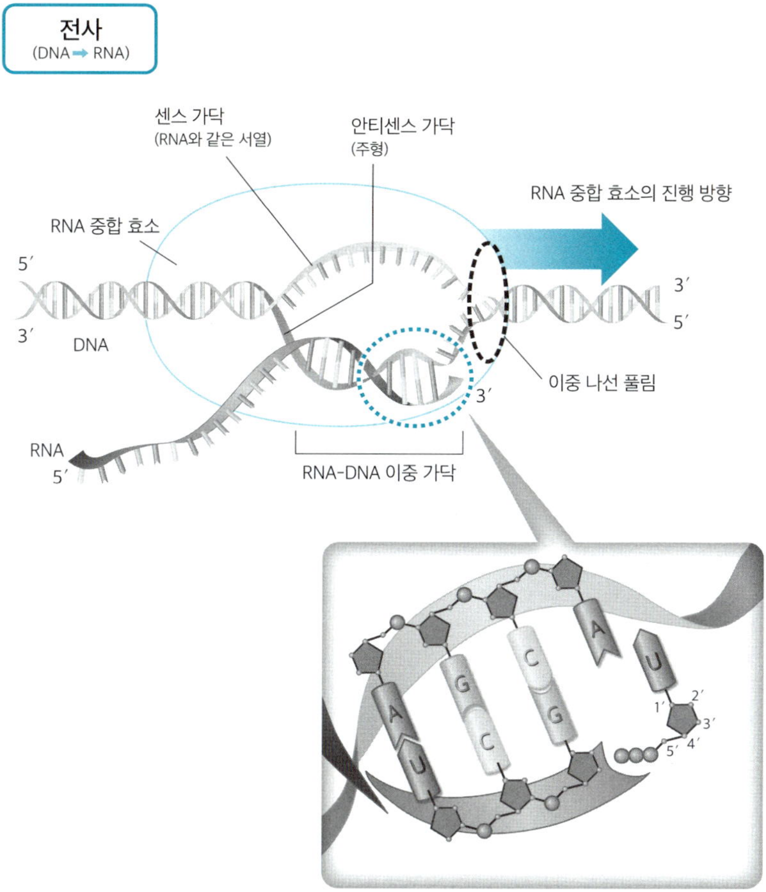

전사
(DNA ➡ RNA)
센스 가닥
(RNA와 같은 서열)
안티센스 가닥
(주형)
RNA 중합 효소의 진행 방향
RNA 중합 효소
5′
3′
5′
3′
DNA
이중 나선 풀림
3′
RNA
5′
RNA-DNA 이중 가닥
A
U
G
C
C
G
A
U
1′
2′
3′
4′
5′

합성이 끝난 RNA는 세포질로 이동한다

RNA에 베껴낸 DNA의 염기 서열은 마지막에는 **리보솜**에 의해 아미노산 서열로 변환됩니다. 이를 **번역**이라고 합니다. 대장균을 비롯한 원핵 세포의 경우, 염색체와 RNA 중합 효소와 리보솜이 모두 세포질에 존재하므로 합성된 RNA는 곧장 리보솜에 의해 번역됩니다. 하지만 진핵 세포에서는 합성된 RNA가 번역되기 전에 몇 가지 중요한 과정을 거칩니다.

진핵세포의 핵 안에서 전사된 RNA는 다양한 변형을 거칩니다. 이를 통틀어 **가공**이라고 합니다. 합성된 RNA의 5′ 말단에는 **캡**(cap)이라는 구조물이 붙습니다(캡핑). 구아닌 뉴클레오타이드와 유사한 화합물(예: **7-메틸구아노신**)인 캡이 RNA의 5′ 말단을 보호하는 것으로 추정됩니다. 그리고 3′ 말단에는 아데닌 뉴클레오타이드가 여러 개 늘어선 **폴리 A 꼬리**(poly A tail)가 붙어 RNA가 세포질에서 안정적인 구조를 유지하도록 돕습니다. 이러한 변형은 전사 반응이 끝난 다음 이루어지므로 **주형 DNA의 유전 정보에는 포함되지 않습니다.**

RNA는 말단 보호뿐만 아니라 **스플라이싱**(splicing)이라는 중요한 과정을 거친 뒤에야 비로소 mRNA가 됩니다. 스플라이싱은 RNA 중 아미노산을 부호화하지 않는 부분(인트론)을 잘라내는 반응으로, 진핵세포에서만 일어납니다.

RNA 중합 효소는 인트론과 엑손을 구별할 수 없으므로 프로모터부터 터미네이터까지 한 번에 합성합니다. 이 때문에 합성된 직후의 RNA에는 인트론과 엑손의 정보가 모두 존재합니다. 여기서 불필요한 인트론을 잘라내고 엑손만 이어 붙이는 반응이 스플라이싱입니다. 핵 안의 효소 복합체(**스플라이소솜**)가 이를 촉매합니다. 이렇게 진핵세포의 핵 안에서 전사된 다음 캡핑, 폴리 A 추가, 스플라이싱을 거쳐 완성된 mRNA는 핵 밖으로 운반됩니다.

진핵세포의 경우, 리보솜이 세포질에 존재하므로 핵 안에서 준비를 마친 mRNA는 핵막의 **핵막 구멍**(그림 26-1)이라는 통로를 지나 세포질로 이동합니다. DNA와 달리 mRNA는 단일 가닥이므로 끈 형태가 아니라 분자 안에서 여러 염기 쌍을 형성하며 복잡하게 접힌 상태입니다. 이렇게 접힌 mRNA를 핵막 구멍을 통과해서 세포질로 운반하려면 **핵 수송 인자**라는 특별한 단백질의 도움이 필요합니다.

리보솜의 단백질 합성

mRNA가 세포질에 도달하면 비로소 리보솜이 번역을 시작합니다. RNA를 구성하는 염기는 **A, U, G, C** 네 종류입니다. 한편, 단백질을 구성하는 아미노산은 20종이므로 아미노산을 부호화할 때는 염기가 최소 3개 필요합니다. 아미노산을 부호화하는 염기 3개를 통틀어 **코돈**

이라고 하며, 코돈 하나는 아미노산 하나를 부호화합니다. 따라서 코돈은 $4^3 = 64$개까지 만들어질 수 있습니다. 하지만 실제 아미노산은 20종인데, 이는 같은 아미노산을 부호화하는 코돈이 여러 개인 경우도 있기 때문입니다. 코돈과 아미노산의 대응을 정리한 표를 **코돈 표**라고 합니다(표 26-1). 아미노산을 부호화하는 코돈의 수는 최소 1개(메싸이오닌, 트립토판)부터 최대 6개(세린, 류신, 아르지닌)까지 다양합니다(코돈의 염기 서열과 아미노산의 대응 관계가 밝혀진 경위는 칼럼 참조).

코돈 표에서 주목할 부분은 **개시 코돈**과 **종결 코돈**입니다(표 26-1). 이 코돈들은 번역의 시작과 끝을 결정하는 중요한 신호이기 때문입니다. 거의 모든 생물의 개시 코돈은 메싸이오닌을 부호화하는 코돈과 같은 AUG입니다. 즉, 모든 단백질의 첫 아미노산은 메싸이오닌입니다. 한편, 종결 코돈은 UAA, UAG, UGA 세 가지로, 아미노산을 부호화지 않습니다. 이 코돈을 만나면 리보솜은 번역을 멈추고 mRNA에서 떨어집니다.

리보솜 내부에서 mRNA의 염기 서열 정보를 아미노산으로 변환하는 작업은 **운반 RNA(tRNA)**라는 작은 RNA의 역할입니다. tRNA는 70~80개의 뉴클레오타이드로 이루어진 짧은 RNA입니다. 클로버 같은 형태인 tRNA 한가운데에는 mRNA의 코돈과 염기 쌍을 이루는 **안티코돈** 서열이 있고, 3′ 말단에는 그 코돈에 대응하는 아미노산과 공유 결합하고 있습니다. 이때 아미노산과 공유 결합한 tRNA를 **아미노**

	U	C	A	G	
U	UUU UUC 〉페닐알라닌 UUA UUG 〉류신	UCU UCC UCA UCG 〉세린	UAU UAC 〉타이로신 UAA UAG 〉종결	UGU UGC 〉시스테인 UGA 종결 UGG 트립토판	U C A G
C	CUU CUC CUA CUG 〉류신	CCU CCC CCA CCG 〉프롤린	CAU CAC 〉히스티딘 CAA CAG 〉글루타민	CGU CGC CGA CGG 〉아르지닌	U C A G
A	AUU AUC AUA 〉아이소류신 AUG 메싸이오닌 (개시)	ACU ACC ACA ACG 〉트레오닌	AAU AAC 〉아스파라진 AAA AAG 〉라이신	AGU AGC 〉세린 AGA AGG 〉아르지닌	U C A G
G	GUU GUC GUA GUG 〉발린	GCU GCC GCA GCG 〉알라닌	GAU GAC 〉아스파트산 GAA GAG 〉글루탐산	GGU GGC GGA GGG 〉글라이신	U C A G

아실 tRNA라고 합니다. mRNA의 염기 서열 정보가 아미노산 서열로 올바르게 변환되는 것은 모두 tRNA 덕입니다.

코돈은 최대 64종 존재할 수 있지만, tRNA는 더 적습니다. 이는 안티코돈의 세 번째 염기가 코돈과 정확히 일치하지 않아도 같은 아미노산을 운반할 수 있는 성질, 그리고 tRNA가 A, U, G, C 이외의 특수한 염기를 이용하는 성질 때문입니다. tRNA의 수와 염기 서열은 생물 종마다 크게 다릅니다.

리보솜은 tRNA가 운반해 온 아미노산을 중합해서 폴리펩타이드

코돈 표는 어떻게 만들어졌을까?

왓슨과 크릭이 이중 나선 구조를 발견한 뒤로도 DNA의 암호가 어떻게 아미

노산을 부호화하는지는 한동안 수수께끼로 남아 있었습니다. 이 수수께끼

에 도전한 인물이 미국의 과학자 **마셜 니런버그**입니다. 1961년, 니런버그

는 유라실(U)만으로 이루어진 RNA를 인공적으로 합성했고, 이 RNA로 시험

관 안에서 단백질을 합성하자 20종의 아미노산 중 페닐알라닌만으로 이루

어진 단백질이 만들어졌습니다. 그는 인공 합성한 RNA와 번역에 필요한 각

종 요소로 RNA 염기 서열과 아미노산의 대응 관계를 차례차례 밝혀냈습니

다. 예를 들어, 염기 AC가 반복되는 RNA에서는 히스티딘과 트레오닌이 번

갈아 나열된 펩타이드가 합성되었고, AAC가 반복되는 RNA에서는 글루타

민, 아스파라진, 트레오닌만 나열되는 단백질이 합성되었습니다. 이를 통해

ACA가 트레오닌, CAC가 히스티딘을 부호화한다는 사실을 알 수 있습니다.

같은 방법으로 니런버그는 64개의 코돈 중 54개를 해독해냈고, 남은 10개

는 미국의 생화학자 **하르 코라나**가 해독했습니다. 두 사람 덕에 1964년에

모든 암호가 해독되었고, 둘은 1968년 노벨 생리학·의학상을 받았습니다.

사슬을 합성합니다. 단백질을 구성하는 아미노산은 4장에서 설명했습니다.

DNA나 RNA와 마찬가지로 폴리펩타이드 역시 방향이 있는데, 아미노기 쪽을 아미노 말단(N 말단), 카복실기 쪽을 카복실 말단(C 말단)이라고 합니다. 리보솜은 반드시 N 말단에서 C 말단 방향으로 폴리펩타이드를 합성합니다. 그리고 탄소와 펩타이드 결합으로 이루어진 사슬을 **주 사슬**, 탄소에서 튀어나온 가변 부위를 **곁사슬**이라고 합니다. 곁사슬에는 인산화를 비롯한 각종 화학 변형이 일어나기도 하므로(23장 참조), 단백질 구조의 다양성은 거의 무한하다고 할 수 있습니다. 쿨롱 힘, 판데르발스 힘, 수소 결합 등 주 사슬과 곁사슬의 복잡한 상호작용 결과, 폴리펩타이드 사슬은 정해진 구조대로 접혀 3차원 입체 구조를 형성합니다. 어떤 구조로 접히는지는 아미노산의 서열이 결정합니다. 단백질의 구조는 27장에서 자세히 설명하겠습니다.

단백질에도 수명이 있다

단백질의 마지막에 관한 이야기와 함께 이번 장을 마무리할까 합니다. 단백질은 리보솜에 의해 합성된 뒤로 영원히 세포 안에서 기능하지는 않습니다. 언젠가 수명이 다하면 분해되어 아미노산으로 돌아가지요. 수명이 다하는 원인은 **열에 의한 변성, 활성 산소에 의한 손상, 분해**

효소의 적극적인 작용 등 다양합니다. 수명은 단백질마다 정해져 있고, 합성 속도와 분해 속도가 비슷하므로 세포 내 단백질량은 일정하게 유지됩니다. 나아가 세포 안에는 비정상적인 단백질을 감지하는 시스템이 있는데, 여기에 걸린 단백질은 대체로 **라이소솜**(용해소체)에 의해 운반된 끝에 분해됩니다.

유비퀴틴화는 단백질을 적극적으로 분해하는 메커니즘 중 하나입니다. 분해할 단백질에 유비퀴틴이라는 작은 단백질을 붙여 분해 신호를 보내는 작용이지요. 유비퀴틴화한 단백질은 이후 빠르게 **프로테아**

단백질의 수명과 분해

단백질 중에는 자연적으로 수명을 다하는 대신 적극적으로 분해되는 단백질도 있습니다. 대표적으로 세포 주기를 제어하는 사이클린이라는 단백질입니다. 세포 주기와 함께 사이클린의 양도 큰 폭으로 늘어났다가 줄어드는데요. 단백질량을 늘릴 때는 전사 스위치를 켜 약 30~60분이라는 짧은 시간 동안 단백질량을 늘립니다. 하지만 양을 줄이고 싶을 때 단순히 수명이 다하기를 기다려서는 시간이 부족하겠지요. 단백질의 수명은 수 시간~약 하루이므로 세포 분열처럼 분 단위로 진행되는 과정을 제어하려면 단백질을 적극적으로 분해해야 합니다.

솜이라는 분해 효소 복합체에 의해 인식되어 분해됩니다. 이처럼 단백질은 필요에 따라 적극적으로 합성되었다가 적극적으로 분해됩니다(칼럼 참조).

이번 장에서는 세포의 설계도인 DNA에 기록된 정보가 어떻게 단백질의 아미노산 서열로 변환되는지 배웠습니다. 그리고 흥미롭게도 그 단백질은 다시 전사를 조절하고, RNA를 합성하고, 단백질을 합성했습니다. DNA의 설계도를 바탕으로 만들어진 물질(단백질)이 이번에는 설계도를 읽어 들여 자기 자신(단백질)을 만드는 데 관여한 것이지요. 단백질은 그야말로 세포의 생명 활동을 유지하는 데 없어서는 안 될 분자입니다.

27 장

파마머리는 왜 풀리지 않을까?
: 단백질의 구조

여러분은 파마해 본 적이 있으신가요? 파마는 머리카락의 구조를 변형하는 기술입니다. 물론 머리가 새로 나 자라면서 효과는 옅어지지만, 파마한 직후에는 머리를 감아도 머리카락은 여전히 변형된 구조를 유지합니다. 사실 파마의 효과는 단백질의 입체 구조와 밀접한 관계가 있습니다. 26장에서는 유전 정보를 바탕으로 단백질이 합성되는 과정을 배웠습니다. 단백질의 **구조**는 단백질의 중요한 요소 중 하나입니다. 핵산과 달리 단백질의 입체 구조는 다양하며, 이 구조가 단백질의 기능은 물론 세포 안에서의 작용에도 영향을 미칩니다. 이번 장에서는 리보솜에 의해 합성된 이후 단백질이 어떻게 되는지 들여다봅시다.

> ## 인간 유전체 프로젝트의 다음 단계는 무엇일까?

리보솜에 의해 합성된 단백질은 리보솜에서 나오는 동시에 입체적으로 접힙니다. 정확히는 단백질이 본체를 스스로 접는다는 표현이 옳을 것입니다. **단백질의 고차원 구조는 기본적으로 아미노산 서열에 의해 정해집니다.** 폴리펩타이드는 자신의 아미노산 서열이 자연적으로 만들어내는 수많은 고차원 구조 중 가장 안정적인 구조로 수렴합니다.

단백질이 접히는 원리를 이해하려는 연구는 오래전부터 시작되었고, 연구자들은 각종 실험 방법과 단순 구조 모델을 활용해서 시뮬레이션을 개발했습니다. 특히 인간 유전체 프로젝트로 DNA 염기 서열이 전부 해독되면서 유전자로 추정되는 영역이 확인되었고, 이를 부호화하는 단백질의 아미노산 서열 역시 밝혀졌습니다. 유전자 영역을 확인하는 작업의 바탕에는 어느 정도 예측이 깔려있었지만요. 그러나 단백질은 대체로 접힌 채로 기능하기 때문에 아미노산 서열을 밝히는 것만으로는 단백질의 기능을 알 수 없습니다. 이 때문에 입체 구조를 밝히는 연구가 중요해졌습니다.

세계 각국은 인간 유전체 프로젝트가 마무리 단계에 들어서자 '차세대 유전체 프로젝트'를 검토하기 시작했습니다. 그중 하나가 단백질의 입체 구조를 결정하는 프로젝트입니다. 당시에는 단백질의 입체 구조를 결정할 때 결정 구조 해석과 핵자기 공명(NMR)을 이용했습니다. 많은 연구자가 이를 활용해서 수많은 단백질의 구조를 밝혀냈습니다. 최근에는 기계 학습 덕에 **구조 예측**의 정밀도가 향상되면서 단백질 구조학은 커다란 전환점을 맞이했습니다(칼럼 참조).

단백질의 입체 구조를 알고 싶어요!

사람의 몸에 존재하는 단백질의 종류는 2만 2000여 종 이상이라고 합니다. 결정 구조 해석을 하려면 단백질의 결정을 알아야 하는데, 2만 2000여 종의 단백질을 밝히려면 방대한 시간과 노력과 비용이 듭니다. 그래서 각종 유전체 프로젝트로 얻은 방대한 아미노산 서열 정보를 바탕으로 입체 구조를 예측하는 기술의 필요성이 대두되었습니다. 1994년부터는 전 세계의 연구자들이 참여해서 단백질 입체 구조의 예측 기술을 평가하는 대회가 개최될 정도로 단백질 구조 예측의 정밀도를 높이는 기술을 개발하는 경쟁이 활발해졌습니다.

이러한 분위기 속에서 2010년부터는 구조 예측에 기계 학습을 활용하면서 계산 속도가 빨라졌을 뿐만 아니라 기술 또한 비약적으로 발전하기 시작했습니다. 그중에서도 2018년에 딥마인드(현 구글 딥마인드)에서 개발한 알파폴드(AlphaFold)는 예측 정밀도가 특히 높았고, 2020년에 알파폴드2, 2024년에 알파폴드3를 개발하면서 수많은 단백질의 구조를 굉장히 정확하게 예측할 수 있게 되었습니다.

고전 단백질 구조학에서는 단백질의 입체 구조가 계층을 이루는데, 아미노산 서열인 **1차 구조**, *α* **나선**과 *β* **병풍**이라는 **2차 구조**, 입체적으로 접힌 **3차 구조**, 여러 폴리펩타이드의 상호작용으로 형성된 **4차 구조**가 있다고 설명합니다. 2차 구조인 *α* 나선과 *β* 병풍은 주 사슬의 펩타이드 결합[아미노기(-NH)와 카복실기(C=O)의 결합] 사이에 형성된 수소 결합으로 이루어진 구조입니다(**그림 27-1**). 이로써 *α* 나선은 아미노산 3.6개마다 한 번 회전하는 나선 구조를 형성합니다. **곁사슬은 전부 나선 바깥쪽**으로 튀어나와 각종 상호작용에 관여합니다. *β* 병풍은 폴리펩타이드 사슬 여러 개가 수소 결합으로 이어져 평행하게 늘어선 병풍 같은 구조입니다. **곁사슬은 병풍과 수직**으로 튀어나와 있는데, 맞닿은 잔기의 곁사슬은 **병풍 반대편에 번갈아 튀어나옵니다.** 이 때문에 병풍 양쪽 표면의 성질이 서로 다를 때도 있습니다.

펩타이드 결합의 수소 결합 외에 **곁사슬**의 성질도 단백질의 구조에 큰 영향을 미칩니다. 4장에서 배웠다시피 단백질을 구성하는 20종의 아미노산은 곁사슬의 성질에 따라 네 가지로 분류됩니다. 그중 **소수성 곁사슬**이 달린 아미노산이 절반 가까이 차지하지요(그림 4-2 참조). 소수성 작용기는 물과 섞이지 않고 성질이 같은 물질끼리 뭉칩니다. 물과 기름이 분리되는 것과 마찬가지입니다. 수용액에서 소수성 분자가

그림 27-1 단백질의 2차 구조

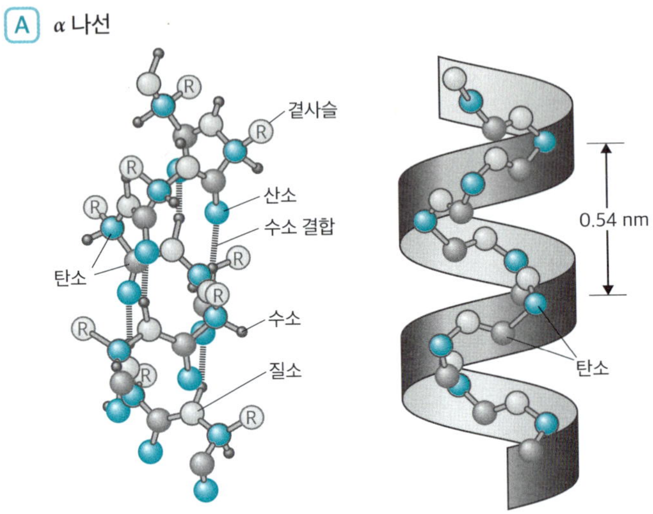

A α 나선
곁사슬
산소
수소 결합
탄소
수소
질소
0.54 nm
탄소

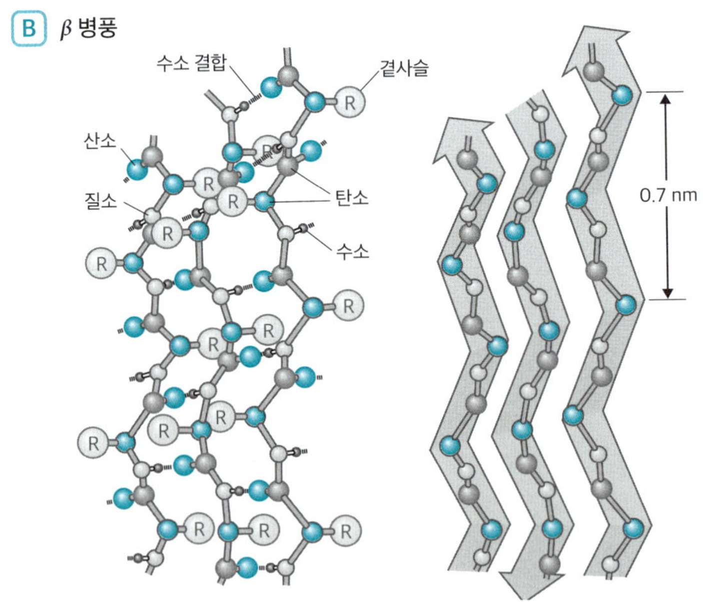

B β 병풍
수소 결합
곁사슬
산소
질소
탄소
수소
R
0.7 nm

물을 멀리하고 자기들끼리 모이려는 힘을 **소수성 상호작용**이라고 합니다. 단백질이 세포질 같은 친수성 환경에서 접혀 3차 구조를 형성하는 가장 큰 구동력이 바로 이 소수성 상호작용입니다. 접힌 단백질 내부는 전하를 띠는 작용기가 거의 존재하지 않는 소수성 환경이기 때문입니다.

이와 대조적으로 접힌 단백질의 표면에는 **전하를 띠는 아미노산**과 **극성 아미노산**이 많이 존재합니다. 이 아미노산들 사이에 형성된 **수소 결합**, 그리고 양전하 또는 음전하를 띠는 작용기에서 작용하는 **정전기적 상호작용**으로 단백질이 접히는 세부적인 방식이 정해집니다. 다양한 상호작용의 결과, 단백질이 접힌 구조가 최종적으로 결정됩니다.

입체 구조를 만드는 공유 결합

앞에서 소개한 여러 비공유 결합뿐만 아니라 시스테인 잔기 곁사슬의 싸이올기(-SH) 사이의 공유 결합(S-S 결합)도 단백질의 고차원 구조에 영향을 미치는 요인입니다. 세포질은 환원적인 환경이므로 싸이올기는 환원 상태로 존재할 때가 많지만, 소포체 내부나 세포 바깥은 산화적 환경에 가깝습니다. 이 환경에서는 싸이올기가 산화되어 **이황화 결합**(-S-S-)을 형성하기 쉬워집니다(**그림 27-2 A**). 따라서 세포 밖으로 분비된 단백질(후술)이나 세포막 단백질의 세포 바깥 영역 중에는 이황

그림 27-2 이황화 결합

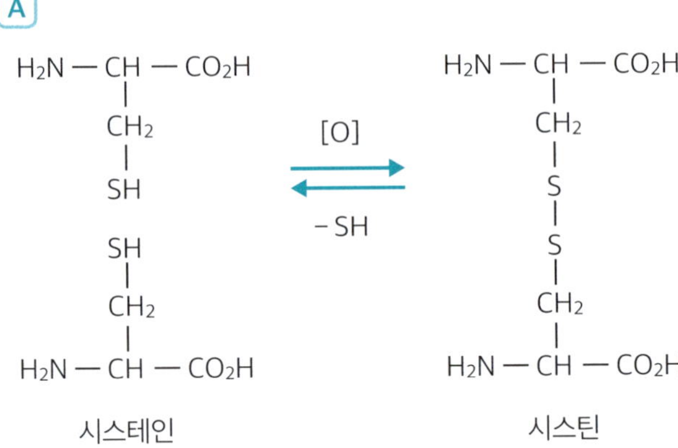
A
H₂N — CH — CO₂H
CH₂
SH
SH
CH₂
H₂N — CH — CO₂H
시스테인
[O]
− SH
H₂N — CH — CO₂H
CH₂
S
S
CH₂
H₂N — CH — CO₂H
시스틴

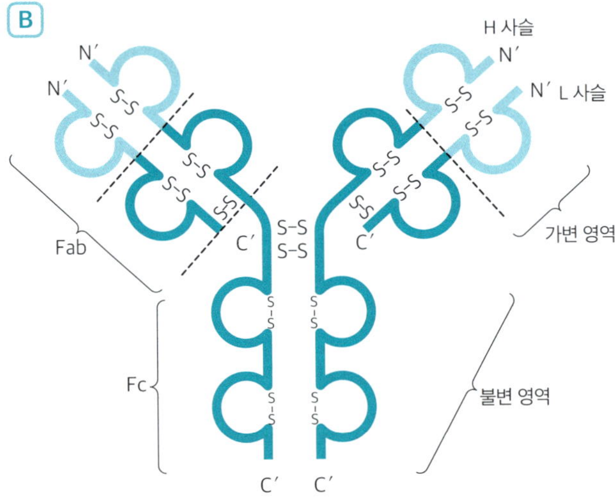
B
N′
N′
S–S
S–S
S–S
S–S
S–S
S–S
Fab
C′
S–S
S–S
C′
S–S
S–S
S–S
S–S
S
S
S
S
Fc
S
S
S
S
C′   C′
H 사슬
N′
N′ L 사슬
가변 영역
불변 영역

화 결합이 달린 단백질도 있습니다. 항체의 정체인 글로불린도 분자 안과 분자 사이의 이황화 결합들로 입체 구조를 형성한 단백질입니다 (그림 27-2 B).

비공유 결합과 달리 이황화 결합은 공유 결합이므로 산화 환원 환경이 변하지 않는 한 끊어지지 않습니다. 파마할 때 사용하는 파마약에 들어 있는 환원제는 머리카락의 주성분인 케라틴이라는 단백질의 이황화 결합을 끊습니다. 그다음에는 환원제를 제거해서 새로운 결합을 만드는 화학 반응을 이용합니다. 환원제로 이황화 결합을 한 번 끊고, 머리 모양을 바꾼 다음 결합을 다시 만들어 머리카락의 구조를 영구적으로 바꾸는 원리입니다. 물론 새로 자라는 머리카락은 자연적인 형태이므로 파마는 한 번 한다고 끝이 아니지만요.

입체 구조가 없는 단백질도 많다

극성 아미노산이나 전하를 띠는 아미노산이 많은 폴리펩타이드는 접히지 않고 평평한 구조 그대로 세포 안에 존재합니다. 특정 입체 구조가 없는 이 단백질은 **천연 변성 단백질** 또는 **천연 변성 영역**으로 불리며, 인간의 전체 단백질(프로테옴)의 약 40%를 차지합니다. 입체 구조가 없다는 이유로 고전 단백질 과학에서는 그리 중요하게 다루지 않았습니다.

최근 연구로 지금까지 정체를 알 수 없었던 천연 변성 영역이 한순간 주목 받게 되었습니다. 유연한 폴리펩타이드 사슬은 대부분 수용액에서 한데 모여 **상 분리***를 일으키기 쉬운 성질이 있는 것으로 밝혀졌기 때문입니다. 분자가 모이는 상호작용은 약하므로 집합체는 액체의 성질을 띱니다. 이 원리는 핵소체처럼 지질 막으로 둘러싸여 있지 않은 **비막성 세포 소기관**의 형성에 중요한 역할을 한다는 사실 또한 밝혀졌습니다. 오늘날 단백질 구조 과학에서는 단백질이 입체 구조를 형성하는 비교적 단단한 부분과 특정 입체 구조를 형성하지 않는 부드러운 부분으로 이루어져 있다고 설명합니다.

____

* 용액 안의 단백질이 모여 농도가 높은 상과 낮은 상으로 분리되는 현상입니다. 액체의 성질을 띠면 액체-액체 상 분리라고 합니다.

막 단백질의 구조와 합성

지금까지 설명한 단백질이 접히는 원리에는 예외가 있습니다. 일부가 지질 막에 묻힌 단백질(막 단백질)입니다. 세포막을 비롯해 소포체, 미토콘드리아, 골지체 등 세포 소기관의 막에는 막을 관통하는 단백질이 존재합니다. 23장에서 소개한 수용체와 이온 통로, 이온 펌프도 모두 막 단백질입니다. 막 단백질에는 지질 이중 막을 관통하는 **막 관통 부**

위가 최소 하나 이상 있습니다. 많으면 12개까지도 존재하는 막 관통 부위는 모두 지질 이중 막에 완전히 묻혀 있습니다. 3장에서 배웠다시피 지질 이중 막 안쪽은 소수성이 높은 환경입니다. 이 때문에 막 관통 부위에는 소수성 아미노산이 많습니다.

하지만 소수성 작용기는 물을 싫어합니다. 만약 막 단백질이 세포질에서 합성되었다면 소수성 아미노산이 풍부한 막 관통 부위는 모두 막 단백질 안으로 접혀 들어갈 테고, 나중에 지질 막에 삽입할 때 한 번 단백질을 풀어주어야 하겠지요. 이런 상황이 생기지 않도록 **막 단백질은 대체로 세포질이 아니라 소포체막에서 합성되자마자 바로 막에 삽입됩니다.** 이로써 막 단백질의 막 관통 부위는 세포질의 친수성 환경에 노출되지 않고 소포체막에 삽입됩니다. 그 과정을 조금 더 자세히 들여다볼까요?

세포막, 소포체, 골지체, 라이소솜에 존재하는 막 단백질은 N 말단에 **신호 펩타이드**라는 특정 신호 서열을 가지고 있습니다. 합성 중인 리보솜에 신호 서열이 들어오면 바로 그 신호를 인식하는 단백질(신호 인식 입자, SRP)이 결합해서 **리보솜의 합성 반응을 일시 정지시킵니다.** 소포체는 표면에 존재하는 수용체와 SRP와 결합하면, SRP가 결합한 번역 도중인 리보솜을 받아들입니다. 이를 신호 삼아 **리보솜은 번역을 재개해서** 합성한 폴리펩타이드를 **트랜스로콘**이라는 막 단백질을 통해 소포체 안으로 보냅니다. 트랜스로콘 내부는 친수성이지만, 막 관통 부위처럼 소수성이 높은 물질이 통과하려 하면 그 물질을 소포체막 안으로 방출합니다. 그 결과 막 관통 부위는 소포체막에 삽입되고, 그 밖의 부위는 소포체 내부와 세포질에 노출됩니다. **거친 소포체**는 막 단백질을 번역하는 리보솜과 결합하므로 표면이 거칩니다.

소포체에서 태어난 단백질의 운명

소포체막에 삽입된 막 단백질은 이후 소포체에서 분리되어 나온 막 소포를 타고 **골지체**로 이동하고, 최종적으로 세포막과 라이소솜으로 운반됩니다(그림 27-3). 골지체는 **소포체 수송의 분기점**이자 세포 내 흐름의 중요한 관문이기도 합니다. 그리고 소포체와 골지체에서는 단백질에 **당 사슬이 붙기도 합니다.** 자세히 들어가면 단백질의 아스파라진 곁사슬에 다양한 당으로 이루어진 당 사슬이 붙습니다. 한편, 원핵세포에는 소포체와 골지체가 없으므로 진핵세포에서 당 사슬이 붙는 반응 같은 화학적 변형은 절대 일어나지 않습니다.

사실 소포체막에서 번역되는 단백질은 막 단백질 외에도 있습니다. 소포체, 골지체, 라이소솜을 거쳐 세포 밖으로 운반되는 가용성 단백질 역시 같은 원리로 합성, 운반됩니다. 이 단백질의 N 말단에도 신호 펩타이드가 있고 소포체에서 번역되지만, 막 관통 부위가 없으므로 번역이 끝나면 **소포체 안에 방출됩니다.** 그다음에는 소포에 둘러싸인

▶ 「理系総合のための生命科学 第5版」(東京大学生命科学教科書編集委員会／編), 羊土社, 2020(도쿄대학 생명과학 교과서 편집위원회 엮음, 『이과 종합 생명과학 제5판』 요도샤, 2020)에서 인용.

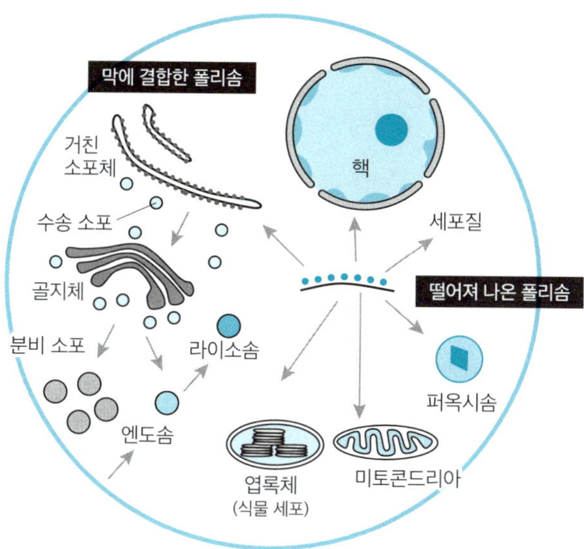

골지체를 통해 세포막에 도달합니다. 세포막 단백질과 달리 세포막과 융합한 막 소포에 들어 있던 가용성 단백질은 세포 밖으로 방출(분비)됩니다. 18장에서 배운 인슐린과 항체(글로불린)를 비롯해 많은 펩타이드 호르몬이 이렇게 세포 밖으로 분비됩니다.

세포 내 목적지까지 단백질을 수송하는 시스템

지금까지 설명을 듣고 의문이 생긴 분도 많을 텐데요. 세포 안에는 소포체와 골지체 외에도 막으로 둘러싸인 기관들이 있습니다. 바로 **미토콘드리아**, **핵**, **퍼옥시솜**, **엽록체**(식물 세포 한정)입니다. 앞에서는 이 세포소기관들은 다루지 않았는데, 사실 미토콘드리아와 핵으로 단백질을 운반하는 시스템은 전혀 다릅니다. 이러한 단백질은 대체로 **세포질에서 합성된 다음 목적지로 운반됩니다**(그림 27-3). 택배를 부칠 때 받는 사람의 주소를 쓴 송장을 붙이는 것처럼 단백질에도 목적지의 정보가 담긴 특정 아미노산 서열(**신호 서열**)이 있습니다. 신호 서열은 대부분 아미노산 10개 정도의 짧은 서열로, 유전자 단계부터 부호화되어 있습니다. 신호 서열은 N 말단에 존재할 때가 많지만, C 말단이나 펩타이드 사슬 내부에 존재하기도 합니다.

신호 서열에 특이적으로 결합하는 단백질이 신호 서열을 포함한 단백질을 목적지까지 적극적으로 운반하거나, 혹은 목적지에서 기다리고 있다가 붙잡기도 합니다. 미토콘드리아로 운반된 단백질의 N 말단에는 염기성 아미노산이 포함된 서열이 있는데, 미토콘드리아 외막 표면에 존재하는 Tom20/22라는 단백질이 이 서열을 인식해서 단백질을 붙잡고 미토콘드리아 안으로 보냅니다. 내막에서는 Tim 복합체가 내막을 넘어 세포 외 기질로 단백질을 운반합니다.

핵 안으로 들어간 단백질 분자에는 **핵 위치 신호**(NLS)라는, 염기성 아미노산에 풍부한 서열이 있습니다. 이 핵 위치 신호를 인식한 **카리오페린**이라는 수송 단백질은 단백질이 핵막의 **핵막 구멍**을 통과하도록 돕습니다. 핵막 구멍은 세포질과 핵질 사이의 거의 모든 수송을 담당하는 통로로, 26장에서 배운 mRNA가 핵에서 세포질로 나올 때 지나는 통로이기도 합니다.

이처럼 단백질의 입체 구조를 형성하는 과정에는 폴리펩타이드 사슬을 구성하는 아미노산의 친수성과 소수성 여부뿐만 아니라 세포 안의 친수성, 소수성 환경 역시 중요한 역할을 합니다. 세포질 같은 친수성 환경부터 지질 이중 막 같은 소수성 환경까지 세포 안에는 그야말로 각양각색의 미세 환경이 존재하며, 단백질의 구조와 기능에 큰 영향을 미칩니다.

28 장

원숭이에서 호모 데우스로
: 유전자 재조합과 유전체 편집

우리는 앞에서 DNA의 유전 정보가 어떻게 단백질로 변환되는지, 그리고 DNA가 어떻게 오랜 세월에 걸쳐 변화하면서 종의 진화를 끌어냈는지 알아보았습니다. DNA 서열은 진화에 최적화된 결과물이며, 개체가 의도적으로 바꿀 수 있는 대상이 아니었습니다. 그러나 과학 기술의 발전으로 우리는 DNA 서열을 마음대로 바꿀 수 있는 기술을 손에 넣게 되었습니다. 생물의 창조라는 신의 영역에 발을 내디딘 것이지요. 오늘날 인류는 생물의 유전체 정보를 거의 완벽하게 생각한 대로 바꿀 수 있습니다. 멀리 내다보면 지금처럼 부분적으로 손대는 정도가 아니라 완전히 새로운 개체를 만들어낼 수 있을지도 모릅니다. 적어도 단백질 수준에서는 지금도 가능하고요. 마지막 장에서는 유전자 조합 기술의 역사와 그 원리를 이해하며, 우리가 어떻게 호모 데우스(신의 사람)가 되었는지 알아봅시다.

유전자와 형질의 관계

세포와 개체가 지닌 성질을 **형질**이라고 합니다. 멘델이 유전의 법칙을 발견한 실험에서 지표로 삼았던 완두의 색과 주름이 대표적인 형질입니다. 멘델의 실험은 유전자의 정체를 몰랐던 시대에 '유전'이라는 현상을 눈에 보이는 '형질'로 보여준 중요한 연구였습니다. 그리고 그로부터 100여 년이 지나 유전자의 정체가 DNA임이 밝혀지자, 과학자들은 유전자와 형질의 관계를 밝히고자 했습니다.

대장균에는 특정 **항생 물질**에 내성을 보이는 세포가 있습니다. 항생 물질 내성이라는 형질을 부여하는 유전자를 확인한 결과, 대부분 대장균의 **염색체 외 인자**(플라스미드라는 고리 모양 DNA)에 부호화된 유전자임이 밝혀졌습니다. 대장균을 비롯한 원핵생물에는 자신의 염색체와 독립적으로 복제되는 고리 모양 DNA가 있는데, 그 유무에 따라 형질이 바뀝니다. 플라스미드에는 대장균의 복제 효소가 복제를 시작할 위치를 지정하는 복제 개시 지점이 있습니다. 플라스미드는 수백만 염기쌍 정도로 염색체보다 크기가 작아 실험에 이용하기 쉽고, 항생 물질을 배지에 넣기만 해도 플라스미드의 유무를 판정할 수 있어 매우 편리한 실험 재료이기도 합니다.

제한 효소의 발견과 이용

1960년대 후반에 플라스미드를 세포 밖으로 분리하거나 다른 세포에 넣는 기술이 확립되면서 인류는 대장균의 형질을 의도적으로 바꿀 수 있는 기술을 손에 넣었습니다. 그러나 이 시점에는 아직 플라스미드를 '자유롭게' 편집할 수는 없었지요. 이를 가능하게 한 것이 **제한 효소**입니다. DNA 분해 효소(**뉴클레이스**)의 일종인 제한 효소는 뉴클레오타이드 사이의 인산 다이에스터 결합을 가수 분해합니다. 당시 뉴클레이스로 DNA를 편집하려는 시도가 있었지만, 모든 에스터 결합을 잘라 버렸기에 공학적으로 활용하기에는 적합하지 않았습니다. 1972년에 허버트 보이어가 최초로 EcoRI를 분리하는 데 성공했는데, GAATTC라는 여섯 염기를 인식해서 G와 A 사이의 에스터 결합을 가수 분해하는 제한 효소입니다(**그림 28-1**). 이로써 긴 DNA의 특정 서열을 인식해서 일정한 빈도로 자를 수 있게 되었습니다. 당시에는 유전체 DNA의 서열 중 극히 일부밖에 밝혀지지 않았습니다. 연구자들은 새로 분리한 제한 효소를 활용해서 플라스미드 DNA와 유전체 DNA를 짧은 단편으로 자르고, 그 안에 포함된 유전자를 해석하기 시작했습니다.

1974년, 연구자들은 시험관 안에서 서로 다른 플라스미드 여러 개를 같은 제한 효소로 자르고 **연결 효소**로 이어 붙여 기존에 존재한 적

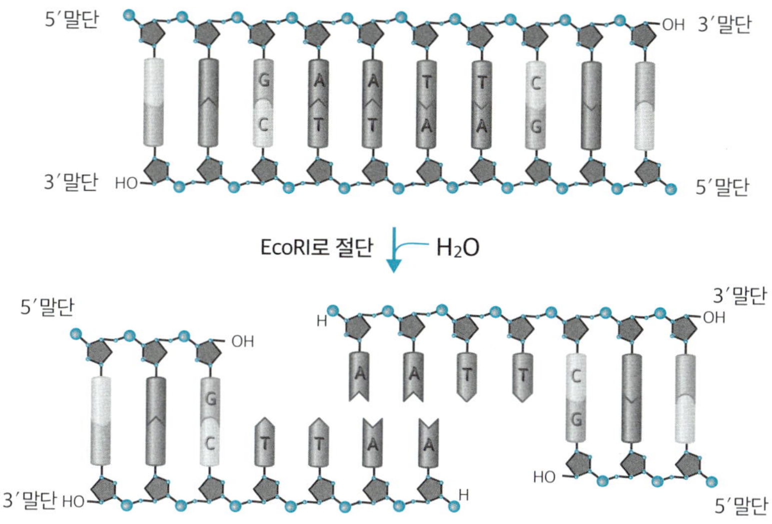

없던 키메라 DNA를 만들어낼 수 있음을 증명했습니다. 이로써 **DNA를 자르고 붙이는 유전 공학의 기반 기술**이 확립되었고, 후대 분자생물학의 발전을 뒷받침하는 토대가 되었습니다. 오늘날에는 기업에서 대장균의 플라스미드를 인공적으로 편집한 각종 플라스미드 벡터(유전 물질을 세포에 전달하도록 설계한 운반체 – 옮긴이)를 판매하므로 연구자들은 목적에 맞는 DNA를 골라 살 수 있습니다.

대장균으로 확립한 유전 공학은 동물 세포에서도 활용할 수 있게 되었습니다. 1973년에는 **인산 칼슘법**이라는 방법을 통해 DNA를 동물 세포에 넣는 기술이 보고되었습니다. 이로써 대장균이나 시험관 안에서 만들어진 플라스미드를 동물 세포에 넣을 수 있게 되었는데, 이를 생명과학에서는 **형질 주입**(transfection)이라고 합니다. 현재는 **리포펙션**(lipofection)이나 **전기 천공법**처럼 효율이 높은 형질 주입 기술도 개발되었습니다.

한편, 세균과 달리 동물과 식물 세포에는 원래 플라스미드가 없기에 외부에서 플라스미드 DNA를 넣어도 유지할 수 없습니다. 따라서 진핵세포의 형질을 영구적으로 바꾸려면 염색체 DNA를 바꾸어야 합니다. 앞에서 소개한 방법으로 넣은 플라스미드가 임의로 유전체에 끼어들기도 하지만, 효율이 낮고 삽입 위치를 제어할 수 없다는 문제가 있었습니다. 이러한 문제를 해결할 실마리는 바로 바이러스였습니다. 바이러스는 표적 세포에 침입해서 자신의 유전체를 늘리고 유지할 수 있습니다. 특히, **레트로바이러스**는 감염한 세포를 죽이지 않고 그 **염색체 유전체에 자신의 유전체를 삽입**합니다. 시험관 안에서 바이러스 유전체에 목적 유전자를 끼워 넣은 다음, 조합된 유전체를 가진 바이러스를 만들어 표적 세포에 감염시키면 표적 세포에 침입한 바이러스가 자신의 유전체를 표적 세포의 유전체에 삽입하므로 유전자는 영구적으로 바뀝니다. 단, 감염된 세포가 바이러스 입자까지 새로 만들어내면 안 되겠지요. 현재 실험실에서 쓰이는 바이러스 벡터는 세포를 감염해서 유전자를 유전체에 삽입하더라도 바이러스 입자가 만들어지지 않도록 개조되었습니다.

식물 세포의 경우, **아그로박테리아**라는 토양 세균을 이용합니다. 이 박테리아에는 Ti 플라스미드라는 염색체 외 인자가 있는데요. 이 플라스미드에 부호화된 효소(Vir)는 플라스미드 중 **T-DNA 영역**을 잘라내어 감염한 식물 세포의 유전체에 삽입합니다. T-DNA 영역에 목표 유전자를 미리 끼워 넣으면 식물 세포의 유전체에 삽입할 수 있지요. 이처럼 외래 유전자가 삽입된 동식물을 **형질 전환**(transgenic) 개체라고 합니다.

유전자 표적 기술

앞에서 소개한 기술들로 새로운 유전자를 표적 세포에 끼워 넣을 수 있게 되었지만, 원래 유전체에 존재하는 유전자를 바꿀 수는 없었습니다. 하지만 이 또한 유전자 표적 기술이 개발되면서 가능해졌는데요. 유전자의 **상동 재조합**이라는 현상을 이용한 기술입니다. 세포는 서열이 같은 DNA 영역끼리 치환할 수 있습니다. 돌연변이, 결손, 절단 등

DNA의 손상을 복구할 때도 이 능력을 발휘하지요(25장 참조). 이를 활용하면 표적 유전자와 서열이 같은 플라스미드를 표적 세포에 도입해서 상동 재조합을 유발할 수 있습니다. 이때, **서열이 상동인 두 영역 사이에 낀 영역이 전부 치환된다**는 점이 중요합니다. 이 덕분에 유전체에 새로운 유전자를 임의로 끼워 넣거나 표적 유전자만 정확하게 잘라낼 수 있게 되었습니다. 목표 유전자를 전체 또는 일부만 잘라내는 재조합 기술을 **녹아웃**(knockout)이라고 합니다. 유전자를 녹아웃한 자리에 약제 내성 유전자를 끼워 넣어 재조합한 세포만 간단히 선별할 수도 있습니다. 1980년대부터 주요 유전자의 염기 서열이 차례차례 해독되기 시작했고, 그 DNA 단편도 실험실에서 정제할 수 있게 되면서 표적 기술이 보급되었습니다.

유전자 표적 기술은 배양 세포에서 확립되고 얼마 지나지 않아 개체까지 응용 범위가 확대되었습니다. 유전자 조합 개체를 만들려면 생식 세포를 표적으로 삼아야 합니다. 1980년대 초에는 쥐의 주머니배로 **배아 줄기세포**를 만드는 기술이 확립되었습니다. 그리고 1989년에는 유전자 표적 기술로 쥐의 배아 줄기세포에서 유전자 재조합을 일으킨 쥐(녹아웃 마우스)를 만드는 데 최초로 성공했습니다. 이로써 표적 유전자를 파괴한 녹아웃 마우스의 성질(표현형)을 해석해서 해당 유전자의 기능을 개체 수준에서 해석할 수 있게 되었습니다. 올리버 스미스, 마리오 카페키, 마틴 에번스, 이 세 과학자는 유전자 표적 기술

개발에 이바지해 2007년 노벨 생리학·의학상을 받았습니다.

유전체 편집 기술(CRISPR-Cas9)

유전자 표적 기술은 강력한 유전자 편집 도구이지만, 상동 재조합에 필요한 긴 유전체 영역의 DNA를 클로닝해야 하는 데다 재조합 효율 또한 낮았기에 시간과 수고가 많이 들었습니다. 하지만 최근 이를 대체할 **유전체 편집 기술**이 개발되면서 간편하고 저렴하게 유전자를 고칠 수 있게 되었습니다. 그중 하나인 **CRISPR-Cas9**(크리스퍼 캐스 나인)은 DNA 이중 가닥을 자르는 편집 기술로, 현재 각종 생물 종에 널리 쓰입니다. CRISPR-Cas9은 원래 세균의 면역 체계로, 세균에 침입한 바이러스의 유전체 DNA만 선택적으로 자르는 효소입니다. 이 메커니즘을 밝혀내고 유전체 편집에 응용할 가능성을 보인 제니퍼 다우드나와 에마뉘엘 샤르팡티에는 2020년에 노벨 화학상을 받았습니다.

CRISPR-Cas9은 **가이드 RNA**(gRNA)와 **뉴클레이스의 일종인 Cas9**으로 이루어져 있습니다. gRNA는 표적 DNA 서열을 특이적으로 인식해서 결합합니다. 여기에 끌려온 Cas9이 해당 부위에 특이적으로 DNA를 자릅니다. 세포에는 이중 가닥이 잘리면 복구하는 시스템이 있지만, 정확하게 복구하지 못해서 오류가 생기기도 합니다. 이 복구와 오류를 이용해서 유전자의 기능을 의도적으로 제거하는 기술이 **녹아웃**

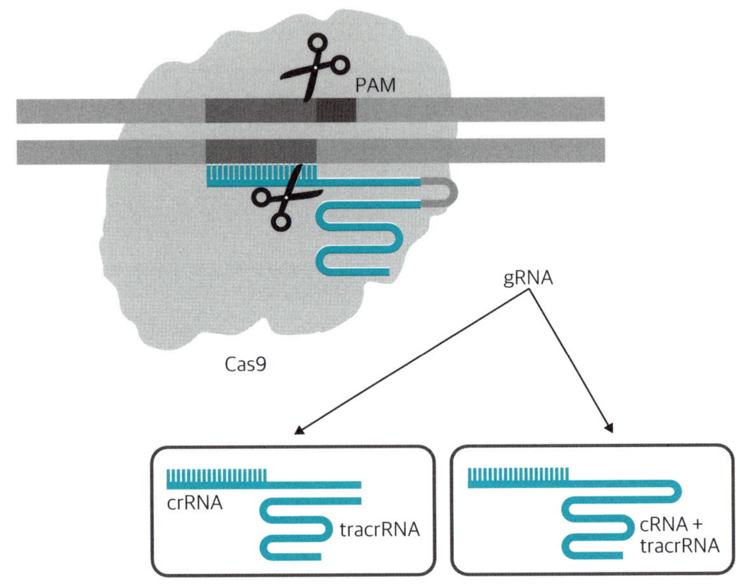

입니다. 그리고 부분적으로 상동인 DNA를 동시에 집어넣어 표적 유전자에 새로운 서열을 삽입하는 **녹인**(knock-in)도 있습니다.

gRNA는 단일 가닥이며 crRNA와 tracrRNA로 이루어져 있습니다 (그림 28-2). 표적 DNA 서열을 인식하는 중요한 서열인 crRNA는 17~20개의 상보적인 염기 서열로 이루어져 있습니다. 그리고 80개의 염기로 이루어진 tracrRNA는 Cas9과 crRNA가 결합하는 발판이 되는 서열입니다. tracrRNA의 서열은 Cas9이 유래한 종에 따라 다른데, 오늘날에는 화농성 연쇄상 구균이나 황색 포도상 구균에서 유래한 Cas9과

tracrRNA 서열을 사용합니다. **crRNA와 tracrRNA는 서로 다른 RNA 분자여도 되고, 연속된 하나의 RNA 분자여도 기능합니다**(그림 28-2).

Cas9이 DNA를 자르려면 표적 서열보다 뒤에 있는 **PAM 서열**이라는 특정 DNA 서열이 있어야 합니다. 화농성 연쇄상 구균에서 유래한 Cas9은 5′-NGG-3′(N은 임의의 염기), 황색 포도상 구균에서 유래한 Cas9은 5′-NNGRRT-3′(R은 A 또는 G)처럼 Cas9이 유래한 종마다 PAM 서열이 다릅니다. 한편, Cas9의 뉴클레이스 도메인은 두 종류입니다. HNH 뉴클레이스 도메인은 crRNA에 상보적인 DNA 사슬을 자르고, RuvC 뉴클레이스 도메인은 상보적이지 않은 DNA 사슬을 자릅니다. 서로 다른 두 뉴클레이스 활성에 의해 DNA 이중 가닥 중 PAM 서열부터 앞에서 세 번째와 네 번째 염기 사이가 잘립니다.

DNA 이중 가닥이 잘리면 두 종류의 DNA 복구 메커니즘 중 하나가 작동해 DNA를 복구합니다(그림 28-3). 비상동 말단 결합(NHEJ)이 일어나면 잘린 DNA 말단이 재결합할 때 **일정 확률로 염기 몇 개가 들어가거나 빠지는데**, 이 염기가 1개 또는 2개라면 프레임 시프트(아미노산을 부호화하는 코돈은 염기 3개로 구성되는데, 염기 1개 또는 2개의 삽입 또는 결실로 코돈이 대응하는 아미노산이 달라지는 돌연변이-옮긴이)가 일어나 기능적인 단백질을 합성할 수 없게 됩니다(녹아웃). 한편, 상동 재조합(HR)이 일어나면 표적과 상동인 서열의 DNA(공여 DNA)를 동시에 도입해서 상동 재조합이 일어날 때 복구 위치에 공여 DNA를 끼워 넣습니다(녹인). 이

그림 28-3 Cas9의 작용

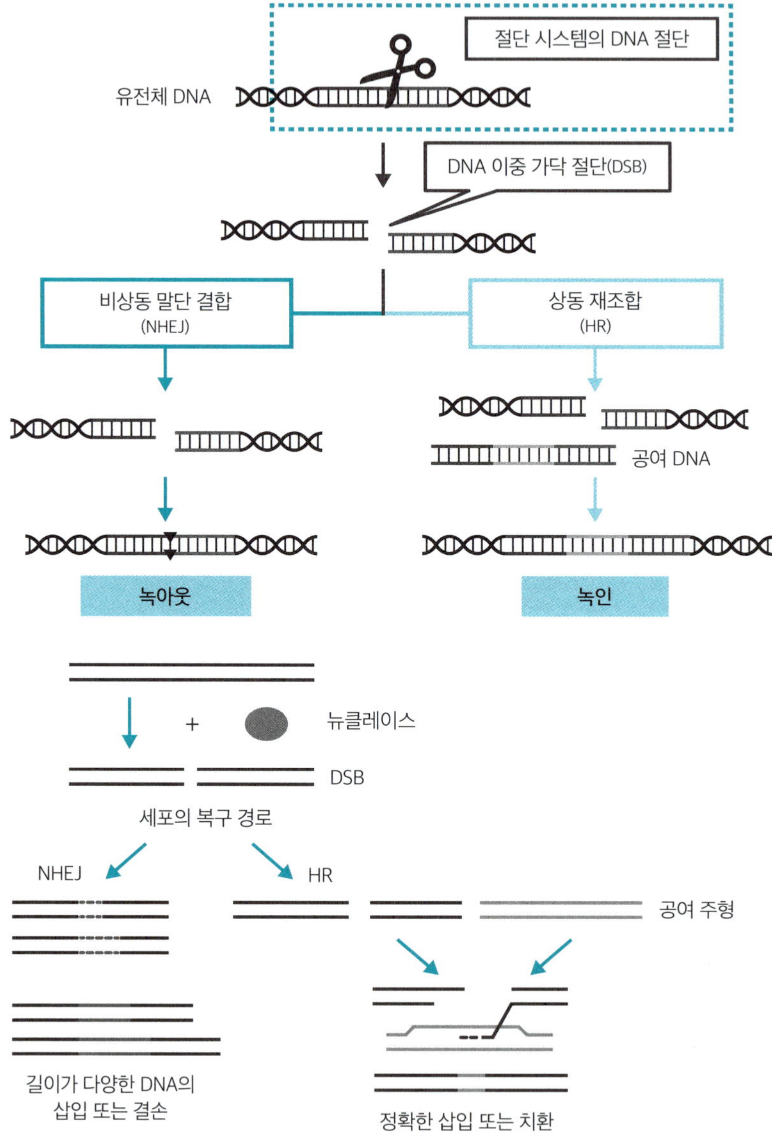

공여 DNA로 표적 DNA와 서열이 완전히 다른 유전자를 삽입하면 목표 위치에 새 유전자를 전달할 수 있습니다.

일상 속의 유전자 재조합 기술

유전자 재조합 기술은 대장균이나 동물에만 활용하지 않습니다. 지금까지 수많은 **유전자 재조합 생물(GMO)**이 만들어졌고, 개중에는 식물도 포함되어 있기 때문입니다. GMO는 실험실뿐만 아니라 이미 우리의 일상에도 들어와 있습니다.

한국에서 GMO 농산물 재배는 금지되어 있지만 콩, 옥수수, 감자 등 7종의 농산물은 수입할 수 있습니다. 일본에서도 콩, 옥수수, 감자 등 8종의 GMO 농산물을 승인·유통하고 있습니다. 유전자 재조합 기술을 활용하면 자연에서는 교배하지 않는 생물의 유전자를 도입할 수 있고, 기존의 품종 개량 방식으로는 구현하지 못한 장점을 살리는 농산물을 만들 수도 있습니다. 예를 들어, 해충 저항성 옥수수는 농약을 치지 않아도 해충의 번식을 막을 수 있어 수확량을 많이 확보할 수 있습니다. 그리고 제초제 내성 콩은 잡초를 제거하기 쉬울 뿐만 아니라 잡초를 뽑기 위해 땅을 파헤칠 필요가 없어 지표의 토양이 바람에 날아가지 않도록 막을 수 있습니다. 이처럼 기존의 기술로는 개발하지 못했던 새로운 성질의 품종은 식량 문제를 해결하고 환경을 보전하는 데 유리합니다.

　유전자 재조합 기술은 GMO뿐만 아니라 의약품에도 활용됩니다. 이러한 의약품을 통틀어 **바이오 의약품**이라고 합니다. 화학 합성으로는 제조하기 힘들거나 불가능할 정도로 복잡한 분자나 단백질, 항체 등도 유전자 재조합을 활용하면 만들 수 있다는 장점이 있습니다. 일반적으로는 인간의 유전자를 대장균이나 배양 세포에 집어넣어, 만들고자 하는 인간 유래 단백질을 대량으로 합성합니다. 이로써 부작용이 적은 의약품을 저렴한 비용에 대량으로 만들어낼 수 있게 되었습니다. 안전성은 개발 과정에서 가장 중요한 사항이므로 수많은 검사 기관의 검사를 거쳐 승인받은 의약품만이 시장에 출시됩니다. 유전자 재조합 없이 동물에서 유래한 자연 성분을 사용한 의약품이 더 좋은지, 아니면 유전자 재조합으로 합성한 인간 유래 성분이 들어간 의약품이 더 좋은지는 전문가마다 의견이 다릅니다. 하지만 정확한 지식과 정보를 바탕으로 자신의 가치관과 윤리관, 그리고 종교관에 따라 판단을 내릴 수 있어야 합니다.

마지막까지 읽고 생화학에 대한 여러분의 인상은 바뀌었을까요? '생활 속의 화학이어서 생화학이었구나!'라는 생각이 들었다면 제 목적은 이루어졌다고 할 수 있겠습니다. '지금까지 신경 쓴 적 없었지만, 사실 우리 주변에는 이렇게나 다양한 화학 반응과 화학 물질이 작용하고 있었구나!'라는 데까지 생각이 미치셨다면 저자로서 가슴이 벅차오르는 감동을 맛볼 수 있을지도 모르겠습니다.

제1부와 제2부에서는 생화학에서 가장 중요한 주제인 '대사'를 일상과 연결 지어 소개했습니다. 우리의 식사에 포함된 당질, 지질, 단백질의 탄소 골격을 이루는 화학 결합의 에너지가 최종적으로 ATP까지 변환되는 과정, 그리고 그 경로가 연결되어 하나의 커다란 대사 체계를 형성하는 과정을 배웠습니다. 대사는 생화학을 멀리하게 만드는 가장 큰 원인일지도 모릅니다. 화학 반응식이 잔뜩 나오자 마음이 꺾인 사람도 있을 테지요. 하지만 처음에는 "대사는 에너지의 형태 변화"라는 포괄적인 개념만 기억해도 충분합니다. 결합을 끊어서 에너지

를 끌어내고, 에너지를 주입해서 결합을 만든다! 이것만 알아도 다양한 생명 현상을 깊이 이해할 수 있습니다.

이어서 제3부에서는 제2부에서 배운 대사가 우리 몸에서 어떻게 진행되는지 설명했습니다. 우리 몸은 200여 종의 세포로 이루어져 있습니다. 이 세포들이 조직과 기관을 만들고, 우리의 생명을 유지합니다. 세포와 마찬가지로 조직과 기관 역시 다양한 환경의 변화와 주변의 자극에 대응하며 항상성을 유지합니다. 우리가 오래 운동할 수 있는 이유는 첫 번째 화살부터 다섯 번째 화살까지, 몸에서 ATP를 만들어 내는 여러 시스템 덕분입니다. 당연하게 보내온 일상에도 사실은 생화학의 재미가 숨어 있답니다.

제4부에서는 대사와 함께 생화학의 중요한 주제인 유전자를 배웠지요. 현대에는 우리가 모르는 곳에서 수없이 많은 유전자 재조합 기술이 쓰이고 있습니다. 농작물뿐만 아니라 여러 식품과 의약품, 그리고 영양제까지, 편리하고 유용하지만 자연의 은혜만으로는 만들어내기

힘들었던 상품들이 제조, 판매되고 있습니다. 그리고 그 장단점을 논할 때는 반드시 그 안에 담긴 원리를 이해하고 있어야 합니다.

내용 면에서는 생화학 교과서에서 벗어난 부분도 다소 있지만, 『소설처럼 재미있게 읽는 생화학 강의』를 읽고 여러분의 일상이 조금이나마 지적이고 풍부해지길 바랍니다. 어쩌면 이 책을 계기로 예전에 대학에서 배웠던 두꺼운 생화학 교과서를 다시 펼치는 것 또한 재미일지도 모릅니다. 여러분을 기다리는 새로운 발견들과 만나길 바랍니다.

2025년 7월

요시무라 시게히로